普通高等教育"十三五"规划教材（软件工程专业）

数据库原理

主　编　杨俊杰　张　玮

副主编　侯　睿　熊建芳　关　心　张志洁

中国水利水电出版社

www.waterpub.com.cn

·北京·

内 容 提 要

本书全面介绍了数据库系统的基本原理及其实现技术。全书共 9 章，内容主要包括数据库的基本概念、数据模型、关系数据库、SQL 语言、存储过程、触发器、关系数据库的规范化理论、数据库的安全性与完整性、事务管理、并发控制、SQL 查询优化与系统调优、数据库设计等。

本书除了在每章后均配有习题外，还在第 3 章和第 4 章配有课堂练习，为理实一体化教学提供参考素材。

书中所涉及的例子均在 SQL Server 2010 环境下测试通过。

本书既可作为普通高等院校计算机及相关专业的数据库课程教材，也可作为读者自学计算机技术的参考书。

图书在版编目（C I P）数据

数据库原理 / 杨俊杰，张玮主编. -- 北京 : 中国
水利水电出版社，2018.1
普通高等教育"十三五"规划教材. 软件工程专业
ISBN 978-7-5170-6213-4

Ⅰ. ①数… Ⅱ. ①杨… ②张… Ⅲ. ①数据库系统－
高等学校－教材 Ⅳ. ①TP311.13

中国版本图书馆CIP数据核字(2017)第326292号

策划编辑：陈红华　责任编辑：封 裕　加工编辑：赵佳琦　封面设计：李 佳

书　名	普通高等教育"十三五"规划教材（软件工程专业） **数据库原理**　SHUJUKU YUANLI
作　者	主 编 杨俊杰 张玮 副主编 侯 睿 熊建芳 关 心 张志洁
出版发行	中国水利水电出版社 （北京市海淀区玉渊潭南路 1 号 D 座　100038） 网址：www.waterpub.com.cn E-mail: mchannel@263.net（万水） 　　　　sales@waterpub.com.cn 电话：(010) 68367658（营销中心）、82562819（万水）
经　售	全国各地新华书店和相关出版物销售网点
排　版	北京万水电子信息有限公司
印　刷	三河市铭浩彩色印装有限公司
规　格	184mm×260mm　16 开本　15.75 印张　384 千字
版　次	2018 年 1 月第 1 版　2018 年 1 月第 1 次印刷
印　数	0001—3000 册
定　价	35.00 元

编　委　会

序

　　为了深入贯彻落实教育部《关于加强高等学校本科教学工作，提高教学质量的若干意见》精神，紧密配合教育部《关于国家精品开放课程建设的实施意见》和广东省教育厅《广东省高等教育"创新强校工程"实施方案（试行）》，加快发展应用型普通院校的计算机专业本科教育，形成适应学科发展需求、校企深度融合的新型教育体系，在有关部门的大力支持下，我们组织并成立了"普通高等教育'十三五'规划教材编审委员会"（以下简称"编委会"），讨论并实施应用型普通高等院校计算机类专业精品示范教材的编写与出版工作。编委会成员为来自教学科研一线的教师和软件企业的工程技术人员。

　　按照教育部的要求，编委会认为，精品示范教材应该能够反映应用型普通高等院校教学改革与课程建设的需要，教材的建设以提高学生的核心竞争力为导向，培养高素质的计算机高级应用人才。编委会结合社会经济发展的需求，设计并打造计算机科学与技术专业的系列教材。本系列教材涵盖软件技术、移动互联、软件与信息管理等专业方向，有利于建设开放共享的实践环境，有利于培养"双师型"教师团队，有利于学校创建共享型教学资源库。教材由个人申报，经编委会认真评审，由中国水利水电出版社审定出版。

　　本套规划教材的编写遵循以下几个基本原则：

　　（1）突出应用技术，全面针对实际应用。根据实际应用的需要组织教材内容，在保证学科体系完整的基础上，不过度强调理论的深度和难度，而是注重应用型人才专业技能和工程师实用技术的培养。

　　（2）教材采用项目驱动、案例引导的编写模式。以实际问题引导出相关原理和概念，在讲述实例的过程中将知识点融入，通过分析归纳，介绍解决工程实际问题的思想和方法，然后进行概括总结。教材内容清晰、脉络分明、可读性和可操作性强，同时，引入案例教学和启发式教学方法，便于激发学习兴趣。

　　（3）专家教师共建团队，优化编写队伍。由来自高校的一线教师、行业专家、企业工程师协同组成编写队伍，跨区域、跨学校交叉研究、协调推进，把握行业发展方向，将行业创新融入专业教学的课程设置和教材内容。

　　本套教材凝聚了众多长期在教学、科研一线工作的老师和数十位软件工程师的经验和智慧。衷心感谢该套教材的各位作者为教材出版所做的贡献。我们期待广大读者对本套教材提出宝贵意见，以便进一步修订，使该套教材不断完善。

丛书编委会

2017 年 12 月

前　　言

"数据库原理"是本科院校计算机相关专业的一门基础课。本书将数据库基本原理、方法和应用技术相结合，兼顾理论和应用，每个知识点都通过实例进行讲解，在 SQL 编程的相关章节提供一定的课堂练习，为理实一体化教学提供参考素材。本书能满足地方应用型本科院校人才培养的要求。

本书共分 9 章：

第 1 章　数据库系统概述。简要介绍了数据库的基本概念、数据模型、数据库体系结构等。

第 2 章　关系模型基本理论。简要介绍了关系模型的基本概念、传统的关系运算和专门的关系运算，并通过几个简单的例子说明关系运算的基本应用。

第 3 章　结构化查询语言 SQL。简要介绍了 SQL 语言、数据库对象、SQL Server 数据库的存储结构，详细讲解了 SQL 语言的数据定义、数据更新、数据查询语句的语法和应用，并给出了本书示例要用的一个示例数据库。在本章的部分小节，还给出了课堂练习。

第 4 章　T-SQL 编程。详细讲解了 T-SQL 程序设计、函数、存储过程、触发器、游标和 SQL 异常处理的语法和应用。本章的小节后附有课堂练习。

第 5 章　关系数据库的规范化理论。介绍了函数依赖、关系模式的规范化、关系模式分解的概念和基本应用。

第 6 章　数据库的安全性与完整性。主要介绍了数据库完整性约束的分类、完整性约束的定义、完整性约束的验证以及 SQL Server 中的完整性约束机制。

第 7 章　事务与并发控制。介绍了事务和并发控制的基本概念，讲解了事务控制的基本语法，并通过实例分析事务的处理过程。

第 8 章　SQL 查询优化与系统调优。介绍了关系数据库查询处理的步骤，讲解了 SQL 查询处理优化方法和计算机硬件调优策略。

第 9 章　数据库设计。介绍了数据库设计各阶段所采用的方式方法及处理手段。

本书由杨俊杰、张玮任主编，侯睿、熊建芳、关心、张志洁任副主编。在编写过程中，编者参考并引用了相关教材的部分内容，还有部分网络资料，限于篇幅和来源，无法面面俱到地罗列，在此一并对这些资料的作者致以衷心的感谢。

本书的出版得到了广东省计算机科学与技术专业综合改革试点项目（粤教高函〔2013〕113号）、广东省计算机实验教学示范中心项目（粤教高函〔2015〕133号）、广东高校优秀青年教师培养计划项目（编号：YQ2014117）等经费的资助。

由于作者水平所限，书中难免存在不妥之处，敬请广大读者批评指正，并欢迎读者将意见通过邮箱 yangjunjie1998@lingnan.edu.cn 反馈给编者。

编　者
2018 年 1 月

目　　录

第 1 章　数据库系统概述

- **了解**：数据与数据处理的概念、数据库技术的产生背景与发展概况。
- **理解**：数据库系统的组成与特点、数据独立性的概念、数据模型的概念。
- **掌握**：关系模型的基本知识、关系数据库的设计方法。

1.1　数据库系统概述

1.1.1　数据库的基本概念

1. 数据

数据（Data）是用来记录信息的可识别的符号，是信息的具体表现形式。数据是对现实世界的事物采用计算机能够识别、存储和处理的方式进行的描述，我们可以从中得到需要的信息。目前，数据既包含字母、文字及其他特殊字符，又包含图形、图像和声音等多媒体符号。

通常人们用很多事实来描述所感兴趣或要保存的事物。例如某所大学的校长要了解教师张雅清的一些基本情况，她的教师编号是 04018，每月基本工资为 5400 元，祖籍为广东湛江，出生日期是 1988 年 3 月 20 日，电话是 13623456789，家庭住址是湛江市赤坎区寸金路 29 号，等等。我们知道这些事实就可以每月处理张雅清老师的工资单，在生日时发贺卡给她，打印她的工资条，万一遇到紧急情况可以通知她的家人，等等。

2. 数据库

数据库（Database，DB）是长久存储在计算机中有组织、可共享、具有逻辑关系和确定意义的数据的集合。通俗一点来说，它是一个电子文件库，库里包含被计算机数据化了的文件。比如，你可以把单位同事的姓名、地址、电话号码等信息存储在计算机中的 Excel 表格中，这就是一个简单的数据库例子。

3. 数据库管理系统

数据库管理系统（Database Management System，DBMS）是一种重要的程序设计系统，它由一个相互关联的数据集合和一组访问这些数据的程序组成。这些数据集合就是数据库，并且允许用户根据需求增加、更改、删除以及检索数据。

通俗一点来说，数据库管理系统是一个通用的管理数据库的软件系统，是由一组计算机程序构成的。数据库管理系统负责数据库的定义、建立、操纵、管理和维护，能够对数据库进行有效的管理，包括存储管理、安全性管理、完整性管理等。

4. 数据库系统

数据库系统（Database System，DBS）是一个计算机应用系统，它是把计算机硬件、软件以及数据和有关人员组合起来为用户提供信息服务的系统。因此，数据库系统是由计算机系统、数据库及其描述机制、数据库管理系统和有关人员组成的具有高度组织性的整体。数据库系统如图 1.1 所示。

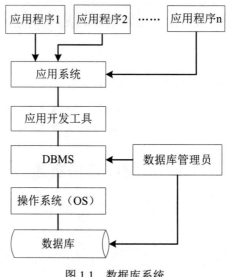

图 1.1　数据库系统

（1）计算机硬件。

计算机硬件是数据库系统的物质基础，是存储数据库及运行数据库管理系统的硬件资源，主要包括计算机主机、存储设备、输入/输出设备及计算机网络环境。

（2）计算机软件。

计算机软件包括操作系统、数据库管理系统、数据库应用系统等。

数据库管理系统是数据库系统的核心软件之一，它提供数据定义、数据操纵、数据库管理、数据库建立和维护及通信等功能。数据库管理系统提供对数据库中的数据资源进行统一管理和控制的功能，将用户、应用程序与数据库数据相互隔离，是数据库系统的核心，其功能的强弱是衡量数据库系统性能优劣的主要指标。数据库管理系统必须运行在相应的系统平台上，有操作系统和相关系统软件的支持。

数据库管理系统功能的强弱随系统而异，大系统功能较强、较全，小系统功能较弱、较少。目前较流行的数据库管理系统有 MySQL、SQL Server、Oracle 和 Sybase 等。

数据库应用系统是系统开发人员利用数据库系统资源开发出来的、面向某一类实际应用的应用软件系统。从实现技术角度而言，它是以数据库技术为基础的计算机应用系统。

（3）数据库。

数据库是数据库系统中按照一定的方式组织的、存储在外部存储设备上的、能被多个用户共享的、与应用程序相互独立的相关数据集合。它不仅包括描述事物的数据本身，而且包括相关事物之间的联系。

数据库中的数据往往不像文件系统那样只面向某一项特定应用，而是面向多种应用，可以被多个用户、多个应用程序共享。其数据结构独立于使用数据的程序，对数据的增加、删除、更改和检索都由数据库管理系统进行统一管理和控制，用户对数据库进行的各种操作也都是由数据库管理系统实现的。

（4）数据库系统的有关人员。

数据库系统的有关人员主要有 3 类：最终用户、数据库应用系统开发人员和数据库管理员（Database Administrator，DBA）。最终用户指通过应用系统的用户界面使用数据库的人员，他们一般对数据库知识了解不多。数据库应用系统开发人员包括系统分析员、系统设计员和程序员。系统分析员负责应用系统的分析，他们和最终用户、数据库管理员相配合，参与系统分析；系统设计员负责应用系统设计和数据库设计；程序员则根据设计要求进行编码。数据库管理员是数据管理机构的一组人员，他们负责对整个数据库系统进行总体控制和维护，以保证数据库系统的正常运行。

1.1.2　数据库技术的发展概述

1．数据管理的诞生

在数据库系统出现以前，各个应用都拥有自己的专用数据，通常存放在专用文件中，这些数据与其他文件中的数据大量重复，造成了资源与人力的浪费。随着机器内存储数据的日益增多，数据重复的问题越来越突出。于是人们就想到将数据集中存储、统一管理，这样就演变成数据库管理系统进而形成数据库技术。数据库系统的萌芽出现于 20 世纪 60 年代，当时计算机开始广泛地应用于数据管理。人们对数据的共享提出了越来越高的要求，而传统的文件系统已经不能满足人们的需要，能够统一管理和共享数据的数据库管理系统应运而生。那时的数据管理非常简单，通过大量的分类、比较和表格绘制的机器运行数百万穿孔卡片来管理数据，其运行结果在纸上打印出来或者制成新的穿孔卡片，而数据管理就是对所有这些穿孔卡片进行物理的存储和处理。数据模型是数据库系统的核心和基础，各种数据库管理系统软件都是基于某种数据模型开发出来的。因此，通常也按照数据模型的特点将传统数据库系统分成网状数据库、层次数据库和关系数据库三类。

2．关系数据库的由来

网状数据库和层次数据库已经很好地解决了数据的集中和共享问题，但是在数据独立性和抽象级别上仍有很大的欠缺。用户在对这两种数据库进行存取时，仍然需要明确数据的存储结构，指出存取路径。而后来出现的关系数据库较好地解决了这些问题。1970 年，IBM 研究员 E.F.Codd 博士提出了关系模型的概念，奠定了关系模型的理论基础。后来 Codd 又论述范式理论和衡量关系系统的 12 条标准，用数学理论奠定了关系数据库的基础。关系模型有严格的数据基础，抽象级别比较高而且简单清晰，便于理解和使用。1976 年，霍尼韦尔公司（Honeywell）开发了第一个商用关系数据库系统——Multics Relational Data Store。关系数据库系统以关系代数作为坚实的理论基础，经过几十年的发展和实际应用，技术越来越成熟和完善。其代表产品有 Oracle、IBM 公司的 DB2 和 Informix、微软公司的 MS SQL Server、ADABAS D 等。

3．面向对象数据库系统

面向对象数据库系统（Object-oriented Database System，OODBS）是将面向对象的模型、方法和机制与先进的数据库技术有机结合而形成的新型数据库系统。它从关系模型中脱离出来，强调在数据库框架中发展类型、数据抽象、继承和持久性。它的基本设计思想：把面向对象语言向数据库方向扩展，使应用程序能够存取并处理对象；扩展数据库系统，使其具有面向对象的特征，提供一种综合的语义数据建模概念集，以便对现实世界中复杂应用的实体和联系建模。因此，面向对象数据库系统首先是一个数据库系统，具备数据库系统的基本功能；其次是一个面向对象的系统，针对面向对象的程序设计语言的永久性对象存储管理而设计，充分支持完整的面向对象概念和机制。面向对象数据库系统对一些特定应用领域（如 CAD 等），能较好地满足其应用需求。

然而，数年的发展表明面向对象的关系型数据库系统产品的市场发展情况并不理想，理论上的完美并没有带来市场的热烈反应。不成功的主要原因在于，这种数据库产品的主要设计思想是企图用新型数据库系统来取代现有的数据库系统。这对许多已经运用数据库系统并积累了大量工作数据的客户，尤其是大客户来说，无法承受新旧数据间的转换而带来的巨大工作量及巨额开支。另外，面向对象的关系型数据库系统使查询语言变得极为复杂，从而使得无论是数据库的开发商家还是应用客户都视其复杂的应用技术为畏途。

4. 数据库技术的现状

1980 年以前，数据库技术的发展主要体现在数据库的模型设计上。进入 20 世纪 90 年代后，计算机领域中其他新兴技术的发展对数据库技术产生了重大影响。数据库技术与网络通信技术、人工智能技术、多媒体技术等相互渗透、相互结合，使数据库技术的新内容层出不穷。数据库的许多概念、应用领域，甚至某些原理都有了重大的发展和变化，形成了数据库领域众多的研究分支和课题，产生了一系列新型数据库。分析目前数据库的应用情况可以发现：经过多年的积累，企业和部门积累的数据越来越多，许多企业面临着"数据爆炸"而知识缺乏的困境。如何解决海量数据的存储管理、挖掘大量数据中包含的信息和知识，已成为目前亟待解决的问题。所以，除了数据库技术核心问题的研究外，市场的需求导致了以下几种数据库的发展及一些研究热点：分布式数据库、并行数据库、主动数据库、多媒体数据库、模糊数据库、知识数据库、XML 数据库、数据仓库和联机分析处理（OLAP）、数据挖掘、面向对象数据库及数据可视化技术。

5. 数据库技术发展的趋势

（1）非结构化数据库。

非结构化数据库是部分研究者针对关系数据库模型过于简单、不便表达复杂的嵌套需要以及支持数据类型有限等局限性，从数据模型入手而提出的全面基于因特网应用的新型数据库理论。这种数据库的最大区别就在于它突破了关系数据库结构定义不易改变和数据定长的限制，支持重复字段、子字段以及变长字段，实现了对变长数据和重复字段进行处理和数据项的变长存储管理，在处理连续信息（包括全文信息）和非结构信息（重复数据和变长数据）中有着传统关系数据库所无法比拟的优势。但研究者认为此种数据库技术并不会完全取代现在流行的关系数据库，而是它们的有益补充。

（2）数据库技术与多学科技术的有机结合。

有学者指出，数据库与学科技术的结合将会建立一系列新数据库，如分布式数据库、并行数据库、知识库、多媒体数据库等，这将是数据库技术重要的发展方向。其中，许多研究者都把多媒体数据库作为研究的重点，并认为将多媒体技术和可视化技术引入多媒体数据库是未来数据库技术发展的热点和难点。

（3）数据仓库和电子商务。

随着信息技术的高速发展，数据库应用的规模、范围和深度不断扩大，一般的事务处理已不能满足应用的需要，企业需要在大量数据的基础上进行决策，而数据仓库（Data Warehouse，DW）技术的兴起满足了这一需求。数据仓库作为决策支持系统（Decision Support

System，DSS）的有效解决方案，涉及三个方面的技术内容：数据仓库技术、联机分析处理（Online Analytical Processing，OLAP）技术和数据挖掘（Data Mining，DM）技术。

数据仓库、OLAP 和数据挖掘是作为三种独立的数据处理技术出现的。数据仓库用于数据的存储和组织，OLAP 集中于数据的分析，数据挖掘则致力于知识的自动发现。它们都可以分别应用到信息系统的设计和实现中，以提高相应部分的处理能力。但是，由于这三种技术内在的联系性和互补性，将它们结合起来就是一种新的 DSS 架构。这一架构以数据库中的大量数据为基础，系统则由数据驱动。数据仓库技术应用遍及通信、零售业、金融及制造业等领域。

（4）面向专门应用领域的数据库技术。

许多研究者从实践的角度对数据库技术进行研究，提出了适合应用领域的数据库技术，如工程数据库、统计数据库、科学数据库、空间数据库、地理数据库等。这类数据库在原理上也没有多大的变化，但是它们却与一定的应用相结合，从而加强了系统对有关应用的支撑能力，尤其表现在数据模型、语言、查询方面。部分研究者认为，随着研究工作的继续深入和数据库技术在实践工作中的应用，数据库技术将会朝着更多专门应用领域发展。

（5）内存数据库系统。

内存数据库（Main Memory Database，MMDB）系统是实时系统和数据库系统的有机结合。它抛弃了磁盘数据管理的传统方式，基于全部数据都在内存中这一前提重新设计了体系结构，并且在数据缓存、快速算法、并行操作方面进行了相应的改进，所以数据处理速度比传统数据库的数据处理速度要快很多，一般都在 10 倍以上。内存数据库的最大特点是其"主拷贝"或"工作版本"常驻内存，即活动事务只与实时内存数据库的内存拷贝打交道。内存数据库系统目前广泛应用于航空、军事、电信、电力及工业控制等领域。

数据库系统的功能从早期的数据存储、查询到联机事务处理，再到数据挖掘，从单纯的数据库发展到与之相关的模型库、知识库的集成，其所取得的成就是令人瞩目的。当然，所有的这些都有许多局限性，还有许多关键问题等待解决，而且，随着应用领域日益广泛，硬件技术的不断提高，数据库技术还要面临新的挑战。当前数据库技术的发展呈现出与多种学科知识相结合的趋势，凡是有数据（广义的）产生的领域就可能需要数据库技术的支持，它们相结合后就会出现一种新的数据库成员而壮大数据库家族。此外，虽然我国目前对数据库技术的研究和应用都还处于较低的水平，但是随着计算机的普及和社会信息化，数据库技术将处于越来越重要的地位，在未来的信息社会中，数据库技术必将得到更大、更快的发展。

1.1.3　数据库系统的特点

数据库系统的出现是计算机数据管理技术的重大进步，它克服了文件系统的缺陷，提供了对数据更高级、更有效的管理。

1．数据结构化

在文件系统中，文件的记录内部是有结构的。例如，学生数据文件的每个记录是由学号、姓名、性别、出生年月、籍贯、简历等数据项组成的。但这种结构只适用于特定的应用，对其他应用并不适用。

在数据库系统中，每一个数据库都是为某一应用领域服务的。例如，学校信息管理涉及多个方面的应用，包括对学生的学籍管理、课程管理、成绩管理等，还包括教工的人事管理、教学管理、科研管理、住房管理和工资管理等，这些应用彼此之间都有着密切的联系。因此，在数据库系统中不仅要考虑某个应用的数据结构，还要考虑整个组织（即多个应用）的数据结构。这种数据组织方式使数据结构化了，这就要求在描述数据时不仅要描述数据本身，还要描述数据之间的联系。而在文件系统中，尽管其记录内部已有了某些结构，但记录之间没有联系。数据库系统实现了整体数据的结构化，这既是数据库的主要特点之一，也是数据库系统与文件系统的本质区别。

2. 数据共享性高、冗余度低

数据共享是指多个用户或应用程序可以访问同一个数据库中的数据，而 DBMS 提供并发和协调机制，可以保证在多个应用程序同时访问、存取和操作数据库数据时不产生任何冲突，从而保证数据不遭到破坏。

数据冗余既浪费存储空间，又容易产生数据的不一致。在文件系统中，由于每个应用程序都有自己的数据文件，所以数据存在着大量的重复。

数据库从全局观念来组织和存储数据，数据已经根据特定的数据模型结构化了，在数据库中用户的逻辑数据文件和具体的物理数据文件不必一一对应，从而有效地节省了存储资源，减少了数据冗余，保证了数据的一致性。

3. 具有较高的数据独立性

数据独立性是指应用程序与数据库的数据结构之间相互独立。在数据库系统中，因为采用了数据库的三级模式结构，保证了数据库中数据的独立性；在数据存储结构改变时，不影响数据的全局逻辑结构，保证了数据的物理独立性；在全局逻辑结构改变时，不影响用户的局部逻辑结构和应用程序，保证了数据的逻辑独立性。

4. 有统一的数据控制功能

在数据库系统中，数据由 DBMS 进行统一控制和管理。DBMS 提供了一套有效的数据控制手段，包括数据安全性控制、数据完整性控制、数据库的并发控制和数据库的恢复等，增强了多用户环境下数据的安全性和一致性保护。

1.1.4 数据库系统的应用

数据库技术应用在很多方面，从应用类型方面来分，有信息系统、事务处理系统、管理信息系统、决策支持系统和数据挖掘系统等。

1. 信息系统（Information System）

信息系统是一个由人员、活动、数据、网络和技术等要素组成的集成系统，其目的是对组织的业务数据进行采集、存储、处理和交换，以支持和改善组织的日常业务运作，满足管理人员解决问题和制定决策对信息的各种需求。比如医院管理子系统通常包含门诊、住院两部分，而管理的主线则为药品和收款金额。因为其数据量巨大、实时性强，所以在数据库系统选型时必须选择高效、稳定的大型数据库系统。

2. 事务处理系统（Transaction Processing System）

事务处理系统是利用计算机对工商业、社会服务性行业等中的具体业务进行处理的信息系统。基于计算机的事务处理系统又称为电子数据处理系统，它以计算机、网络为基础，对业务数据进行采集、存储、检索、加工和传输。

3. 管理信息系统（Management Information System）

管理信息系统是对一个组织机构进行全面管理的以计算机为基础的集成化的人一机系

统，具有分析、计划、预测、控制和决策功能。它把数据处理功能与管理模型的优化计算、仿真等功能结合起来，能准确、及时地向各级管理人员提供决策用的信息。

4. 决策支持系统（Decision Support System）

决策支持系统是计算机科学、行为科学和系统科学（包括控制论、系统论、信息论、运筹学、管理科学等）相结合的产物，是以支持半结构化和非结构化决策过程为特征的一类计算机辅助决策系统，用于支持高级管理人员进行战略规划和宏观决策。

5. 数据挖掘

数据挖掘又称为数据库中的知识发现（Knowledge Discovery from Database，KDD），它是一个从大量数据中挖掘出未知、有价值的模式或规律等知识的复杂过程。数据挖掘的全过程如下：

- 数据清洗（Data Cleaning），其作用就是清除数据噪音和与挖掘主题明显无关的数据。
- 数据集成（Data Integration），其作用就是将来自多数据源中的相关数据组合到一起。
- 数据转换（Data Transformation），其作用就是将数据转换为易于数据挖掘的数据存储形式。
- 数据挖掘（Data Mining），它是知识挖掘的一个基本步骤，其作用就是利用智能方法挖掘数据模式或规律知识。
- 模式评估（Pattern Evaluation），其作用就是根据一定评估标准（Interesting Measures）从挖掘结果筛选出有意义的模式知识。
- 知识表示（Knowledge Presentation），其作用就是利用可视化和知识表达技术，向用户展示所挖掘出的相关知识。

现如今的数据库积累越来越多，在那些数据库中总有很多数据是我们不需要的，为了对其进行更深层次的分析，以便更好地利用这些数据，我们就利用挖掘技术重新根据需求开发系统，这个系统就是数据挖掘系统。

1.2 数据模型

数据模型是现实世界数据特征的抽象，用于描述一组数据的概念和定义。数据模型是数据库中数据的存储方式，是数据库系统的基础。在数据库中，数据的物理结构即数据的存储结构，是数据元素在计算机存储器中的表示及其配置；数据的逻辑结构则是数据元素之间的逻辑关系，它是数据在用户或程序员面前的表现形式，数据的存储结构不一定与逻辑结构一致。因此，了解和掌握数据模型的基本概念是学习数据库的基础。

1.2.1 数据模型的组成三要素

由于数据模型是现实世界的事物及其联系的一种模拟和抽象表示，是一种形式化描述数据、数据间联系以及有关语义约束规则的方法，这些规则规定数据如何组织以及允许进行何种操作。因此，数据模型所描述的要素有三个部分，分别是数据结构、数据操作和数据约束。

1. 数据结构

数据结构用于描述系统的静态特征，包括数据的类型、内容、性质及数据之间的联系等。它是数据模型的基础，也是刻画一个数据模型性质最重要的方面。例如前面介绍的教师

（04018，张雅清，5400，广东湛江，1988-3-20，13623456789，湛江市赤坎区寸金路 29 号）属于记录型数据结构，即教师（教师编号，姓名，基本工资，籍贯，出生日期，电话号码，居住地址）。

因此，在数据库系统中，通常按照数据结构的类型来命名数据模型，如层次结构、网状结构和关系结构的数据模型分别命名为层次模型、网状模型和关系模型。

2. 数据操作

数据操作用于描述系统的动态特征，包括数据的插入、修改、删除和查询等。数据模型必须定义这些操作的确切含义、操作符号、操作规则及实现操作的语言。

3. 数据约束

数据的约束条件实际上是一组完整性规则的集合。完整性规则是给定数据模型中的数据及其联系所具有的制约和存储规则，用以限定符合数据模型的数据库及其状态的变化，以保证数据的正确性、有效性和相容性。

数据模型应该反映和规定数据必须遵守的、基本的、通用的完整性约束。此外，数据模型还应该提供定义完整性约束条件的机制，以反映具体涉及的数据必须遵守的、特定的语义约束条件，如学生信息中的"性别"只能为"男"或"女"，学生选课信息中的"课程号"的值必须为学校已开设课程的课程号等。

1.2.2　数据抽象的过程

从现实世界中的客观事物到数据库中存储的数据是一个逐步抽象的过程，这个过程经历了现实世界、观念世界和机器世界三个阶段，对应于数据抽象的不同阶段采用不同的数据模型。首先将现实世界的事物及其联系抽象成观念世界的概念模型，然后再转换成机器世界的数据模型。概念模型并不依赖于具体的计算机系统，它不是 DBMS 所支持的数据模型，而是现实世界中客观事物的抽象表示。概念模型经过转换成为计算机上某一 DBMS 支持的数据模型。因此，数据模型是对现实世界进行抽象和转换的结果，这一过程如图 1.2 所示。

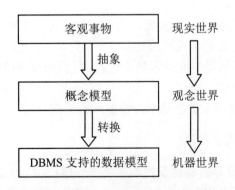

图 1.2　数据抽象的过程

1. 对现实世界的抽象

现实世界就是客观存在的世界，其中存在着各种客观事物及其相互之间的联系，而且每个事物都有自己的特征或性质。计算机处理的对象是现实世界中的客观事物，在对其实施处理的过程中，首先应了解和熟悉现实世界，从对现实世界的调查和观察中抽象出大量描述客观事物的事实，再对这些事实进行整理、分类和规范，进而将规范化的事实数据化，最终实现数据库系统的存储和处理。

2. 观念世界中的概念模型

观念世界是对现实世界的一种抽象，通过对客观事物及其联系的抽象描述构造出概念模型（Conceptual Model）。概念模型的特征是按用户需求观点对数据进行建模，表达了数据的全局逻辑结构，是系统用户对整个应用项目涉及数据的全面描述。概念模型主要用于数据库设计，它独立于现实世界的 DBMS，也就是说选择何种 DBMS 不会影响概念模型的设计。

概念模型的表示方法很多，目前较常用的是实体－联系模型（Entity Relationship Model），简称 E-R 模型。

3. 机器世界中的逻辑模型和物理模型

机器世界是现实世界在计算机中的体现与反映。现实世界中的客观事物及其联系在机器世界中以逻辑模型（Logical Model）描述。在选定 DBMS 后，就要将 E-R 图表示的概念模型转换为具体的 DBMS 支持的逻辑模型。逻辑模型的特征是按计算机实现的观点对数据进行建模，表达了数据库的全局逻辑结构，是设计人员对整个应用项目数据库的全面描述，逻辑模型服务于 DBMS 的应用实现。通常也把数据的逻辑模型直接称为数据模型。数据库系统中主要的逻辑模型有层次模型、网状模型和关系模型。

物理模型（Physical Model）是对数据最底层的抽象，用以描述数据在物理存储介质上的组织结构，与具体的 DBMS、操作系统和硬件有关。

从概念模型到逻辑模型的转换是由数据库设计人员完成的，从逻辑模型到物理模型的转换是由 DBMS 完成的，一般人员不必考虑物理实现细节，因而逻辑模型是数据库系统的基础，也是应用过程中要考虑的核心问题。

1.2.3　概念模型

概念模型表征了待解释的系统的学科共享知识。为了把现实世界中的具体事物抽象、组织为某一数据库管理系统支持的数据模型，人们常常首先将现实世界抽象为信息世界，然后将信息世界转换为机器世界。也就是说，首先把现实世界中的客观对象抽象为某一种信息结构，这种信息结构并不依赖于具体的计算机系统，不是某一个数据库管理系统（DBMS）支持的数据模型，而是概念级的模型，称为概念模型。

由于概念模型用于信息世界的建模，是现实世界到信息世界的第一层抽象，是用户与数据库设计人员之间进行交流的语言，因此概念模型一方面应该具有较强的语义表达能力，能够方便、直接地表达应用中的各种语义知识，另一方面应该简单、清晰、易于用户理解。例如我们的实体－联系模型就是一个很好的概念模型设计的例子。

1. 实体与实体集

实体（Entity）是现实世界中任何可以相互区分和识别的事物，它既可以是能触及的客观对象（如一位教师、一名学生、一种商品等），也可以是抽象的事件（如一场足球比赛、一次借书等）。

性质相同的同类实体的集合称为实体集（Entity Set），如一个系的所有教师、2014 年南非世界杯足球赛的全部 64 场比赛等。

2．属性

每个实体都具有一定的特征或性质，这样才能区分一个个实体。例如，教师的编号、姓名、性别、职称等都是教师实体具有的特征，足球赛的比赛时间、地点、参赛队、比分、裁判姓名等都是足球赛实体的特征。实体的特征称为属性（Attribute），一个实体可用若干属性来刻画。

能唯一标识实体的属性或属性集称为实体标识符，如教师的编号可以作为教师实体的标识符。

3．类型与值

属性和实体都有类型（Type）和值（Value）之分。属性类型就是属性名及其取值类型，属性值就是属性所取的具体值。例如，教师实体中的"姓名"属性，属性名"姓名"和取字符类型的值是属性类型，而"卓不凡""章达夫"等是属性值。每个属性都有特定的取值范围，即值域（Domain），超出值域的属性值则认为无实际意义，如"性别"属性的值域为（男，女），"职称"属性的值域为（助教，讲师，副教授，教授）等。由此可见，属性类型是个变量，属性值是变量所取的值，而值域是变量的取值范围。

实体类型（Entity Type）就是实体的结构描述，通常是实体名和属性名的集合；具有相同属性的实体有相同的实体类型。实体值是一个具体的实体，是属性值的集合。例如，教师实体类型是教师（工号，姓名，性别，年龄，职称，部门）；教师"卓不凡"的实体值是（0528，卓不凡，男，40，教授，信息工程学院）。

由此可见，属性值所组成的集合表征一个实体，相应的这些属性名的集合表征一个实体类型，相同类型实体的集合称为实体集。

4．实体间的联系

实体之间的对应关系称为联系（Relationship），它反映了现实世界事物之间的相互关联。例如，图书和出版社之间的关联关系为一个出版社可以出版多种书，但同一种书只能在一个出版社出版。

实体间的联系是指一个实体集中可能出现的每一个实体与另一实体集中多少个具体实体存在联系。实体之间有各种各样的联系，归纳起来有以下三种类型：

（1）一对一联系。如果对于实体集 A 中的每一个实体，实体集 B 中至多只有一个实体与之联系，反之亦然，则称实体集 A 与实体集 B 具有一对一联系，记为 1:1。例如，一个学院只有一个院长，一个老师只在一个学院任院长，院长与学院之间的联系是一对一的联系。

（2）一对多联系。如果对于实体集 A 中的每一个实体，实体集 B 中可以有多个实体与之联系，反之，对于实体集 B 中的每一个实体，实体集 A 中至多只有一个实体与之联系，则称实体集 A 与实体集 B 具有一对多联系，记为 1:n。例如，一个学院有许多学生，但一个学生只能在一个学院就读，所以学院和学生之间的联系是一对多的联系。

（3）多对多联系。如果对于实体集 A 中的每一个实体，实体集 B 中可以有多个实体与之联系，而对于实体集 B 中的每一个实体，实体集 A 中也可以有多个实体与之联系，则称实体集 A 与实体集 B 之间有多对多的联系，记为 m:n。例如，一个学生可以选修多门课程，一门课程可以被多个学生选修，所以学生和课程之间的联系是多对多的联系。

5．E-R 图

概念模型是反映实体及实体之间联系的模型。在建立概念模型时，要逐一给实体命名以示区别，并描述它们之间的各种联系。E-R 图是用一种直观的图形方式建立现实世界中实体及其联系模型的工具，也是数据库设计的一种基本工具。

E-R 模型用矩形框表示现实世界中的实体，用菱形框表示实体间的联系，用椭圆框表示实体和联系的属性，实体名、属性名和联系名分别写在相应的框内。对于作为实体标识符的属性，在属性名下画一条横线。实体与相应的属性之间、联系与相应的属性之间用线段连接。联系与其涉及的实体之间也用线段连接，同时在线段旁标注联系的类型（1:1、1:n 或 m:n）。

图 1.3 所示为学生信息系统中的 E-R 图，该图建立了学生、课程、院系和教师 4 个不同的实体及其联系的模型。其中"学号"属性作为学生实体的标识符（不同学生的学号不同），"课程编号"属性作为课程实体的标识符，"编号"属性作为学院实体的标识符，"工号"属性作为教师实体的标识符。联系也可以有自己的属性，如学生实体和课程实体之间的"选课"联系可以有"成绩"属性。

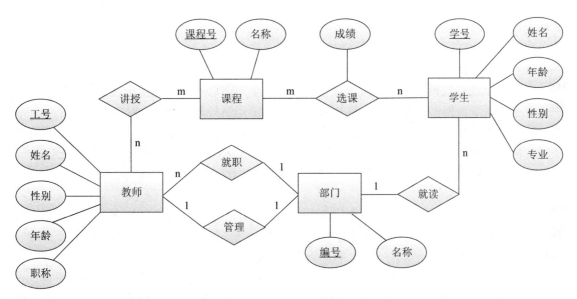

图 1.3　学生信息系统中的 E-R 模型

1.2.4　逻辑模型

E-R 模型只能说明实体间语义的联系，还不能进一步说明详细的数据结构。在进行数据库设计时，总是先设计 E-R 模型，然后把 E-R 模型转换成计算机能实现的逻辑数据模型，如关系模型。逻辑模型不同，描述和实现的方法也不同，相应的支持软件（即 DBMS）也不同。在数据库系统中，常用的逻辑模型有层次模型、网状模型和关系模型 3 种。

1. 层次模型

层次模型（Hierarchical Model）用树型结构来表示实体及其之间的联系。在这种模型中，数据被组织成由"根"开始的"树"，每个实体由根开始沿着不同的分枝放在不同的层次上。树中的每一个节点代表一个实体类型，连线则表示它们之间的关系。根据树型结构的特点，建立数据的层次模型需要满足以下两个条件：

（1）有且仅有一个节点没有父节点，这个节点即根节点。

（2）除根节点外，其他节点有且仅有一个父节点。

事实上，许多实体间的联系本身就是自然的层次关系，如一个单位的行政机构、一个家庭的世代关系等。

层次模型的特点是各实体之间的联系通过指针来实现，查询效率较高。但由于受到以上两个条件的限制，它能够比较方便地表示出一对一和一对多的实体联系，而不能直接表示出多对多的实体联系，对于多对多的联系，必须先将其分解为几个一对多的联系才能表示出来。因此，对于复杂的数据关系，实现起来较为麻烦，这就是层次模型的局限性。

采用层次模型来设计的数据库称为层次数据库。层次模型的数据库管理系统是最早出现的，它的典型代表是 IBM 公司在 1968 年推出的信息管理系统（Information Management System，IMS），这是世界上最早出现的大型数据库系统。

2. 网状模型

网状模型（Network Model）用以实体类型为节点的有向图来表示各实体及其之间的联系，其特点如下：

（1）可以有一个以上的节点无父节点。

（2）至少有一个节点有多于一个的父节点。

网状模型比层次模型复杂，可以直接用来表示多对多联系。然而由于技术上的困难，一些已实现的网状数据库管理系统（如 DBTG 系统）中仍然只允许处理一对多联系。

网状模型的特点是各实体之间的联系通过指针实现，查询效率较高，多对多联系也容易实现。但是当实体集和实体集中实体的数目都较多时（这对数据库系统来说是理所当然的），众多的指针使得管理工作相当复杂，对用户来说使用也比较麻烦。

3. 关系模型

与层次模型和网状模型相比，关系模型（Relational Model）有着本质的差别，它是用二维表格来表示实体及其相互之间的联系。在关系模型中，把实体集看成一个二维表，每个二维表称为一个关系。每个关系均有一个名字，称为关系名。

关系模型是由若干关系模式（Relational Schema）组成的集合，关系模式就相当于前面提到的实体类型，它的实例称为关系（Relation）。例如，教师关系模式为教师（工号，姓名，性别，年龄，职称，部门），其关系实例如表 1.1 所示，表 1.1 就是一个教师关系。

表 1.1　教师关系

工号	姓名	性别	年龄	职称	部门
0528	卓不凡	男	40	教授	信息工程学院
0529	端木元	男	45	研究员	信息工程学院
0530	左子穆	男	35	实验师	信息工程学院
0601	辛双清	女	28	工程师	商学院
0602	司空玄	男	31	讲师	商学院
0603	龚小茗	女	30	副教授	商学院

一个关系就是没有重复行和重复列的二维表，二维表的每一行在关系中称为元组，每一列在关系中称为属性。教师关系的每一行代表一个教师的记录，每一列代表教师记录的一个字段。

虽然关系模型比层次模型和网状模型发展得晚，但其数据结构简单、容易理解，而且建立在严格的数学理论基础之上，因此是目前比较流行的一种数据模型。

1.3　数据库体系结构

1.3.1　数据库系统三级模式结构

为了有效地组织、管理数据，提高数据库的逻辑独立性和物理独立性，人们为数据库设计了一个严谨的结构体系，数据库领域公认的标准结构是三级模式及二级映射。三级模式包括外模式、概念模式和内模式；二级映射是概念模式/内模式的映射和外模式/概念模式的映射。这种三级模式与二级映射结构构成了数据库的结构体系，如图 1.4 所示。

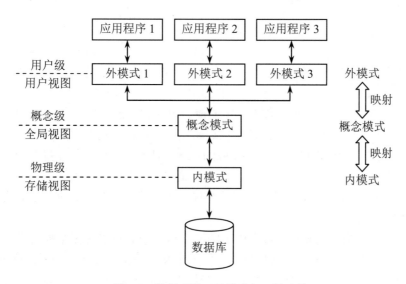

图 1.4　数据库的三级模式与二级映射

美国国家标准协会（American National Standards Institute，ANSI）的数据库管理系统研究小组于 1978 年提出了标准化的建议，将数据库结构体系分为三级：面向用户或应用程序员的用户级、面向建立和维护数据库人员的概念级、面向系统程序员的物理级。用户级对应外模式，概念级对应概念模式，物理级对应内模式，这样使不同级别的用户对数据库形成不同的视图。视图是指观察、认识和理解数据的范围、角度和方法，是数据库在用户眼中的反映。很显然，不同层次（级别）用户所看到的数据库是不相同的。

（1）概念模式。概念模式又称逻辑模式，或简称模式，对应于概念级。它是由数据库设计者综合所有用户的数据，按照统一的观点构造的全局逻辑结构，是对数据库中全部数据的逻辑结构和特征的总体描述，是所有用户的公共数据视图（全局视图）。它由数据库系统提供的数据定义语言（Data Definition Language，DDL）来描述、定义，体现并反映了数据库系统的整体观。

（2）外模式。外模式又称子模式或用户模式，对应于用户级。它是某个或某几个用户所看到的数据库的数据视图，是与某一应用有关的数据的逻辑表示。外模式是从概念模式导出的一个子集，包含概念模式中允许特定用户使用的那部分数据。用户可以通过外模式定义语言（外模式DDL）来描述、定义对应于用户的数据记录（用户视图），也可以利用数据操纵语言（Data Manipulation Language，DML）对这些数据记录进行操作。外模式反映了数据库的用户观。

（3）内模式。内模式又称存储模式或物理模式，对应于物理级。它是数据库中全体数据的内部表示或底层描述，是数据库最低一级的逻辑描述，它描述了数据在存储介质上的存储方式和物理结构，对应着实际存储在外存储介质上的数据库。内模式由内模式定义语言（内模式DDL）来描述、定义，它是数据库的存储观。

在一个数据库系统中只有唯一的数据库，因而作为定义、描述数据库存储结构的内模式和定义、描述数据库逻辑结构的概念模式也是唯一的，但建立在数据库系统之上的应用则是非常广泛、多样的，所以对应的外模式不是唯一的，也不可能唯一。

1.3.2　数据库系统的二级映射与数据独立性

数据库的三级模式是数据在 3 个级别（层次）上的抽象，使用户能够逻辑地、抽象地处理数据，而不必关心数据在计算机中的物理表示和存储方式，把数据的具体组织交给 DBMS 去完成。为了实现这 3 个抽象级别的联系和转换，DBMS 在三级模式之间提供了二级映射，通过二级映射保证数据库中的数据具有较高的物理独立性和逻辑独立性。

（1）概念模式/内模式的映射。数据库中的概念模式和内模式都只有一个，所以概念模式/内模式的映射是唯一的。它确定了数据的全局逻辑结构与存储结构之间的对应关系。当存储结构变化时，概念模式/内模式的映射也应有相应的变化，使其概念模式仍保持不变，即把存储结构变化的影响限制在概念模式之下，这使数据的存储结构和存储方法独立于应用程序，通过映射功能保证数据存储结构的变化不影响数据的全局逻辑结构的改变，从而不必修改应用程序，确保了数据的物理独立性。

（2）外模式/概念模式的映射。数据库中的同一概念模式可以有多个外模式，对于每一个外模式，都存在一个外模式/概念模式的映射，用于定义该外模式和概念模式之间的对应关系。当概念模式发生改变时，如增加新的属性或改变属性的数据类型等，只需对外模式/概念模式的映射做相应的修改，而外模式（即数据的局部逻辑结构）保持不变。由于应用程序是依据数据的局部逻辑结构编写的，因此应用程序不必修改，从而保证了数据与程序间的逻辑独立性。

习题 1

1.1　名词解释：信息、数据、数据处理、数据处理方式、数据库、数据库管理系统、数据库系统、数据库技术、数据模型、概念数据模型、E-R 模型、结构数据模型、层次模型、网状模型、关系模型、面向对象模型、模式、外模式、内模式、外模式/概念模式映射、概念模式/内模式映射、物理数据独立性、逻辑数据独立性、实体、属性、实体集、实体间的联系。

1.2　试述数据模型的三要素。

1.3　试述 E-R 模型、层次模型、网状模型、关系模型和面向对象模型的主要特点。

1.4　试述概念模式在数据库中的重要地位。

1.5　为什么数据库要实现三级体系结构？

1.6　试述 DBMS 的功能。

1.7　举例说明你是如何理解实体、属性、记录、数据项这些概念的"型"和"值"的区别的。

1.8　试述信息与数据的联系和区别。

1.9　试述数据处理的特点及数据处理的方式。

1.10　试述数据处理与数据管理两者之间的关系。

1.11　文件系统阶段的数据管理有哪些缺点？用简单的例子予以说明。

1.12　数据库系统阶段的数据管理有什么特点？

1.13　请归纳出下列模型的优缺点：E-R 模型、层次模型、网关模型、关系模型、面向对象模型。

1.14　设某数据库中有三个实体集：一是工厂实体集，其属性有工厂名称、厂址、联系电话等；二是产品实体集，其属性有产品号、产品名、规格、单价等；三是工人实体集，其属性有工人编号、姓名、性别、职称等。

工人与产品之间存在生产联系，每个工厂可以生产多种产品，每种产品可由多个工厂加工生产，要记录每个工厂生产每种产品的月产量；工厂与工人之间存在雇佣关系，每个工人只能在一个工厂工作，工厂雇佣工人有雇佣期并议定月薪。试画出 E-R 图。

1.15　在学生信息管理系统中，存在实体：学生、系别、班级。试根据实际情况绘制 E-R 图。

1.16　文件系统和数据库系统的主要区别是什么？文件系统中的文件和数据库系统中的文件有什么不同之处？

1.17　何谓 DBA？其职责是什么？

1.18　模式 DDL 一般包括哪些内容？

1.19　DML 分成哪两种类型？它们各有什么特点？

1.20　简述 DBS 的组成及其主要特征。

第 2 章　关系模型基本理论

- ● 　了解：关系的基本性质。
- ● 　理解：关系模式、关系、属性、主键及外键。
- ● 　掌握：传统的关系集合运算、专门的关系运算。

2.1　关系模型

关系数据库理论出现于 20 世纪 60 年代末到 70 年代初。1970 年，IBM 的研究员 E.F.Codd 博士发表的《大型共享数据库的数据关系模型》中提出了关系模型的概念。后来 Codd 又陆续发表多篇文章，奠定了关系数据库的基础。关系数据库一经问世，即赢得了用户的广泛青睐和数据库开发商的积极支持,迅速成为继层次数据库、网状数据库之后一种崭新的数据组织方式，并后来居上，在数据库技术领域占据统治地位。

2.1.1　关系数据库的基本概念

关系数据库的基本数据结构是关系，即平时所说的二维表格，在 E-R 模型中对应于实体集，而在数据库中又对应于表，因此二维表格、实体集、关系和表指的是同一个概念，只是使用的场合不同而已。

1. 关系

通常将一个没有重复行、重复列，并且每个行列的交叉点只有一个基本数据的二维表格看成一个关系。二维表格包括表头和表中的内容，相应地，关系包括关系模式和记录的值，表包括表结构（记录类型）和表的记录，而满足一定条件的规范化关系的集合就构成了关系模型。

尽管关系与二维表格、传统的数据文件有相似之处，但它们之间又有着重要的区别。严格地说，关系是一种规范化了的二维表格。在关系模型中，对关系做了种种规范性限制，使之具有以下 6 个性质：

（1）关系必须规范化，每一个属性都必须是不可再分的数据项。规范化是指关系模型中每个关系模式都必须满足一定的要求，最基本的要求为关系必须是一个二维表格，每个属性值必须是不可分割的最小数据单元，即表中不能再包含表。例如，表 2.1 就不能直接作为一个关系。因为该表的"工资标准"一列有 3 个子列，这与每个属性不可再分割的要求不符。只要去掉"工资标准"项，而将"基本工资""标准津贴""业绩津贴"直接作为基本的数据项就可以了。

（2）列是同质的，即每一列中的分量是同一类型的数据，来自同一个域。

（3）在同一关系中不允许出现相同的属性名。

（4）关系中不允许有完全相同的元组。

（5）在同一关系中元组的次序无关紧要，也就是说，任意交换两行的位置并不影响数据的实际含义。

表 2.1　不能直接作为关系的表格示例

编号	姓名	工资标准		
		基本工资/元	标准津贴/元	业绩津贴/元
0530	左子穆	2350	2500	1780
0601	辛双清	1450	1350	1560
0602	司空玄	2450	2900	1870
0603	龚小茗	1780	2300	1780

（6）在同一关系中属性的次序无关紧要，任意交换两列的位置并不影响数据的实际含义，不会改变关系模式。

以上是关系的基本性质，也是衡量一个二维表格是否构成关系的基本要素。在这些基本要素中，属性不可再分割是关键，这构成了关系的基本规范。

在关系模型中，数据结构简单、清晰，同时有严格的数学理论作为指导，为用户提供了较为全面的操作支持，所以关系数据库成为当今数据库应用的主流。

2．元组

二维表格的每一行在关系中称为元组（Tuple），相当于表的一个记录（Record）。一行描述了现实世界中的一个实体，例如在表 1.1 中，每一行都描述了一个教师的基本信息。在关系数据库中，行是不能重复的，即不允许两行的全部元素完全相同。

3．属性

二维表格的每一列在关系中称为属性（Attribute），相当于记录中的一个字段（Field）或数据项。每个属性都有一个属性名，一个属性在其每个元组上的值称为属性值，因此，一个属性包括多个属性值，只有在指定元组的情况下属性值才是确定的。同时，每个属性有一定的取值范围，称为该属性的值域，如表 1.1 中的第 3 列，属性名是"性别"，取值是"男"或"女"，不是"男"或"女"的数据应被拒绝存入该表，这就是数据约束条件。同样，在关系数据库中，列是不能重复的，即关系的属性不允许重复；属性必须是不可再分的，即属性是一个基本的数据项，不能是几个数据的组合项。

有了属性概念后，可以这样定义关系模式和关系模型：关系模式是属性名及属性值域的集合；关系模型是一组相互关联的关系模式的集合。

4．关键字

关系中能唯一区分、确定不同元组的属性或属性组合，称为关系的一个键（key），或者称为关键字、码。单个属性组成的关键字称为单关键字，多个属性组合的关键字称为组合关键字。需要强调的是，关键字的属性值不能取空值。空值就是不知道或不确定的值，因为空值无法唯一地区分、确定元组。在表 1.1 所示的关系中，"性别""年龄""职称""部门"属性都不能充当关键字，"工号"和"姓名"属性均可单独作为关键字，其中"工号"作为关键字会更好一些，因为可能会有教师重名的现象，而教师的工号是不会相同的。

关系中能够作为关键字的属性或属性组合可能不是唯一的。凡在关系中能够唯一区分、确定不同元组的属性或属性组合称为候选关键字（Candidate Key），也可称为候选码或码。例如，表 1.1 所示关系中的"工号"和"姓名"属性都是候选关键字（假定没有重名的教师）。

在候选关键字中选定一个作为关键字，称为该关系的主关键字或主键（Primary Key）。关系中主关键字是唯一的。

不包含在任意的候选码（码）中的属性叫做非主属性或非码属性。

5. 外部关键字

如果关系中某个属性或属性组合并非本关系的关键字，但却是另一个关系的关键字，则称这样的属性或属性组合为本关系的外部关键字或外键（Foreign Key）。在关系数据库中，用外部关键字表示两个表之间的联系。例如，可以在表 1.1 所示的教师关系中增加"部门编号"属性，则"部门编号"属性就是一个外部关键字，该属性是"部门"关系的关键字，该外部关键字描述了"教师"和"部门"两个实体之间的联系。

2.1.2　关系的完整性

为了防止不符合规则的数据进入数据库，DBMS 提供了一种对数据的监控机制，这种机制允许用户按照具体应用环境定义自己数据的有效性和相容性条件，在对数据进行插入、删除、修改等操作时，DBMS 自动按照用户定义的条件对数据实施监控，使不符合条件的数据不能进入数据库，以确保数据库中存储的数据正确、有效、相容，这种监控机制称为数据完整性保护，用户定义的条件称为完整性约束条件。在关系模型中，数据完整性包括域完整性（Field Integrity）、实体完整性（Entity Integrity）、参照完整性（Referential Integrity）和用户定义完整性（User-defined Integrity）等。

1. 域完整性

域完整性是针对某一具体关系数据库的约束条件，指列的值域的完整性，既限制了某些属性中出现的值，又把属性限制在一个有限的集合中。

2. 实体完整性

现实世界中的实体是可区分的，即它们具有某种唯一性标识。相应地，关系模型中以主关键字作为唯一性标识。主关键字中的属性（即主属性）不能取空值。如果主属性取空值，就说明存在某个不可标识的实体，即存在不可区分的实体，这与现实世界的应用环境相矛盾，因此这个实体一定不是一个完整的实体。

实体完整性是指关系的主属性不能取空值，并且不允许两个元组的关键字的值相同。也就是说，一个二维表格中没有两个完全相同的行，因此实体完整性也称为行完整性。

3. 参照完整性

现实世界中的实体之间往往存在某种联系，在关系模型中实体及实体间的联系都是用关系来描述的，这样就自然存在着关系与关系间的引用。

设 F 是关系 R 的一个或一组属性，但不是关系 R 的关键字，如果 F 与关系 S 的主关键字 Ks 相对应，则称 F 是关系 R 的外部关键字，并称关系 R 为参照关系（Referencing Relation），关系 S 为被参照关系（Referenced Relation）或目标关系（Target Relation）。

参照完整性规则就是定义外部关键字与主关键字之间的引用规则，则对于关系 R 中每个元组在属性 F 上的值必须取空值（F 中的每个属性值均为空），或者等于 S 中某个元组的主键值。

【例 2.1】教师（工号，姓名，性别，部门编号，职称）、部门（编号，名称）。

其中工号是"教师"关系的主键，部门编号是外键，而"部门"关系中编号是主键，则教师关系中的每个元组的"部门编号"属性只能取下面两类值：

（1）空值，表示尚未给该职工分配部门。

（2）非空值，但该值必须是"部门"关系中某个元组的部门编号值，表示该教师不可能分配到一个不存在的系中，即被参照关系"部门"中一定存在一个元组，它的主键值等于该参照关系"教师"中的外键值。

域完整性、实体完整性和参照完整性是关系模型中必须满足的完整性约束条件，只要是关系数据库系统就应该支持域完整性、实体完整性和参照完整性。除此之外，不同的关系数据库系统根据其应用环境的不同，往往还需要一些特殊的约束条件，例如成绩表（课程号，学号，成绩），在定义关系成绩表时，我们可以对成绩这个属性定义必须大于等于 0 的约束。

4. 用户定义完整性

实体完整性和参照完整性适用于任何关系数据库系统。此外，不同的关系数据库系统根据其应用环境的不同，往往还需要一些特殊的约束条件，用户定义完整性就是针对某一具体关系数据库的约束条件，它反映某一具体应用所涉及的数据必须满足的语义要求，如规定关系中某一属性的取值范围。

2.2　关系代数

在关系模型中，数据是以二维表格的形式存在的，这是一种非形式化的定义。由于关系是属性个数相同的元组的集合，因此可以从集合论的角度对关系进行集合运算。

利用集合论的观点，关系是元组的集合，每个元组包含的属性数目相同，其中属性的个数称为元组的维数。通常，元组用圆括号括起来的属性值表示，属性值间用逗号隔开。例如，（0528，卓不凡，男）是三元组。

设 A1,A2,…,An 是关系 R 的属性，通常用 R（A1,A2,…,An）来表示这个关系的一个框架，也称为 R 的关系模式。属性的名字唯一，属性 Ai 的取值范围 Di（i=1,2,…,n）称为值域。

将关系与二维表格进行比较可以看出两者存在简单的对应关系，关系模式对应一个二维表格的表头，而关系的一个元组就是二维表格的一行，很多时候甚至不加区别地使用这两个概念。例如，职工关系 R={（0528，卓不凡，男），（0529，端木元，男），（0530，左子穆，男），（0601，辛双清，女）}，相应的二维表格表示形式如表 2.2 所示。

表 2.2　职工关系 R

编号	姓名	性别
0528	卓不凡	男
0529	端木元	男
0530	左子穆	男
0601	辛双清	女

在关系运算中，并、交、差运算是从元组（即表格中的一行）的角度来进行的，沿用了传统的集合运算规则，也称为传统的关系运算。而连接、投影、选择运算是关系数据库中专门

建立的运算规则，不仅涉及行而且涉及列，故称为专门的关系运算。

2.2.1 传统的关系运算

1. 集合的并（Union）运算

设有关系 R 需要插入若干元组，这些元组组成关系 R1，由传统集合论可以知道，此时需要用集合的并运算。

设 R、S 同为 n 元关系，且相应的属性取自同一个域，则 R、S 的并也是一个 n 元关系，记作 R∪S。

$$R \cup S = \{t | t \in R \lor t \in S\}$$

式中"∪"为并运算，t 为元组变量，结果是一个新的 R、S 同类的关系，该关系是由属于 R 或属于 S 的元组构成的集合。

2. 集合的差（Difference）运算

设 R、S 同为 n 元关系，且相应的属性取自同一个域，则 R、S 的差也是一个 n 元关系，记作 R−S。R−S 包含了所有属于 R 但不属于 S 的元组。

$$R - S = \{t | t \in R \land t \notin S\}$$

3. 集合的交（Intersection）运算

设 R、S 同为 n 元关系，且相应的属性取自同一个域，则 R、S 的交也是一个 n 元关系，记作 R∩S。

$$R \cap S = \{t | t \in R \land t \in S\}$$

式中"∩"为交运算，t 为元组变量，结果是一个新的 R、S 同类的关系，该关系是由属于 R 而且也属于 S 的元组构成的集合，即两者相同的那些元组的集合，R∩S 也可以说是 R−(R−S) 的缩写。

4. 笛卡尔积运算

设 R 是一个包含 m 个元组的 j 元关系，S 是一个包含 n 个元组的 k 元关系，则 R、S 的广义笛卡尔积是一个包含 m×n 个元组的 j+k 元关系，记作 R×S，并定义 $R×S=\{(r_1,r_2,\ldots,r_j,s_1,s_2,\ldots,s_k)|$ $(r_1,r_2,\ldots,r_j) \in R$ 且 $\{s_1,s_2,\ldots,s_k\} \in S\}$，即 R×S 的每个元组的前 j 个分量是 R 中的一个元组，而后 k 个分量是 S 中的一个元组。

【例 2.2】 设 $R=\{(a_1,b_1,c_1),(a_1,b_2,c_2),(a_2,b_2,c_1)\}$，$S=\{(a_1,b_2,c_2),(a_1,b_3,c_2),(a_2,b_2,c_1)\}$，求 R∪S、R−S、R∩S、R×S。

根据运算规则，有以下结果：

$R \cup S=\{(a_1,b_1,c_1),(a_1,b_2,c_2),(a_2,b_2,c_1),(a_1,b_3,c_2)\}$

$R−S=\{(a_1,b_1,c_1)\}$

$R \cap S=\{(a_1,b_2,c_2),(a_2,b_2,c_1)\}$

$R×S=\{(a_1,b_1,c_1,a_1,b_2,c_2),(a_1,b_1,c_1,a_1,b_3,c_2),(a_1,b_1,c_1,a_2,b_2,c_1),$

$\quad (a_1,b_2,c_2,a_1,b_2,c_2),(a_1,b_2,c_2,a_1,b_3,c_2),(a_1,b_2,c_2,a_2,b_2,c_1),$

$\quad (a_2,b_2,c_1,a_1,b_2,c_2),(a_2,b_2,c_1,a_1,b_3,c_2),(a_2,b_2,c_1,a_2,b_2,c_1)\}$

R×S 是一个包含 9 个元组的六元关系。

5. 除运算

数据库应用程序中经常会出现除运算，其对一些特定类型的查询是非常有用的。假设关系 R 被定义为有属性集 M，关系 S 被定义为有属性集 N，而 N 是 M 的子集（N⊆M）。令 P=M−N，即 P 是 R 的属性集合，但不是 S 的属性，则除运算可定义为属性 P 上的一个关系，这个关系由来自第一个关系 R 且与关系 S 中的每个元组的组合匹配的元组组成。运算式子记作：

$$R \div S = \{P_r[A] \mid \prod_{i=1}^{n} A_i \in R \wedge \prod_{i=1}^{n} A_i \notin S\}$$

其中，$P_r[A]$ 中的 A 为 P 的属性集。

【例 2.3】设有两个关系模式 R(A,B,C,D) 和 S(C,D)，其中关系 R={(a1,b1,c1,d1),(a1,b1,c2,d2), (a1,b1,c3,d3),(a2,b2,c2,d2),(a3,b3,c1,d1),(a1,b1,c2,d2)}，S={(c1,d1),(c2,d2)}，求 R÷S。

求解步骤如下：

第一步：找出关系 R 和关系 S 中相同的属性，即 {C,D} 属性。在关系 S 中对 {C,D} 做投影（即将 {C,D} 列取出），所得关系为 {(c1,d1),(c2,d2)}。

第二步：被除关系 R 与关系 S 中不相同的属性列是 {A,B}，关系 R 在属性 (A,B) 上做取消重复值的投影为 {(a1,b1),(a2,b2),(a3,b3)}。

第三步：求关系 R 中 {A,B} 属性对应的像集 {C,D}，如表 2.3 所示。

第四步：判断包含关系。

R÷S 其实就是判断关系 R 中 {A,B} 各个值的像集 {C,D} 是否包含关系 S 中属性 {C,D} 的所有值。对比即可发现：{a2,b2} 的像集只有 {c2,d2}，不能包含关系 S 中属性 {C,D} 的所有值，所以排除掉 {a2,b2}；而 {a1,b1} 和 {a3,b3} 的像集包含了关系 S 中属性 {C,D} 的所有值，所以 R÷S 的最终结果为：

表 2.3　像集

A	B	C	D
a1	b1	c1	d1
		c2	d2
		c3	d3
a2	b2	c2	d2
a3	b3	c1	d1
		c2	d2

$$R \div S(A,B) = \{(a1,b1),(a3,b3)\}$$

2.2.2　专门的关系运算

1. 选择（Selection）运算

设 R={(a_1,a_2,…,a_n)} 是一个 n 元关系，F 是关于 (a_1,a_2,…,a_n) 的一个条件，R 中所有满足 F 条件的元组组成的子关系称为 R 的一个选择，记作 $\sigma_F(R)$，并定义：

$$\sigma_F(R) = \{t \mid t \in R \wedge F(t) = \text{True}\}$$

其中，σ 表示选择运算符，σ_F 表示从 R 中挑选满足公式 F 的元组所构成的关系。

这个操作是根据某些条件对关系进行水平分割，即选择符合条件的元组。

条件用命题公式 F 表示，F 中的运算对象是常量（用引号括起来）或元组分量（属性名或列的序号），运算符有算术比较运算符（<、≤、>、≥、=、≠，这些符号统称 Θ 符）和逻辑运算符（∧、∨、¬）。

2. 投影（Projection）运算

投影是一元关系运算（即只对一个关系操作，而不需要两个关系），用于选取某个关系上我们感兴趣的某些列，并且将这些列组成一个新的关系。通俗地讲，关系 R 上的投影是从 R 中选出若干属性列组成新的关系。

设 $R(A_1,A_2,…,A_n)$ 是一个 n 元关系，关系 R 在属性 $A_1,A_2,…,A_k$（k≤n）上的投影记作 $\prod_{A_1,A_2,…,A_k}(R)$，它是满足如下条件的 k 元组$(a_1,a_2,…,a_k)$的集合：存在 R 中的元组 u，对于 1≤i≤k，u 在属性 A_i 上的值等于 a_i。设 u 是 R 的元组，$u[A_1,A_2,…,A_k]$表示 u 在属性 $A_1,A_2,…,A_k$ 上形成的 k 元组，则：

$$\prod_{A_1,A_2,…,A_k}(R)=\{t|(\exists u)(u\in R \wedge t \in u[A_1,A_2,…,A_k])\}$$

3. 连接（Join）运算

设 A 是关系 R 的属性，B 是关系 S 的属性，θ 是算术比较运算符（<、≤、=、≥、> 或 ≠）。关系 R 和 S 在属性 A 和 B 上的 θ 连接记作：

$$R \underset{R.A\theta S.B}{\bowtie} S=\sigma_{R.A\theta S.B}(R\times S)$$

其中 R.AθS.B 是连接条件，如果 A 仅为 R 的属性，B 仅为 S 的属性，R.AθS.B 可以简写为 AθB。

（1）等值连接。

θ 为等号"="的连接运算称为等值连接，它是从关系 R 与 S 的笛卡尔积中选取 A、B 属性值相等的那些元组。

（2）自然连接。

自然连接是一种特殊的等值连接，它要求关系 R 中的属性 A 和关系 S 中的属性 B 名字相同，并且在结果中把重复的属性去掉。一般的连接操作是从行的角度进行运算，但自然连接还需要取消重复列，所以是同时从行和列的角度进行运算。

在关系 R 和 S 进行自然连接时，选择两个关系在公共属性上值相等的元组构成新的关系，此时，关系 R 中的某些元组可能在关系 S 中不存在公共属性上值相等的元组，造成关系 R 中这些元组的值在操作时被舍弃。由于同样的原因，关系 S 中的某些元组也有可能被舍弃。为了在操作时能保存这些可能被舍弃的元组，从而提出了外连接（Outer Join）操作。

（3）外连接。

如果 R 和 S 进行自然连接时，把该舍弃的元组也保存在新关系中，同时在这些元组新增加的属性上填上空值（NULL），这种连接就称为外连接。如果只把 R 中要舍弃的元组放到新关系中，那么这种连接称为左外连接；如果只把 S 中要舍弃的元组放到新关系中，那么这种连接称为右外连接；如果把 R 和 S 中要舍弃的元组都放到新关系中，那么这种连接称为完全外连接。

【例 2.4】设有两个关系模式 R(A,B,C)和 S(B,C,D)，其中关系 R={(a,b,c),(b,b,f),(c,a,d)}，关系 S={(b,c,d),(b,c,e),(a,d,b),(e,f,g)}，分别求 $\prod_{(A,B)}(R)$、$\prod_{A=b}(R)$、$R\underset{R.A=S.B}{\bowtie}S$、R 和 S 自然连接、R 和 S 完全外连接、R 和 S 左外连接、R 和 S 右外连接的结果。

根据连接运算的规则，结果如下：

$\prod_{(A,B)}(R)=\{(a,b),(b,b),(c,a)\}$

$\prod_{A=b}(R)=\{(b,b,f)\}$

$R \underset{R.A=S.B}{\bowtie} S = \{(a,b,c,a,d,b),(b,b,f,b,c,d),(b,b,f,b,c,e)\}$

R 和 S 自然连接： $R \bowtie S = \{(a,b,c,d),(a,b,c,e),(c,a,d,b)\}$

R 和 S 完全外连接： $R \bowtie S = \{(a,b,c,d),(a,b,c,e),(c,a,d,b),(b,b,f,Null),(Null,e,f,g)\}$

R 和 S 左外连接： $R \bowtie S = \{(a,b,c,d),(a,b,c,e),(c,a,d,b),(b,b,f,Null)\}$

R 和 S 右外连接： $R \bowtie S = \{(a,b,c,d),(a,b,c,e),(c,a,d,b),(Null,e,f,g)\}$

2.2.3 关系代数操作实例

在关系代数运算中，把由以上的几种操作经过有限的复合的式子称为关系代数表达式。这种表达式的运算结果还是一个关系。我们可以用关系代数表达式表示各种数据操作。

设数据库中有四个关系，如下：

教师关系：Teacher(<u>Tno</u>, Tname, Tphone)

学生关系：Student(<u>Sno</u>,Sname,Ssex,Sage,Sadress,Sbirthday)

课程关系：Course(<u>Cno</u>,Cname,Credit)

选修关系：SC(<u>Sno,Cno</u>,Grade)

则有：

1. 检索学习课程号为 C08 的学生学号与成绩。

$$\prod_{Sno,Grade}\left(\sigma_{Cno='C08'}(score)\right)$$

表达式中也可以不写属性名，而写上属性的序号。

$$\prod_{1,3}\left(\sigma_{2='C08'}(score)\right)$$

2. 检索学习课程号为 C08 的学生学号与姓名。

$$\prod_{Sno,Sname}\left(\sigma_{Cno='C08'}(Student \bowtie score)\right)$$

这个查询涉及了两个关系 Student 和 SC，先要将这两个关系进行自然连接操作，再执行选择和投影操作。

3. 检索不学 C08 课程的学生姓名与年龄。

$$\prod_{Sname,Sage}(student) - \prod_{Sname,Sage}\sigma_{Cno='C08'}(student \bowtie score)$$

在这个检索里面要用到集合差操作。先求出全体学生的姓名和年龄，再求出学了 C08 课程的学生的姓名和年龄，最后执行两个集合的差操作。

4. 检索学习全部课程的学生姓名。

编写这个查询语句的关系代数表达式过程如下：

（1）学生选课情况可用 $\prod_{Sno,Cno}(score)$ 操作表示。

（2）全部课程可用 $\prod_{Cno}(Course)$ 表示。

（3）学了全部课程的学生学号可用除法表示，操作结果是学号 Sno 集：

$$\prod_{Sno,Cno}(Score) \div \prod_{Cno}(Course)$$

（4）从 Sno 求学生姓名 Sname，可以用自然连接和投影操作组合而成：

$$\prod_{Sname}\left(Student \bowtie \left(\prod_{Sno,Cno}(score) \div \prod_{Cno}(Course)\right)\right)$$

5．查询选修了课程名为概率统计的学生学号与姓名。

$$\prod_{\text{sno,sname}}\left(\prod_{\text{sno,sname}}(\text{student}) \bowtie \left(\prod_{\text{sno,cno}}(\text{score}) \bowtie \prod_{\text{cno}}(\sigma_{\text{cname}='概率统计'}(\text{course}))\right)\right)$$

6．查询选修了课程号为 C2 或 C4 课程的学生学号。

$$\prod_{\text{Sno}}(\sigma_{\text{cno}='\text{C2}'\text{ORcno}='\text{C4}'}(\text{score}))$$

7．查询至少选修了课程号为 C2 和 C4 课程的学生学号。

$$\prod_{\text{Sno}}(\sigma_{\text{cno}='\text{C2}'}(\text{score})) \cap \prod_{\text{Sno}}(\sigma_{\text{cno}='\text{C4}'}(\text{score}))$$

8．查询选修课程包含学生 S3 所修课程的学生学号和姓名。

$$\prod_{\text{sno,sname}}(\text{student}) \bowtie \left(\prod_{\text{Sno,Cno}}(\text{score}) \div \prod_{\text{cno}}(\text{score})\right)$$

9．查询未选修数据库技术的学生的学号、姓名、性别和系别。

$$\prod_{\text{sno,sname,ssex,dept}}(\text{student}) - \prod_{\text{sno,sname,ssex,dept}}(\text{student}) \bowtie (\text{score} \bowtie \sigma_{\text{cname}='数据库技术'}(\text{course}))$$

10．查询管理学课程的成绩在 80 至 90 分之间的工商管理系的男生的学号和姓名。

$$\prod_{\text{sno,sname}}(\sigma_{\text{sxe}='男'\text{ANDdept}='工商管理系'}(\text{student})) \bowtie \prod_{\text{sno}}\left(\prod_{\text{sno,cno}}(\sigma_{\text{grade}>=80 \text{ AND } \text{grade}<=90}(\text{score}))\right) \bowtie$$

$$\prod_{\text{cno}}(\sigma_{\text{cname}='管理学'}(\text{course})))$$

习题 2

2.1　名词解释：域、笛卡尔积、关系、关系模式、属性、元组、候选关键字、主键、外键。

2.2　试述完整性约束都有哪些。

2.3　试述关系的基本性质。

2.4　判断下列情况，分别指出它们具体遵循哪一类完整性约束规则：

（1）用户写一条语句明确指定月份数据在 1～12 之间有效。

（2）关系数据库中不允许主键值为空的元组存在。

（3）从 A 关系的外键出发去找 B 关系中的记录，必须能找到。

2.5　给出两个学生选修课程关系 A 和 B，参见下表，属性为姓名、课程名、成绩。分别写出下列关系代数运算的结果关系。

关系 A

姓名	课程名	成绩
李红	数学	89
罗杰明	英语	78
陈小东	数据库	90

关系 B

姓名	课程名	成绩
黄边晴	C++	86
李红	数学	89
叶晴	数学	73

（1）A 和 B 的并、交、差、乘积和自然连接。

（2）$\sigma_{\text{成绩}>80}(A)$；　$\sigma_{2='数学'\wedge 3<90}(B)$；　$\prod_{1,3}(A)$；　$\prod_{\text{课程名}}(B)$。

（3）$\prod_{1,3}(\sigma_{2='数学'}(B))$；$\prod_{\text{姓名}}(\sigma_{\text{成绩}>75}(A \bowtie B))$。

（4）$A \underset{1=1}{\bowtie} B$；$A \underset{2=2 \wedge 3>3}{\bowtie} B$

（5）$A \ltimes B$；$A \rtimes B$；$A \bowtie B$。

2.6　下表的关系 A 是一个职工名册表，请按后述要求写出关系代数表达式并求出结果关系。

部门	姓名	职工号	职称	工资	年龄
技术科	陈能	23	助工	1780	35
生产科	朱大酝	36	工程师	2500	28
技术科	何聪	48	总工程师	3200	46

（1）取出职称为工程师或助工的所有元组。

（2）从职工名册表中取出姓名和工资两列。

（3）取出所有工资高于 2000 元的职工姓名和职工号。

（4）找出至少包含陈能和何聪的部门。（使用除法）

2.7　设数据库中有如下四个关系：

教师关系：Teacher(Tno, Tname, Tphone)

学生关系：Student(Sno,Sname,Ssex,Sage,Sadress,Sbirthday)

课程关系：Course(Cno,Cname,Credit)

选修关系：Score(Sno,Cno,Grade)

写出下面查询语句的关系代数表达式：

（1）检索学习课程号为 C06 的学生学号与成绩。

（2）检索学习课程号为 C06 的学生学号与姓名。

（3）检索选修课程名为 ENGLISH 的学生学号与姓名。

（4）检索选修课程号为 C02 或 C06 的学生学号。

（5）检索至少选修 C02 和 C06 的学生学号。

（6）检索没有选修 C06 课程的学生姓名及其所在班级。

（7）检索学习全部课程的学生姓名。

（8）检索学习课程中包含了 S08 学生所学课程的学生学号。

第3章 结构化查询语言 SQL

- **了解**：SQL 语言的特点、SELECT 语句的基本组成。
- **理解**：SELECT 语句的语法格式及各项子句的含义，子查询、嵌套查询和连接查询的基本概念。
- **掌握**：简单查询、子查询、嵌套查询、多表连接查询、查询语句 SELECT 的综合运用。

3.1 SQL 语言介绍

结构化查询语言（Structured Query Language，SQL）是一种数据库查询和程序设计语言，用于存取数据以及查询、更新和管理关系数据库系统，同时也是数据库脚本文件的扩展名。SQL 的影响已经超出数据库领域，得到其他领域的重视和采用，如人工智能领域的数据检索、第四代软件开发工具中嵌入 SQL 的语言等。

结构化查询语言是高级的非过程化编程语言，允许用户在高层数据结构上工作。因为它既不要求用户指定对数据的存放方法，也不需要用户了解具体的数据存放方式，所以具有完全不同底层结构的不同数据库系统，可以使用相同的结构化查询语言作为数据输入与管理的接口。结构化查询语言语句可以嵌套，这使它具有极大的灵活性和强大的功能。

3.1.1 SQL 的产生与发展

在 20 世纪 70 年代初，由 IBM 公司圣约瑟研究实验室的埃德加·科德发表将数据组成表格的应用原则（Codd's Relational Algebra）。1974 年，同一实验室的 D.D.Chamberlin 和 R.F. Boyce 在研制关系数据库管理系统 System R 中，研制出一套规范语言——SEQUEL（Structured English Query Language），并在 1976 年 11 月的 IBM Journal of R&D 上公布新版本的 SQL（叫 SEQUEL/2），1980 年改名为 SQL。

1979 年 Oracle 公司首先提供商用的 SQL，IBM 公司在 DB2 和 SQL/DS 数据库系统中也实现了 SQL。

1986 年 10 月，美国 ANSI 采用 SQL 作为关系数据库管理系统的标准语言（ANSI X3.135－1986），后来国际标准化组织（ISO）也将其作为国际标准。

1989 年，美国 ANSI 采纳在 ANSI X3.135－1989 报告中定义的关系数据库管理系统的 SQL 标准语言称为 ANSI SQL89，该标准替代 ANSI X3.135－1986 版本。该标准为下列组织所采纳：①国际标准化组织（ISO），为 ISO 9075－1989 报告 Database Language SQL With Integrity Enhancement；②美国联邦政府，发布在 The Federal Information Processing Standard Publication（FIPS PUB）上。

目前大部分数据库遵守 ANSI SQL89 标准。

3.1.2 SQL 的特点

1. 综合统一

SQL 集数据定义语言（DDL）、数据操纵语言（DML）、数据控制语言（DCL）的功能于一体，语言风格统一，可以独立完成数据库生命周期中的全部活动，包括定义关系模式、录入数据以建立数据库、查询、更新、维护、数据库重构、数据库安全性控制等一系列操作要求，为数据库应用系统开发提供良好的环境，例如用户在数据库投入运行后，还可根据需要随时逐步地修改模式，既不影响数据库的运行，又使系统具有良好的可扩充性。

2. 高度非过程化

非关系数据模型的数据操纵语言是面向过程的语言，用其完成某项请求，必须指定存取路径。而用 SQL 进行数据操作，用户只需提出"做什么"，而不必指明"怎么做"，因此用户无需了解存取路径，存取路径的选择以及 SQL 语句的操作过程由系统自动完成。这不但大大减轻了用户负担，而且有利于提高数据独立性。

3. 面向集合的操作方式

SQL 采用集合操作方式，不仅查找结果可以是元组的集合，而且一次插入、删除、更新操作的对象也可以是元组的集合。

4. 以同一种语法结构提供两种使用方式

SQL 既是自含式语言，又是嵌入式语言。作为自含式语言，它能够独立地用于联机交互的使用方式，用户可以在终端键盘上直接输入 SQL 命令对数据库进行操作。作为嵌入式语言，SQL 语句能够嵌入到高级语言程序中，供程序员设计程序时使用。而在两种不同的使用方式下，SQL 语言的语法结构基本上是一致的。这种以统一的语法结构提供两种不同的使用方式的做法，为用户提供了极大的灵活性与方便性。

5. 各种不同的数据库对 SQL 语言的支持与标准存在着细微的不同

有的产品的开发先于标准的公布，另外，各产品开发商为了达到特殊的性能或新的特性，需要对标准进行扩展。目前已有 100 多种遍布在从微机到大型机上的数据库产品 SQL，其中包括 DB2、SQL/DS、Oracle、Ingres、Sybase、SQL Server、Dbase IV、Paradox、Microsoft Access 等。

3.1.3 SQL 的语句结构

SQL 包含下面介绍的 6 个部分。

1. 数据查询语言（DQL）

数据查询语言也称为"数据检索语句"，用以从表中获得数据，确定数据怎样在应用程序中给出。保留字SELECT是 DQL（也是所有 SQL）用得最多的动词，其他 DQL 常用的保留字有 WHERE、ORDER BY、GROUP BY 和 HAVING。这些 DQL 保留字常与其他类型的 SQL 语句一起使用。

2. 数据操纵语言（DML）

它的语句包括动词INSERT、UPDATE和DELETE，分别用于添加、修改和删除表中的行。数据操纵语言也称为动作查询语言。

3. 事务处理语言（TPL）

它的语句能确保被 DML 语句影响的表的所有行及时得以更新。TPL 语句包括 BEGIN

TRANSACTION、COMMIT 和 ROLLBACK。

4. 数据控制语言（DCL）

它的语句通过 GRANT 或 REVOKE 获得许可，确定单个用户和用户组对数据库对象的访问。某些 RDBMS 可用 GRANT 或 REVOKE 控制对表单个列的访问。

5. 数据定义语言（DDL）

它的语句包括动词 CREATE 和 DROP。在数据库中创建新表、修改表或删除表（CREAT TABLE、ALTER TABLE 或 DROP TABLE）；为表加入索引等。DDL 包括许多与数据库目录中获得数据有关的保留字。它也是动作查询的一部分。

6. 指针控制语言（CCL）

它的语句，如 DECLARE CURSOR、FETCH INTO 和 UPDATE WHERE CURRENT 用于对一个或多个表单独行的操作。

3.1.4　T-SQL

T-SQL 最早由 Sybase 公司和 Microsoft 公司联合开发，Microsoft 公司将其应用在 SQL Server 上作为 SQL Server 的核心组件，与 SQL Server 通信，并访问 SQL Server 中的对象。它在 ANSI SQL92 标准的基础上进行了扩展，对语法也进行了精简，增强了可编程性和灵活性，使其功能更为强大，使用更为方便。

T-SQL 对 SQL 的扩展主要包含以下 3 个方面：

（1）增加了流程控制语句。SQL 作为一种功能强大的结构化标准查询语言并没有包含流程控制语句，因此不能单纯使用 SQL 构造出一种最简单的分支程序。T-SQL 在这方面进行了多方面的扩展，增加了块语句、分支判断语句、循环语句和跳转语句等。

（2）加入了局部变量、全局变量等许多新概念，可以编写出更复杂的查询语句。

（3）增加了新的数据类型，使处理能力更强。

1. T-SQL 的常见数据类型

T-SQL 常见的数据类型如表 3.1 至表 3.5 所示。

表 3.1　字符串类型

数据类型	描述
char(n)	可存储 1~8000 个定长字符串，字符串长度为 n；如未指定，默认为 char(1)。每个字符占用 1 字节存储空间
nchar(n)	可存储 1~4000 个定长 Unicode 字符串，字符串长度为 n；如未指定，默认为 nchar(1)。每个字符占用 2 字节存储空间
varchar(n)	可存储最大值为 8000 个字符的可变长字符串。可变长字符串的最大长度为 n，如 varchar(50)，每个字符占用 1 字节存储空间
nvarchar(n)	可存储最大值为 4000 个字符可变长 Unicode 字符串。可变长 Unicode 字符串的最大长度为 n，如 nvarchar(50)，每个字符占用 2 字节存储空间
text	可存储最大值为 2147483647 个字符的变长文本，并且无需指定其初始值，每个字符占用 1 字节存储空间，一般用来存储大段的文章。text 数据类型不能作为函数、存储过程或触发器中的参数来用
ntext	同 text 数据类型，只不过存储的是最大值为 1073741823 个字符的 Unicode 变长文本，每个字符占用 1 字节存储空间

表 3.2　数值数据类型

数据类型	描述
bit	存储值为 0 或 1 的二进制字段，占用 1 字节存储空间
tinyint	存储 0~255 的整数，占用 1 字节存储空间
smallint	存储-32768~32767 的整数，占用 2 字节存储空间
int	存储-2147483648~2147483647 的整数，占用 4 字节存储空间
decimal(p,q)	存储-10^{38}-1~10^{38}-1 的固定精度和范围的数值型数据。p 指定小数点左边和右边可以存储的十进制数字的最大个数，最大精度 38。q 指定小数点右边可以存储的十进制数字的最大个数。小数位数必须是 0~p 之间的值。默认小数位数是 0
float	存储 1~53 的可变精度的浮点值，精度表示为 float(n)，n 表示科学记数法的尾数，取值范围为-1.79E+308~-2.23E-308 的负数和 2.23E-308~1.79E+308 的正数。其存储空间由精度值决定，n 为 1~24，占用 4 字节存储空间；n 为 25~53，占用 8 字节存储空间
real	存储-3.40E+38~-1.18E-38 的负数和 1.18E~3.40E+38 的正数，占用 4 字节存储空间
smallmoney	存储-214748.3648~214748.3647 的货币值，精确到小数点后 4 位，占用 4 字节存储空间
money	存储-922337203685477.5808~922337203685477.5807 的货币值，精确到小数点后 4 位，占用 8 字节存储空间

表 3.3　日期和时间数据类型

数据类型	格式	范围	精度	存储容量（字节）	用户定义小数精度
time	hh:mm:ss[.nnnnnnn]	00:00:00.0000000~23:59:59.9999999	100ns	3~5	是
date	YYY-MM-DD	0001-01-01~9999-12-31	1 天	3	否
smalldatetime	YYYY-MM-DD hh:mm:ss	1900-01-01~2079-06-06	1min	4	否
datetime	YYYY-MM-DD hh:mm:ss[.nn]	1753-01-01~9999-12-31	0.00333s	8	否
datetime2	YYYY-MM-DD hh:mm:ss[.nnnnnnn]	0001-01-01 00:00:00:0000000~9999-12-31 23:59:59:0000000	100ns	6~8	是
datetimeoffset	YYYY-MM-DD hh:mm:ss[.nnnnnnn][+|-]hh:mm	0001-01-01 00:00:00:0000000~9999-12-31 23:59:59:0000000 (int UTC)	100ns	8~10（2 字节时区数据）	是

表 3.4　二进制数据类型

数据类型	描述
binary	存储 1~8000 个字符的二进制数据，其指定长度即为占用的存储空间。
varbinary	存储可变长的二进制数据，可在创建时指定其具体长度，也可不指定。

表 3.5　其他数据类型

数据类型	描述
cursor	游标数据类型，保持数据表的行和列的值
rowversion(timestamp)	公开数据库中自动生成的唯一二进制数字的数据类型。rowversion 通常用作给表行加版本戳的机制。存储大小为 8 个字节。rowversion 数据类型只是递增的数字，不保留日期或时间
hierarchyid	是一种长度可变的系统数据类型，可使用 hierarchyid 表示层次结构中的位置
sql_variant	用于存储 SQL Server 支持的各种数据类型的值
table	主要用于临时存储一组作为表值函数的结果集返回的行。可将函数和变量声明为 table 类型
xml	存储 XML 数据的数据类型。可以在列中或者 xml 类型的变量中存储 xml 实例
geospatial	有两类：geometry 和 geography。平面空间数据类型 geometry 表示欧几里得（平面）坐标系中的数据；地理空间数据类型 geography 用于存储诸如 GPS 纬度和经度坐标之类的椭球体（圆形地球）数据

2．T-SQL 的语法约定

为了能更好地掌握和使用 T-SQL，对 T-SQL 的语法进行约定，如表 3.6 所示。

表 3.6　T-SQL 的语法约定及使用说明

语法约定	使用说明
大写	T-SQL 关键字
斜体	用户提供的 T-SQL 语法的参数
粗体	数据库名、表名、列名、索引名、存储过程、实用工具、数据类型名以及必须按所显示的原样输入的文本
下划线	指示当语句中省略了包含带下划线的值的子句时应使用的默认值
|（竖线）	分隔括号或大括号中的语法项。只能使用其中一项
[ ]（方括号）	可选语法项。不要输入方括号
{ }（大括号）	必选语法项。不要输入大括号
[,...n]	指示前面的项可以重复 n 次。各项之间以逗号分隔
[...n]	指示前面的项可以重复 n 次。每一项由空格分隔
[;]	可选的 T-SQL 语句终止符。不要输入方括号
<label> ::=	语法块的名称。此约定用于对可在语句中的多个位置使用的过长语法段或语法单元进行分组和标记。可使用的语法块的每个位置由括在尖括号内的标签表示：<label>

3.2　数据库对象

1．表（Table）

数据库中的表与我们日常生活中使用的表格类似，它也是由行（Row）和列（Column）组成的。列由同类的信息组成，每列又称为一个字段，每列的标题称为字段名。行包括了若干列信息项。一行数据称为一个或一条记录，它是有一定意义的信息组合。一个数据库表由一条或多条记录组成，没有记录的表称为空表。每个表中通常都有一个主关键字，用于唯一地确定一条记录。

2．索引（Index）

索引是为了加速对表中数据行的检索而创建的一种分散的存储结构。索引是针对表而建立的，它是由数据页面以外的索引页面组成的，每个索引页面中的行都含有逻辑指针，以便加速检索物理数据。

在数据库关系图中，可以在选定表的"索引/键"属性页中创建、编辑或删除每个索引类型。当保存索引所附加到的表或保存该表所在的关系图时，索引将保存在数据库中。

根据数据库的功能，可以在数据库设计器中创建 6 种索引：普通索引、唯一索引、主键索引、候选索引、聚集索引和非聚集索引。

- 普通索引：最基本的索引类型，没有唯一性之类的限制。
- 唯一索引：是不允许其中任何两行具有相同索引值的索引。
- 主键索引：数据库表中一列或列组合（字段）的值唯一标识表中的每一行。该列称为表的主键。
- 候选索引：与主键索引一样要求字段值的唯一性，并决定了处理记录的顺序。在数据库和自由表中，可以为每个表建立多个候选索引。
- 聚集索引：也称为聚簇索引，在聚集索引中，表中行的物理顺序与键值的逻辑（索引）顺序相同。一个表只能包含一个聚集索引，即如果存在聚集索引，就不能再指定 CLUSTERED 关键字。
- 非聚集索引：也叫非聚簇索引，在非聚集索引中，数据库表中记录的物理顺序与索引顺序可以不相同。一个表中只能有一个聚集索引，但表中的每一列都可以有自己的非聚集索引。

3．视图（View）

视图看上去同表似乎一模一样，具有一组命名的字段和数据项，但它其实是一个虚拟的表，在数据库中并不实际存在。视图是由查询数据库表产生的，它限制了用户能看到和修改的数据。由此可见，视图可以用来控制用户对数据的访问，并能简化数据的显示，即通过视图只显示那些需要的数据信息。

4．用户（User）

所谓用户就是有权限访问数据库的人。

用户需要自己的登录账号和密码。用户分为管理员用户和普通用户，前者可对数据库进行修改删除，后者只能进行查看等操作。

5．图表（Diagram）

图表其实就是数据库表之间的关系示意图。利用它可以编辑表与表之间的关系。

6．触发器（Trigger）

触发器由事件来触发，可以查询其他表，而且可以包含复杂的SQL语句。它们主要用于强制服从复杂的业务规则或要求，也可用于强制引用完整性，以便在多个表中添加、更新或删除行时保留在这些表之间所定义的关系。

7．存储过程（Stored Procedure）

存储过程是一组为了完成特定功能的 SQL 语句集，存储在数据库中，经过第一次编译后，再次调用不需要再次编译，用户通过指定存储过程的名字并给出参数（如果该存储过程带有参数）来执行它。存储过程是数据库中的一个重要对象。

8. 默认值（Default）

默认值是当在表中创建列或插入数据时，对没有指定其具体值的列或列数据项赋予事先设定好的值。

9. 规则（Rule）

规则是对数据库表中数据信息的限制。它限定的是表的列。

3.3　示例数据库

1. 基本表

（1）学生表（学号，姓名，性别，年龄，院系，专业）

student(sno char(10),sname char(20),gender char(2),age int, depart char(3),specialty char(50))

（2）部门表（编号，名称，院长编号）

department (no char(3),name char(20), dean char(4))

（3）课程表（课程号，课程名，先修课编号，教师编号）

course(cno char(8),cname char(20),pcno char(8), tno char(4))

（4）教师表（工号，姓名，性别，年龄，职称，部门）

teacher(tno char(4), tname char(20), gender char(2), age int ,prof char(10),depart char(3))

（5）选课表（课程号，学生号，成绩）

score(sno char(10),cno char(8), grade int)

2. 测试数据

测试数据如表 3.7 至表 3.11 所示。

表 3.7　学生表测试数据

sno	sname	gender	age	depart	specialty
2015874144	王日滔	男	20	001	software engineering
2015874120	覃锋	男	21	001	software engineering
2015874138	何俊昊	男	22	001	software engineering
2015874134	陈耀鹏	男	21	001	software engineering
2015874110	崔迅	男	21	001	software engineering
2015874133	黄清文	男	21	001	software engineering
2015874111	黄万宗	男	22	001	computer science and technology
2015874124	刘嘉荣	男	19	001	computer science and technology
2015874129	陈嘉宁	男	19	001	computer science and technology
2015874143	麦舒婷	女	20	001	computer science and technology
2015874123	肖雅支	女	19	001	computer science and technology
2015874145	莫金玲	女	20	001	The Internet of things engineering
2015874101	何金凤	女	20	001	The Internet of things engineering

续表

sno	sname	gender	age	depart	specialty
2015874103	古美坤	女	21	001	The Internet of things engineering
2015874121	欧嘉丽	女	21	001	The Internet of things engineering
2015874107	黄嘉欣	女	22	002	Information Management and Information Systems
2015874116	池癸生	男	22	002	Information Management and Information Systems
2015874109	谭海龙	男	22	002	Information Management and Information Systems
2015874114	张心蕊	女	21	003	Mechanical engineering
2015874140	王宣尹	女	21	003	Mechanical engineering

表 3.8　部门表

no	name	dean	no	name	dean
001	信息工程学院	0128	003	机电工程学院	0301
002	商学院	0220	004	生命科学与技术学院	0403

表 3.9　课程表

cno	cname	pcno	tno	cno	cname	pcno	tno
08181192	数据库原理	08181170	0128	08196281	算法分析与设计	08181170	0220
08181170	数据结构		0129	08196060	软件测试设计	08181170	0130
08181060	高级语言程序设计	08181170	0301	08195371	C#程序设计	08181060	0131
08191311	大型数据库设计	08181192	0128	08181803	数据库课程设计	08191311	0128

表 3.10　教师表

tno	tname	gender	age	prof	depart	tno	tname	gender	age	prof	depart
0128	卓不凡	男	40	教授	001	0301	辛双清	女	28	教授	003
0129	端木元	男	45	研究员	001	0402	司空玄	男	31	讲师	004
0220	左子穆	男	35	教授	002	0403	龚小茗	女	30	教授	004
0130	萧远森	男	25	讲师	001	0131	褚万里	男	30	副教授	001

表 3.11　选课表

sno	cno	grade	sno	cno	grade	sno	cno	grade
2015874144	08181192	90	2015874111	08195371	79	2015874107	08196060	87
2015874144	08181170	91	2015874111	08181803	50	2015874107	08195371	93
2015874144	08181060	89	2015874145	08181060	78	2015874107	08181803	88
2015874144	08191311	81	2015874145	08191311	90	2015874101	08181192	70
2015874144	08196281	70	2015874145	08196281	86	2015874101	08181170	75
2015874144	08196060	65	2015874107	08181192	67	2015874101	08181060	76
2015874144	08195371	50	2015874107	08181170	86	2015874114	08191311	80

sno	cno	grade	sno	cno	grade	sno	cno	grade
2015874144	08181803	80	2015874107	08181060	90	2015874114	08196281	81
2015874111	08181192	86	2015874107	08191311	70	2015874114	08196060	85
2015874111	08181170	70	2015874107	08196281	89	2015874114	08195371	70

3.4 SQL Server 数据库的存储结构

SQL Server 数据库的存储结构分为逻辑存储结构和物理存储结构两种。

3.4.1 逻辑存储结构

数据库的逻辑存储结构指数据库是由哪些性质的信息所组成的。它主要应用于面向用户的数据组织和管理,从逻辑的角度,数据库由若干用户可视的对象构成,如表、视图、存储等,由于这些对象存储在数据库中,因此也叫数据库对象。

1. 数据库对象

SQL Server 的数据库对象也叫逻辑组件,这些逻辑组件也就是具体存储数据或对数据进行操作的实体。SQL Server 中的数据库对象主要包括数据库关系图、表、视图、同义词、可编程性、Service Broker、存储和安全性等,如表 3.12 所示。它们分别用来存储特定信息并支持特定功能,构成数据库的逻辑存储结构。

表 3.12　SQL Server 的数据库对象及功能

对象名称	功能
数据库关系图	用来描述数据库中表和表之间的对应关系,是数据库设计的常用方法。在数据库技术领域中,这种关系图也常常被称为 E-R 图、ERD 图或 EAR 图等
表	由数据的行和列组成,格式与工作表类似。行代表一个唯一的记录,列代表记录中的一个字段。类型定义规定了某个列中可以存放的数据类型
视图	可以限制某个表格可见的行和列,或者将多个表格数据结合起来作为一个表格显示。一个视图还可以集中列
同义词	同义词是数据库对象的别名,使用同义词对象可以大大简化对复杂数据库对象名称的引用方式
可编程性	是一个逻辑组合,它包括存储过程、函数、数据库触发器、程序集、类型、规则、默认值、计划指南等对象
Service Broker	Service Broker(服务代理)可帮助数据库开发人员生成可靠且可扩展的应用程序。它包含了用来支持异步通信机制的对象,这些对象包括消息类型、约定、队列、服务、路由、远程服务绑定、Broker 优先级等对象
存储	在"存储"节点中包含了 4 类对象,即全文目录、分区方案、分区函数和全文非索引字表,这些对象都与数据存储有关
安全性	与安全有关的数据库对象被组织在了"安全性"节点中,这些对象包括用户、角色、架构、证书、非对称密钥、对称密钥、数据库审核规范等

2. 数据库类型

SQL Server 数据库分为两种类型，即系统数据库和用户数据库。

（1）系统数据库。

系统数据库是由系统创建和维护的数据库。系统数据库中记录着 SQL Server 2008 的配置情况、任务情况和用户数据库的情况等系统管理的信息，它实际上就是常说的数据字典，SQL Server 2008 使用这些系统级信息管理和控制整个数据库服务器系统。在 SQL Server 2008 中有 master、model、msdb 和 tempdb 共 4 个系统数据库，表 3.13 中列出了 SQL Server 系统数据库及相应的描述。

表 3.13　SQL Server 系统数据库及其描述

名称	描述
master	master 数据库记录 SQL Server 系统的所有系统级信息，主要包括实例范围的元数据、端点、链接服务器和系统配置并记录了所有其他数据库的存在、数据库文件的位置以及 SQL Server 的初始化信息
model	提供了 SQL Server 实例上创建的所有数据库的模板
msdb	主要由 SQL Server 代理用于计划警报和作业
tempdb	tempdb 系统数据库是一个全局资源，可供连接到 SQL Server 实例的所有用户使用，并可用于保存显式创建的临时用户对象、SQL Server 数据库引擎创建的内部对象和一些版本数据等

（2）用户数据库。

用户数据库分为系统提供的示例数据库和用户创建的数据库。

1）示例数据库。示例数据库中包含了各种数据库对象，使用户可以自由地对其中的数据或者表结构进行查询、修改等操作。在安装 SQL Server 的过程中，可以在安装组件窗口中选择安装示例数据库，默认的示例数据库有 AdventureWorks 和 AdventureWorksDW 两个。AdventureWorks 数据库存储了某个假设的自行车制造公司的业务数据，示意了制造、销售、采购、产品管理、合同管理、人力资源管理等场景。用户可以利用该数据库来学习 SQL Server 的操作，也可以模仿该数据库的结构设计用户自己的数据库。AdventureWorksDW 数据库是 Analysis Services（分析服务）的示例数据库。Microsoft 将分析示例数据库与事务示例数据库联系在一起，以提供展示两者协同运行的完整示例数据库。

2）用户创建的数据库。用户创建的数据库是由具有适当权限的任意服务器登录，由用户根据管理对象的要求创建的数据库，此数据库中保存着用户直接需要的数据信息。

3.4.2　物理存储结构

数据库的物理存储结构指的是数据库文件在磁盘中是如何存储的。它主要应用于面向计算机的数据组织和管理，如数据文件、表和视图的数据组织方式，磁盘空间的利用和回收，文本和图形数据的有效存储等。它的表现形式是操作系统的物理文件，一个数据库由一个或多个磁盘上的文件组成，对用户是透明的，数据库物理文件名是操作系统使用的。

1. 数据库文件

数据库文件是存放数据库数据和数据库对象的文件。在 SQL Server 系统中组成数据库的文件有两种类型：数据文件（包括主数据文件和次数据文件）和事务日志文件。

（1）主数据文件（Primary Database File）。一个数据库可以有一个或多个数据文件，当有多个数据文件时，其中一个文件被定义为主数据文件，它用来存储数据库的启动信息和部分或全部数据，一个数据库只能有一个主数据文件，主数据文件名称的默认后缀是.mdf。

（2）次数据文件（Secondary Database File）。次数据文件用来存储主数据文件中没存储的其他数据。使用次数据文件来存储数据的优点在于，可以在不同的物理磁盘上创建次数据文件，并将数据存储在这些文件中，这样可以提高数据处理的效率。另外，如果数据库超过了单个Windows 文件的最大文件大小，可以使用次数据文件，这样数据库就能继续增长。一个数据库可以有零个或多个次数据文件，次数据文件名称的默认后缀是.ndf。

注意： 在 Windows 中，文件为 FAT 格式时，单个文件存储容量最大为 4GB；文件为 NTFS格式时，单个文件存储容量最大为无限制。

（3）事务日志文件（Transaction Log File）。事务是一个单元的工作，该单元的工作要么全部完成，要么全部不完成。SQL Server 2008 系统使用数据库的事务日志来实现事务的功能。事务日志文件记录了每一个事务的开始、对数据的改变和取消修改等信息，如使用 INSERT、UPDATE、DELETE 等对数据库进行操作都会记录在此文件中，而 SELECT 等对数据库内容不会有影响的操作则不会记录在案。一个数据库可以有一个或多个事务日志文件，事务日志文件名称的默认后缀是.ldf。

数据库的每个数据文件和日志文件都具有一个逻辑文件名和一个物理文件名。逻辑文件名是在所有 T-SQL 语句中引用物理文件时所使用的名称，该文件名必须符合 SQL Server 标识符规则，而且在一个数据库中，逻辑文件名必须是唯一的。物理文件名是操作系统识别的文件，创建时要指明存储文件的路径以及物理文件名称，物理文件名的命名必须符合操作系统文件命名规则。一般情况下，如果有多个数据文件，为了获得更好的性能，建议将文件分散存储在多个物理磁盘上。

2. 数据库文件的存储形式

SQL Server 2008 数据库文件的存储形式如图 3.1 所示。每个数据库在物理上分为数据文件和事务日志文件，这些数据文件和事务日志文件存放在一个或多个磁盘上，不与其他文件共享。

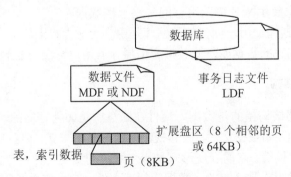

图 3.1　SQL Server 2008 数据库文件的存储形式

（1）数据文件。SQL Server 将一个数据文件中的空间分配给表格和索引，每块有 64KB

的空间，叫作"扩展盘区"。一个扩展盘区由 8 个相邻的页构成。页是 SQL Server 中数据存储的基本单位，每个页的大小为 8KB，页的单个行中的最大数据量是 8060B，页的大小决定了数据库表的一行数据的最大大小，共有 8 种类型的页面：数据页面、索引页面、文本/图像页面、全局分配页面、页面剩余空间页面、索引分配页面、大容量更改映射表页面和差异更改映射表页面。SQL Server 每次读取或写入数据的最小数据单位是数据页，从逻辑角度而言，数据库的最小存储单位为页，即 8KB。

（2）事务日志文件（简称日志文件）。此文件驻留在与数据文件不同的一个或多个物理文件中，包含一系列事务日志记录而不是扩展盘区分配的页。日志文件用来记录数据变化的过程。

出于分配和管理目的，可以将数据库文件分成不同的文件组（File Group，文件的逻辑集合）。每个文件组有一个组名。在 SQL Server 中有主文件组和用户定义的文件组。

（1）主文件组。每个数据库有一个主文件组，主文件组中包含了所有的系统表。当建立数据库时，主文件组包括主数据文件和未指定组的其他文件。一个文件只能存在于一个文件组中，一个文件组也只能被一个数据库使用。

（2）用户定义的文件组。用户定义的文件组是指用户首次创建数据库或以后修改数据库时明确创建的任何文件组。创建这类文件组主要用于将数据文件集合起来，以便于数据的管理、分配和放置。

每个数据库中都有一个文件组作为默认文件组运行。如果在数据库中创建对象时没有指定对象所属的文件组，对象将被分配给默认文件组。不管何时，只能将一个文件组指定为默认文件组。默认文件组中的文件必须足够大，能够容纳未分配给其他文件组的所有新对象。如果没有指定默认文件组，则主文件组是默认文件组。

注意：文件组只能包含数据文件。日志文件不属于任何文件组。文件组中的文件不自动增长，除非文件组中的文件全都没有可用空间。

3.5　数据定义

3.5.1　数据库的创建和管理

1. 创建数据库

创建数据库需要使用 CREATE DATABASE 语句，其基本 T-SQL 语法格式如下：

```
CREATE DATABASE database_name
[ON
[PRIMARY]<filespec>[,...n]
[LOG ON<filespec>[,...n]]
];
<filespec>::=
(
NAME=logical_file_name,
FILENAME={'os_file_name'|'filestream_path'}
[,SIZE=size[KB|MB|GB|TB]]
```

[,MAXSIZE={*max_size*[KB|MB|GB|TB]|UNLIMITED}]

[,FILEGROWTH=*growth_increment*[KB|MB|GB|TB|%]]

)

语句说明如表 3.14 和表 3.15 所示。

表 3.14　CREATE DATABASE 参数说明

参数	说明
database_name	新数据库的名称。数据库名称在 SQL Server 的实例中必须唯一，并且必须符合标识符规则，最多可以包含 128 个字符
ON	指定存储数据库数据的磁盘文件（数据文件）
PRIMARY	指定关联的<filespec>列表定义主文件。在主文件组的<filespec>项中指定的第一个文件将成为主文件。一个数据库只能有一个主文件。如果没有指定 PRIMARY，那么 CREATE DATABASE 语句中列出的第一个文件将成为主文件
LOG ON	指定存储数据库日志的磁盘文件（日志文件）。LOG ON 后跟以逗号分隔的用以定义日志文件的<filespec>项列表。如果没有指定 LOG ON，将自动创建一个日志文件，其大小为该数据库的所有数据文件大小总和的 25%或 512KB，取两者之中的较大者。此文件放置于默认的日志文件位置。有关此位置的信息，可参阅查看或更改数据文件和日志文件的默认位置（SSMS）
<filespec>	控制文件属性，如表 3.15 所示

表 3.15　<filespec>参数说明

参数	说明
NAME	指定文件的逻辑名称。指定 FILENAME 时，需要使用 NAME，除非指定 FOR ATTACH 子句之一。无法将 FILESTREAM 文件组命名为 PRIMARY
logical_file_name	引用文件时在 SQL Server 中使用的逻辑名称。logical_file_name 在数据库中必须是唯一的，必须符合标识符规则
FILENAME	{os_file_name'|'filestream_path'}：指定操作系统（物理）文件名称 'os_file_name'：是创建文件时由操作系统使用的路径和文件名。文件必须驻留在下列一种设备中：安装 SQL Server 的本地服务器、存储区域网络（SAN）或基于 iSCSI 的网络。执行 CREATE DATABASE 语句前，指定路径必须存在 'filestream_path'：对于 FILESTREAM 文件组，FILENAME 指向将存储 FILESTREAM 数据的路径。在最后一个文件夹之前的路径必须存在，但不能存在最后一个文件夹
SIZE	指定文件的大小。将 os_file_name 指定为 UNC 路径时，不能指定 SIZE。SIZE 不适用于 FILESTREAM 文件组 size：文件的初始大小。如果没有为主文件提供 size，则数据库引擎将使用 model 数据库中的主文件的大小。如果指定了辅助数据文件或日志文件，但未指定该文件的 size，则数据库引擎将以 1MB 作为该文件的大小。为主文件指定的大小至少应与 model 数据库的主文件大小相同，可以使用千字节（KB）、兆字节（MB）、千兆字节（GB）或兆兆字节（TB）后缀，默认值为 MB。指定一个整数，不包含小数位。size 是一个整数值。对于大于 2147483647 的值，使用更大的单位
MAXSIZE	指定文件可增大到的最大大小。将 os_file_name 指定为 UNC 路径时，不能指定 MAXSIZE max_size：最大的文件大小。可以使用 KB、MB、GB 和 TB 后缀，默认值为 MB。指定一个整数，不包含小数位。如果未指定 max_size，则文件将增长到磁盘变满为止。max_size 是一个整数值。对于大于 2147483647 的值，使用更大的单位

参数	说明
UNLIMITED	指定文件将增长到磁盘充满。在 SQL Server 中，指定为不限制增长的日志文件的最大大小为 2TB，而数据文件的最大大小为 16TB
FILEGROWTH	指定文件的自动增量。文件的 FILEGROWTH 设置不能超过 MAXSIZE 设置。将 os_file_name 指定为 UNC 路径时，不能指定 FILEGROWTH。FILEGROWTH 不适用于 FILESTREAM 文件组 growth_increment：每次需要新空间时为文件添加的空间量。该值可以 MB、KB、GB、TB 或百分比（%）为单位指定。如果未在数量后面指定 MB、KB 或%，则默认值为 MB。如果指定%，则增大大小为发生增长时文件大小的指定百分比。指定的大小舍入为最接近的 64KB 的倍数。值为 0 时表明自动增长被设置为关闭，不允许增加空间。如果未指定 FILEGROWTH，则数据文件的默认值为 1MB，日志文件的默认增长比例为 10%，并且最小值为 64KB

【例 3.1】不指定文件创建数据库。

创建名为 mytest_1 的数据库，并创建相应的主文件和事务日志文件。因为该语句没有<filespec>项，所以主数据库文件的大小为 model 数据库主文件的大小。事务日志文件的大小为 model数据库事务日志文件的大小。因为没有指定 MAXSIZE，文件可以增长到填满所有可用的磁盘空间为止。

创建此数据库的语句为：

```
CREATE DATABASE mytest
```

【例 3.2】不指定 SIZE 创建数据库。

创建名为 mytest1 的数据库。主文件逻辑文件名为 mytest1_dat，物理文件名为 mytest1.mdf，大小等于 model 数据库中主文件的大小。事务日志文件会自动创建，其大小为主文件大小的 25%或 512KB 中的较大值。因为没有指定 MAXSIZE，文件可以增长到填满所有可用的磁盘空间为止。

创建此数据库的语句为：

```
CREATE DATABASE mytest1
ON
    （NAME = mytest1_dat,
    FILENAME = ' D:\MyDataBase\mytest1.mdf')
```

【例 3.3】创建指定数据文件和事务日志文件的数据库，数据库名称为 student。要求如下：

（1）数据库的主数据文件逻辑文件名为 student_db，物理文件名为 student.mdf，初始大小为 5MB，最大文件大小无限制，自动增长量为 10%。

（2）事务日志文件逻辑文件名为 student_log，物理文件名为 student.ldf，初始大小为 1MB，最大文件大小为 10MB，自动增长量为 128KB。

（3）文件存储的物理位置均为 D:\MyDataBase。

```
CREATE DATABASE student
ON
PRIMARY
(    NAME =student_db,
    FILENAME='D:\MyDataBase\student.mdf' ,
    SIZE = 5120KB,
```

```
        MAXSIZE =unlimited,
        FILEGROWTH = 10%
)
  LOG ON
(       NAME = student_log,
        FILENAME = ' D:\MyDataBase\student.ldf' ,
        SIZE = 1MB ,
        MAXSIZE = 10MB ,
        FILEGROWTH = 128KB
)
```

【例 3.4】创建一个指定多个数据文件和事务日志文件的数据库。此数据库名称为 Exercise_db。要求如下：

（1）第一个和第二个数据文件的逻辑文件名分别为 Exercise31 和 Exercise32，物理文件名分别为 Exe31dat.MDF 和 Exe32dat.NDF，初始大小分别为 10MB 和 15MB，最大文件大小分别为无限制和 50MB，自动增长量分别为 10%和 1MB。

（2）事务日志文件逻辑文件名分别为 Exercise_LOG31 和 Exercise_LOG32，物理文件名分别为 Exe31log.LDF 和 Exe32log.LDF，初始大小均为 10MB，最大文件大小均为 10MB，自动增长量均为 1MB。

（3）文件存储的物理位置均在 F:\mydb 文件下。

创建此数据库的语句为：

```
        CREATE DATABASE Exercise_db
        ON
        ( NAME=Exercise31,
        FILENAME= 'F:\mydb\Exe31dat.MDF',
        SIZE=10,
        MAXSIZE=Unlimited,
        FILEGROWTH=10% ),
        ( NAME=Exercise32,
        FILENAME= 'F:\mydb\Exe32dat.NDF',
        SIZE=15,
        MAXSIZE=50MB,
        FILEGROWTH=1 )
        LOG ON
        ( NAME=Exercise_LOG31,
        FILENAME= 'F:\mydb\Exe31log.LDF',
        SIZE=10,
        MAXSIZE=10,
        FILEGROWTH=1 ),
        ( NAME=Exercise_LOG32,
        FILENAME= 'F:\mydb\ Exe32log.LDF',
        SIZE=10,
        MAXSIZE=10,
        FILEGROWTH=1 )
```

注意：此语句中没有使用关键字 PRIMARY，则第一个文件 Exercise31 成为主数据文件。

【**例 3.5**】创建具有两个文件组的数据库，此数据库的文件名称为 Exercise_db1。要求如下：

（1）主文件组包含两个文件，分别是 Exe4_1_dat 和 Exe4_2_dat，初始大小分别为 10MB 和 15MB，最大文件大小分别为无限制和 50MB，自动增长量分别为 10%和 1MB，文件存储的物理位置及文件名分别为 E:\mydb\Exe4_F1dat.MDF 和 F:\mydb\Exe4_F2dat.NDF。

（2）文件组 Exe4_Group1 包含文件 E4_G1_F1_dat 和 E4_G1_F2_dat，初始大小均为 10MB，最大文件大小均为无限制，自动增长量分别为 15%和 3MB，文件存储的物理位置及文件名分别为 F:\mydb\Exe4_G1F1dat.NDF 和 F:\mydb\Exe4_G1F2dat.NDF。

（3）事务日志文件名为 Exe4_LOG，初始大小为 5MB，最大文件大小为 35MB，自动增长量为 5MB，文件存储的物理位置及文件名为 F:\mydb\Exe4log.LDF。

创建此数据库的语句为：

```
CREATE DATABASE Exercise_db1
/* 创建主文件组 */
ON
PRIMARY
(   NAME=Exe4_1_dat,
    FILENAME= 'E:\mydb\Exe4_F1dat.MDF',
    SIZE=10,
    MAXSIZE=Unlimited,
    FILEGROWTH=10% ),
(   NAME=Exe4_2_dat,
    FILENAME= 'F:\mydb\Exe4_F2dat.NDF',
    SIZE=15,
    MAXSIZE=50MB,
    FILEGROWTH=1 ),
/* 创建文件组 1 */
FILEGROUP Exe4_Group1
(   NAME=E4_G1_F1_dat,
    FILENAME= 'F:\mydb\Exe4_G1F1dat.NDF',
    SIZE=10,
    MAXSIZE=Unlimited,
    FILEGROWTH=15% ),
(   NAME=E4_G1_F2_dat,
    FILENAME= 'F:\mydb\Exe4_G1F2dat.NDF',
    SIZE=10,
    MAXSIZE=Unlimited,
    FILEGROWTH=3 )
/* 创建事务日志文件 */
LOG ON
(   NAME=Exe4_LOG,
    FILENAME= 'F:\mydb\Exe4log.LDF',
    SIZE=5,
    MAXSIZE=35,
    FILEGROWTH=5 )
```

注意：此例在创建数据库的同时创建了文件组。

2. 修改数据库

T-SQL 的 ALTER DATABASE 命令可以在数据库中添加或删除文件和文件组，也可以更改文件和文件组的属性（如更改数据库的存放位置和容量、数据库名称、文件组名称以及数据文件和日志文件的逻辑名称）。此命令语法格式如下：

```
ALTER DATABASE database
{ ADD FILE <filespec> [ ,...n ] [ TO FILEGROUP filegroup_name ]
| ADD LOG FILE <filespec> [ ,...n ]
| REMOVE FILE logical_file_name
| ADD FILEGROUP filegroup_name
| REMOVE FILEGROUP filegroup_name
| MODIFY FILE <filespec>
| MODIFY NAME = new_dbname
| MODIFY FILEGROUP filegroup_name {filegroup_property | NAME = new_filegroup_name }
| SET <optionspec> [ ,...n ] [ WITH <termination> ]
| COLLATE <collation_name>
}
```

ALTER DATABASE 参数说明如表 3.16 所示。

表 3.16　ALTER DATABASE 参数说明

参数	说明
database	要更改的数据库的名称
ADD FILE	指定要添加的文件
TO FILEGROUP	指定要将文件添加到的文件组
ADD LOG FILE	指定要将日志文件添加到的数据库
REMOVE FILE	从系统中删除文件描述和物理文件
ADD FILEGROUP	指定要添加的文件组
REMOVE FILEGROUP	从系统中删除文件组
MODIFY FILE	指定要更改给定的文件及文件属性
MODIFY NAME	重命名数据库
MODIFY FILEGROUP	指定要修改的文件组和所需的改动
filespec	表示文件说明，它包含像逻辑文件名和物理文件名这样的进一步选择项

【例 3.6】向数据库中添加文件。要求如下：

（1）在 Exercise_db 数据库中添加一个新数据文件，数据文件的逻辑文件名、物理位置及文件名分别为 Exe1dat1 和 F:\mydb\Exe1_dat1.NDF。

（2）数据文件的初始大小为 5MB，最大文件大小为 30MB，自动增长量为 2MB。

完成操作的语句如下：

```
ALTER DATABASE Exercise_db
ADD FILE
(
```

```
        NAME=Exe1dat1,
        FILENAME='f:\mydb\Exe1_dat1.NDF',
        SIZE=5MB,
        MAXSIZE=30MB,
        FILEGROWTH=2MB
    )
```

在消息框中的执行结果为：

命令已成功完成。

【例 3.7】向数据库中添加由两个文件组成的文件组。要求如下：

（1）在 Exercise_db 数据库中添加 Exe1FG1 文件组。

（2）将文件 Exe1dat2 和 Exe1dat3 添加至 Exe1FG1 文件组，文件 Exe1dat2 和 Exe1dat3 的物理位置及文件名分别为 f:\mydb\Exe1_dat2.ndf 和 f:\mydb\Exe1_dat3.ndf。

（3）两个数据文件的初始大小均为 2MB，最大文件大小均为 30MB，自动增长量均为 2MB。

（4）将 Exe1FG1 设置为默认文件组。

完成操作的语句如下：

```
    /* 向 Exercise_db 数据库中添加文件组 */
    ALTER DATABASE Exercise_db
    ADD FILEGROUP Exe1FG1
    GO
    /* 将文件 Exe1dat2 和 Exe1dat3 添加至文件组 */
    ALTER DATABASE   Exercise_db2
    ADD FILE
    (   NAME=Exe1dat2,
        FILENAME='f:\mydb\Exe1_dat2.ndf',
        SIZE=2MB,
        MAXSIZE=30MB,
        FILEGROWTH=2MB),
    (   NAME=Exe1dat3,
        FILENAME='f:\mydb\Exe1_dat3.ndf',
        SIZE=2MB,
        MAXSIZE=30MB,
        FILEGROWTH=2MB)
    TO FILEGROUP Exe1FG1
    GO
    /* 将 Exe1FG1 设置为默认文件组 */
    ALTER DATABASE Exercise_db2
    MODIFY FILEGROUP Exe1FG1 DEFAULT
    GO
```

在消息框中的执行结果为：

文件组属性 'DEFAULT' 已设置。

注意： 以上语句块中 GO 不是 T-SQL 中的一个语句（即不能被 T-SQL 识别），而是可为 osql 和 isql 实用工具及 SQL Server 查询编辑器识别的命令。它用来通知执行 GO 之前的一个或多个 SQL 语句。GO 命令和 T-SQL 语句不可在同一行。

【例 3.8】向数据库中添加两个日志文件。要求如下：

（1）在 Exercise_db 数据库中添加两个日志文件 Exe1log2 和 Exe1log3，它们的物理位置及文件名分别为 f:\mydb\Exe1_log2.ldf 和 f:\mydb\Exe1_log3.ldf。

（2）两个日志文件的初始大小均为 2MB，最大文件大小均为 30MB，自动增长量均为 2MB。

完成操作的语句如下：

```
ALTER DATABASE Exercise_db
ADD LOG FILE
(   NAME=Exe1log2,
    FILENAME='f:\mydb\Exe1_log2.ldf',
    SIZE=2MB,
    MAXSIZE=30MB,
    FILEGROWTH=2MB),
(   NAME=Exe1log3,
    FILENAME='f:\mydb\Exe1_log3.ldf',
    SIZE=2MB,
    MAXSIZE=30MB,
    FILEGROWTH=2MB)
GO
```

在消息框中的执行结果为：

命令已成功完成。

【例 3.9】修改现有文件的容量。要求：将例 3.7 中添加到数据库 Exercise_db2 中的 Exe1dat2 文件增加容量至 10MB。

完成操作的语句如下：

```
ALTER DATABASE Exercise_db
MODIFY FILE
    (NAME = Exe1dat2,
    SIZE = 10MB)
```

在消息框中的执行结果为：

命令已成功完成。

注意：在对现有文件进行容量修改时，指定容量的大小必须大于当前容量的大小。

【例 3.10】修改数据库文件名称。要求：将数据库 Exercise_db2 的名称修改为 Exe_db2。

完成操作的语句如下：

```
ALTER DATABASE Exercise_db
MODIFY NAME=Exe_db2
```

在消息框的执行结果为：

数据库名称 'Exe_db2' 已设置。

注意：在对数据库的名称进行修改前，应保证当前没有人使用该数据库，同时将要修改名称的数据库的访问选项设置为单用户模式（Single User Mode）并关闭数据库。修改数据库名称后，在对象资源管理器中所看到的仍然是原来的数据库名称，只有进行了"刷新"操作或在 SQL Server 重新启动后才会看到修改后的数据库名称。另外，对数据库文件名称进行修改时，必须遵循标识符的规则。

3．删除数据库

使用 T-SQL 的 DROP DATABASE 命令，可以一次删除一个或几个数据库。此命令的语法格式如下：

> DROP DATABASE*database_name* [,...n]

参数说明：database_name 指定要删除的数据库名称。

【例 3.11】删除 Test_db1 单个数据库。

完成操作的语句如下：

> DROP DATABASE Test_db1

【例 3.12】同时删除 Test_db2 和 Test_db3 多个数据库。

完成操作的语句如下：

> DROP DATABASE Test_db2,Test_db3

4．分离数据库

在 SQL Server 中可以使用系统存储过程 sp_detach_db 分离数据库，此命令的语法格式如下：

> sp_detach_db [@*dbname*=] '*database_name*'

参数说明：[@dbname =] 'database_name'为要分离的数据库的名称。database_name 为 sysname 值，默认值为 NULL。

【例 3.13】将 student_db 数据库从 SQL Server 2008 服务器中分离。

完成操作的语句如下：

> sp_detach_db 'student_db'

5．附加数据库

附加数据库的工作是分离数据库的逆操作，通过附加数据库，可以将没有加入 SQL Server 服务器的数据库文件添加到服务器中，还可以很方便地在 SQL Server 服务器之间利用分离后的数据文件和事务日志文件组成新的数据库。

使用 CREATE DATABASE 命令附加数据库，此命令的语法格式如下：

> CREATE DATABASE *database_name*
> 　　ON <*filespec*> [,...*n*]
> 　　FOR ATTACH

参数说明：

（1）database_name：数据库名称。

（2）ON <filespec>：文件描述。

（3）FOR ATTACH：指定通过附加一组现有的操作系统文件来创建数据库。

【例 3.14】假设在 F:盘的根目录下已经有主数据文件 stu_info.mdf 和日志文件 stu_info.ldf，将 student_db 数据库附加至 SQL Server 服务器中。

完成操作的语句如下：

> Use master
> Go
> CREATE DATABASE student_db
> ON(FILENAME='f:\stu_info.mdf')
> FOR ATTACH

3.5.2 表的创建和管理

一个数据库可以拥有许多表，每个表都代表一个特定的实体，如学生数据库可能包含学生个人信息、院系信息、课程信息、成绩信息等多个表。对每个实体使用一个单独的表可以消除重复数据，使数据存储更有效，并减少数据输入项错误。

SQL Server 中数据库的主要对象是数据表，创建好数据库后，就可以向数据库中添加数据表。数据通常存储在表中，表存储在数据库文件中，任何有相应权限的用户都可以对之进行操作。

1. 创建表

使用 T-SQL 语句创建表需要用到 CREATE TABLE 语句，其基本语法如下：

```
CREATE TABLE
    [ database_name [ schema_name ]] table_name
        (column_name data_type[NULL| NOT NULL]
    [DEFAULT constant_expression ]
    [ ROWGUIDCOL ]
    [ CONSTRAINT constraint_name ]
    {PRIMARY KEY | UNIQUE }
        [CLUSTERED | NONCLUSTERED ] [ASC | DESC]
    [, …n]
    )
```

CREATE TABLE 参数说明如表 3.17 所示。

表 3.17　CREATE TABLE 参数说明

参数	说明
database_name	指定创建的表在哪个数据库中，如果没有指定数据库名称，则创建的表属于当前数据库
schema_name	指定创建的表所属的架构，若没有指定架构，则创建的表属于默认架构 dbo
table_name	指定创建表的名称，表名必须遵循有关标识符的规则
column_name	指定表的列名，列名必须唯一
data_type	指定列的数据类型
NULL | NOT NULL	列是否为空
DEFAULT constant_expression	指定列的默认值为 constant_expression
ROWGUIDCOL	指示新列是 GUID 列。对于每个表，只能将其中的一个 uniqueidentifier 列指定为 ROWGUIDCOL 列
CONSTRAINT	可选关键字，表示 PRIMARY KEY、NOT NULL、UNIQUE、FOREIGN KEY 或 CHECK 约束定义的开始
constraint_name	约束的名称。约束名称必须在表所属的架构中唯一
PRIMARY KEY	是通过唯一索引对给定的一列或多列强制实体完整性的约束。每个表只能创建一个 PRIMARY KEY 约束
UNIQUE	一个约束，该约束通过唯一索引为一个或多个指定列提供实体完整性。一个表可以有多个 UNIQUE 约束

参数	说明
CLUSTERED| NONCLUSTERED	指示为 PRIMARY KEY 或 UNIQUE 约束创建聚集索引还是非聚集索引。PRIMARY KEY 约束默认为 CLUSTERED，UNIQUE 约束默认为 NONCLUSTERED。在 CREATE TABLE 语句中，可只为一个约束指定 CLUSTERED。如果在为 UNIQUE 约束指定 CLUSTERED 的同时又指定了 PRIMARY KEY 约束，则 PRIMARY KEY 将默认为 NONCLUSTERED
ASC | DESC	指定加入到表约束中的一列或多列的排序顺序。默认值为 ASC

【例 3.15】在数据库 student 中创建学生信息表 student。其中学号为主键，要求年龄限制在 15～25 周岁之间。

```
CREATE TABLE student
    (sno char(10) PRIMARY KEY,
    sname char(20),
    gender char(2),
    age int,
    depart char(3),
    specialty char(50),
    CHECK(age BETWEEN 15 AND 25))        /*用 CHECK 关键字设置年龄限制*/
```

【例 3.16】在数据库 student 中创建课程表 course。要求如下：

（1）Cno 是主键。

（2）Cpno 是外键，被参照表是 Course，被参照列是 cno。

（3）tno 是外键，被参照表是 teacher，被参照列是 tno。

语句如下：

```
CREATE TABLE course
    (cno CHAR(8) PRIMARY KEY,
    cname CHAR(20),
pcnoCHAR(8),
    tno CHAR(4),
    FOREIGN KEY (pcno) REFERENCES course(cno),
    FOREIGN KEY (tno) REFERENCES teacher(tno)
    );
```

【例 3.17】在数据库 student 中创建选课表 score。要求如下：

（1）sno 和 cno 是主键。

（2）sno 是外键，被参照表是 student，被参照列是 sno。

（3）cno 是外键，被参照表是 course，被参照列是 cno。

语句如下：

```
CREATE TABLE score
    (sno CHAR(10),
    cno CHAR(8),
    grade INT,
    PRIMARY KEY (sno, cno),
    FOREIGN KEY (Sno) REFERENCES Student(Sno),
```

```
            FOREIGN KEY (Cno) REFERENCES Course(Cno)
            );
```

注意：主码由两个属性构成，必须作为表级完整性进行定义。

有时需要临时创建一个中间表，完成一些临时存储数据的功能，在完成临时功能之后，再删除这些临时表。在 T-SQL 中可用 CREATE TABLE 来创建临时表，只要在表名前加 "#" 或 "##" 符号。其中 "#" 表示本地临时表，在当前数据库内使用；"##" 表示全局临时表，可在所有数据库内使用。这些表存储在系统数据库 tempdb 中，它们在与服务器的交互结束时自动删除，而且如果与服务器的交互异常而结束，这些表仍会被删除。

【例 3.18】 创建临时表 temp_student。

语句如下：

```
    CREATE   TABLE   #temp_student      /*用#说明 temp_student 为本地临时表*/
    ( 学号  SMALLINT NOT NULL ,
    姓名  VARCHAR(30) NOT NULL,
    年龄  INT NOT NULL,
       PRIMARY KEY (学号)
    )
```

2. 修改表

在 T-SQL 中，修改数据表可以使用 ALTER TABLE 语句，其语法格式如下：

```
    ALTER TABLE table
    { [ ALTER COLUMN column_name
    { new_data_type [ ( precision [ , scale ] ) ]
          [ COLLATE <collation_name> ]
          [ NULL | NOT NULL ]
          | {ADD | DROP } ROWGUIDCOL }]
          |ADD { [ <column_definition> ] | column_name AS computed_column_expression } [ ,...n ]
          | [ WITH CHECK | WITH NOCHECK ] ADD { <table_constraint> } [ ,...n]
          | DROP { [ CONSTRAINT ] constraint_name | COLUMN column} [ ,...n]
          | { CHECK | NOCHECK } CONSTRAINT{ ALL | constraint_name[ ,...n] }
          | { ENABLE | DISABLE } TRIGGER { ALL | trigger_name[ ,...n] }
```

ALTER TABLE 参数说明如表 3.18 所示。

表 3.18　ALTER TABLE 参数说明

参数	说明
table	要更改的数据表的名称
ALTER COLUMN	指定要更改的列
column_name	要更改、添加的列的名称
new_data_type [(precision [, scale])]	如果要修改表中已经存在的列，必须指定与该列相兼容的新数据类型。其中 precision 用于指定数据类型的精度，scale 用于指定数据类型的小数位数
COLLATE < collation_name >	为更改列指定新的排序规则
NULL|NOT NULL	指定该列是否可以接受空值，默认定义是允许空值
{ADD | DROP } ROWGUIDCOL }]	在指定列上添加或去除 ROWGUIDCOL 属性

参数	说明
ADD　{[<column_definition>]|column_name AS computed_column_expression} [,...n]	指定要添加一个或多个列定义、计算列定义或者表约束
[WITH CHECK|WITH NOCHECK] ADD {< table_constraint>} [,...n]	指定表中的数据是否用新添加的或重新启用的 FOREIGN KEY 或 CHECK 约束进行验证。如果没有指定，将新约束假定为 WITH CHECK，将重新启用的约束假定为 WITH NOCHECK
DROP {[CONSTRAINT] constraint_name| COLUMN column } [,...n]	指定删除某个列
{CHECK|NOCHECK} CONSTRAINT {ALL|constraint_name [,...n]}	指定启用或禁用 constraint_name。如果禁用，将来插入或更新该列时将不用该约束条件进行验证。此选项只能与 FOREIGN KEY 和 CHECK 约束一起使用。其中 ALL 表示指定使用 NOCHECK 选项禁用所有约束，或者使用 CHECK 选项启用所有约束
{ENABLE|DISABLE} TRIGGER {ALL| trigger_name [,...n]}	指定启用或禁用 trigger_name。当一个触发器被禁用时，它对表的定义依然存在；然而，当在表上执行 INSERT、UPDATE 或 DELETE 语句时，触发器中的操作将不执行，除非重新启用该触发器。其中 ALL 表示指定启用或禁用表中所有的触发器

【例 3.19】向 student 表中增加"入学时间"列，其数据类型为字符型。

　　ALTER TABLE student ADD enrollment CHAR(10)

【例 3.20】将 student 表中的"入学时间"数据类型修改为 date。

　　ALTER TABLE student ALTER COLUMN enrollment Date

注意：在新增加字段时，不管原来的表中是否有数据，新增加的字段值一律为空。

【例 3.21】删除 student 表中的"入学时间"字段。

　　ALTER TABLE student DROP COLUMN enrollment

3. 删除表

当表不再需要时，可将其删除。删除表用 DROP TABLE 语句。

使用 T-SQL 删除表的基本语法是：

　　DROP TABLE *table_name* [,...n] [;]

其中 table_name 是要删除的表。

注意：

- 不能使用 DROP TABLE 删除被 FOREIGN KEY 约束引用的表。必须先删除引用 FOREIGN KEY 约束或引用表。如果要在同一个 DROP TABLE 语句中删除引用表以及包含主键的表，则必须先列出引用表。

- 可以在任何数据库中删除多个表。如果一个要删除的表引用了另一个也要删除的表的主键，则必须先列出包含该外键的引用表，然后再列出包含要引用的主键的表。

4. 查询表的信息

表创建好以后，可使用系统存储过程 sp_help 查看表的详细信息。例如执行 sp_help student 后，可返回表 student 的下列详细信息：

- 对象的名称、所有者、类型和创建时间。
- 表的列的信息。
- 针对标识列的信息，标识符列即为自动编号列。
- RowGuidCol 信息，RowGuidCol 列为全球唯一鉴别行号列（RowGuidCol 是 Row Global UniqueIdentifier Column 的缩写）。此列的数据类型必须为 UNIQUEIDENTIFIER 类型。一个表中数据类型为 UNIQUEIDENTIFIER 的列中只能有一个列被定义为 RowGuidCol 列。
- 数据所在的文件组信息。
- 索引信息。
- 约束信息。

3.5.3　表的完整性管理

数据库是一种共享资源。因此，在数据库的使用过程中保证数据的安全、可靠、正确、可用就成为非常重要的问题。数据库的完整性保护可以保证数据的正确性和一致性。读者可以通过学习约束、规则和触发器等技术来充分认识保证数据库完整性的重要性。

1. 数据库完整性概述

数据库完整性有 4 种类型：实体完整性、域完整性、引用完整性和用户定义完整性。

（1）实体完整性。

实体完整性是指一个关系中所有主属性不能取空值。空值就是"不知道"或"无意义"的值。如果主属性取空值，就说明存在某个不可标识的实体，这与现实世界的应用环境相矛盾，因此这个实体一定不是一个完整的实体。

在关系数据库中，空值实际上是一个占位符，它表示"该属性的值是未知的，可能是值域中的任意值"。例如，某个学生的某科成绩为 0 和某科成绩为 NULL 是不同的含义。成绩为 0 表示该学生的该科成绩已经有了，是 0 分；而成绩为 NULL 则表明该成绩还没有被填入。这是两个不同的概念。

实体完整性可以通过标识列、主键约束、唯一性约束以及建立唯一性索引等措施来实现。

1）标识列（IDENTITY）。每个表都可以有一个标识列。每次向表中插入一条记录时，SQL Server 都会根据 IDENTITY 的参数（初始值、步长值）自动生成唯一的值作为标识列的值。

2）主键约束（PRIMARY KEY）。主键约束指定表的一列或几列的组合能唯一地标识一行记录。在规范化的表中，每行中的所有数据值都完全依赖于主键，在创建或修改表时可通过定义 PRIMARY KEY 约束来创建。每个表中只能有一个主键。IMAGE 和 TEXT 数据类型的列不能被指定为主键，也不允许指定的主键列有 NULL 属性。

3）唯一性约束（UNIQUE）。唯一性约束指定一个或多个列的组合的值具有唯一性，以防止在列中输入重复的数据。

4）唯一性索引（UNIQUE INDEX）。数据库中的数据在使用过程中有些原本不相同的数据有可能变成相同数据，这种情况可能会产生错误，可以通过建立唯一性索引来实现数据的实体完整性。

（2）域完整性。

域完整性也称列完整性，用于限制用户向列中输入的内容，即保证表的某一列的任何值都是该列域（即合法的数据集合）的成员。强制域有效性的方法由限制类型（数据类型、精度、范围、格式和长度等）、使用约束（CHECK 约束、DEFAULT 约束、NOT NULL 约束）和创建规则、默认值等数据库对象来实施。

1）限制类型数据库中存储的数据多种多样，为每一列指定一个准确的数据类型是设计表的第一步，列的数据类型规定了列上允许的数据值。当添加或修改数据时，其类型必须符合建表时所指定的数据类型。这种方式为数据库完整性提供了最基本的保障。

2）使用约束是 SQL Server 提供的自动保持数据库完整性的一种方法，是独立于表结构的。约束的方式有以下几种：

- CHECK 约束（检查约束）。通过约束条件表达式来限制列上可以接受的数据值和格式。
- DEFAULT 约束（默认约束）。数据库中每一行记录的每一列都应该有一个值。当然这个值也可以是空值，当向表中插入数据时，如果用户没有明确给出某一列的值，SQL Server 自动为该列添加空值，这样可以减少数据输入的工作量。
- NOT NULL 约束。空值（NULL）意味着数据尚未输入。它与 0 或长度为零的字符串（""）的含义不同。如果某一列必须有值才能使记录有意义，那么可以指明该列不允许取空值。

3）规则（Rule）就是创建一套准则，可以绑定到一列或多列上，也可以绑定到用户自定义数据类型上。规则和检查约束在使用上的区别是，检查约束可以对一列或多列定义多个约束，而列或用户自定义数据类型只能绑定一个规则。列可以同时绑定一个规则和多个约束；表 CHECK 约束不能直接作用于用户自定义数据类型，它们是相互独立的，但表或用户自定义对象的删除和修改不会对与之相联的规则产生影响。

4）默认值（Default）是一种数据库对象，如果在插入行时没有指定列的值，那么由默认值指定列中所使用的值。默认值是任何取值为常量的对象，可以绑定到一列或多列上，也可以绑定到用户自定义数据类型上，其作用类似于默认值约束。默认值约束是在 CREATE TABLE 或 ALTER TABLE 语句中定义的，删除表的时候默认值约束也随之被删除了。默认值作为一种单独的数据库对象是独立于表的，删除表不能删除默认值约束。

（3）引用完整性。

引用完整性也称为参照完整性，是用来维护相关数据表之间数据一致性的手段。通过实现引用完整性，可以避免因一个数据表的记录改变而使另一个数据表内的数据变成无效的值。引用完整性约束是指引用关系中外码的取值是空值（外码的每个属性值均为空值）或是被引用关系中某个元组的主码值。

（4）用户定义完整性。

用户定义完整性使用户得以定义不属于其他任何完整性分类的特定业务规则。所有的完整性类型都支持用户定义完整性。

2. 使用 T-SQL 修改约束

修改约束可向表添加主键、唯一性、外键、CHECK 和默认值约束，也可以删除约束。使用 T-SQL 修改约束需要使用 ALTER TABLE 语句，其基本语法如下：

```
ALTER TABLE [ database_name . [ schema_name ] . | schema_name . ] table_name
{ADD{CONSTRAINT constraint_name1 {
```

```
{PRIMARY KEY|UNIQUE}[CLUSTERED|NONCLUSTERED](column1[ASC|DESC])
| FOREIGN KEY ( column2)
 REFERENCES referenced_table_name [ ( ref_column) ]
| CHECK ( logical_expression )
}
|DROP{ CONSTRAINT constraint_name2}
}}
```

部分参数的含义如表 3.19 所示。

表 3.19　ALTER TABLE 中修改约束的参数说明

参数	说明
ADD	指定添加的表约束
constraint_name1	指定约束名称
FOREIGN KEY REFERENCES	为列中数据提供引用完整性的约束，指定 FOREIGN KEY 后面的列 column2 为外键。 FOREIGN KEY 约束要求列中的每个值在引用的表中对应的被引用列中都存在
referenced_table_name	FOREIGN KEY 约束引用的表
ref_column	FOREIGN KEY 约束引用的列（置于括号中）
CHECK	一个约束，该约束通过限制可输入一列或多列中的可能值来强制实现域完整性
logical_expression	用于 CHECK 约束的逻辑表达式，返回 TRUE 或 FALSE。与 CHECK 约束一起使用的 logical_expression 不能引用其他表，但可以引用同一表中同一行的其他列。该表达式不能引用别名数据类型
DROP	指定要删除的约束
CONSTRAINT	指定要删除的约束
constraint_name2	指定删除的约束名称

其余参数参考前面的 CREATE TABLE 语句。

【例 3.22】使用 T-SQL 添加以下约束：

（1）在 score 表中增加主键（PRIMARY KEY）约束。

```
ALTER TABLE score
    ADD CONSTRAINT PK_score PRIMARY KEY(sno,cno)
```

（2）在 score 表中增加外键（FOREIGN KEY）约束。

```
ALTER TABLE score
    ADD CONSTRAINT FK_score1 FOREIGN KEY(sno) REFERENCES student(sno)
ALTER TABLE score
    ADD CONSTRAINT FK_score2 FOREIGN KEY(cno) REFERENCES course(cno)
```

（3）给 course 表中的 cname 添加唯一性（UNIQUE）约束。

```
ALTER TABLE course
    ADD CONSTRAINT UQ_course_cname   UNIQUE(cname)
```

（4）给 student 表中的 gender 添加默认（DEFAULT）约束。

```
ALTER TABLE student
ADD CONSTRAINT DF_student_gender DEFAULT('男') FOR gender
```

（5）给 score 表中的 grade 添加检查（CHECK）约束。

　　ALTER TABLE score

　　ADD CONSTRAINT CK_score_grade CHECK(grade between 0 and 100)

（6）给 student 表中的 gender 添加检查（CHECK）约束。

　　ALTER TABLE student

　　ADD CONSTRAINT CK_ score_gender CHECK(gender IN('男', '女'))

当表中的约束不再需要时，可以使用 DROP CONSTRAINT 将其删除。

【例 3.23】删除 CK_ score_gender 约束。

　　ALTER TABLE student

　　　　DROP CONSTRAINT CK_score_gender

3.5.4　索引的创建和管理

1．索引的概念

在关系数据库中，索引是一种单独的、物理的、对数据库表中一列或多列的值进行排序的存储结构，它是某个表中一列或若干列值的集合和相应的指向表中物理标识这些值的数据页的逻辑指针清单。索引的作用相当于图书的目录，可以根据目录中的页码快速找到所需的内容。

索引提供指向存储在表的指定列中的数据值的指针，然后根据指定的顺序对这些指针排序。数据库使用索引以找到特定值的指针，然后通过指针找到包含该值的行。这样可以使对应于表的SQL语句执行得更快，可快速访问数据库表中的特定信息。

当表中有大量记录时，若要对表进行查询，第一种搜索信息的方式是全表搜索，是将所有记录一一取出，和查询条件进行一一对比，然后返回满足条件的记录，这样做会消耗大量数据库系统时间，并造成大量磁盘 I/O 操作；第二种搜索信息的方式是在表中建立索引，然后在索引中找到符合查询条件的索引值，最后通过保存在索引中的 ROWID（相当于页码）快速找到表中对应的记录。

索引的优点主要有：

（1）大大加快数据的检索速度。

（2）创建唯一性索引，保证数据库表中每一行数据的唯一性。

（3）加速表和表之间的连接。

（4）在使用分组和排序子句进行数据检索时，可以显著减少查询中分组和排序的时间。

索引的缺点主要有：

（1）索引需要占用物理空间。

（2）当对表中的数据进行增加、删除和修改的时候，索引也要动态地维护，降低了数据的维护速度。

2．索引的分类

根据索引的存储结构不同，将其分为聚集索引和非聚集索引两类。

（1）聚集索引。

聚集索引（Clustered）是将数据行的键值在数据表内排序并存储对应的数据记录，使得数据表的物理顺序与索引顺序一致。由于数据记录按聚集索引键的次序存储，因此聚集索引查找数据很快。但创建聚集索引时需要重排数据，所需空间相当于数据所占用空间的 120%。由于一个表中的数据只能按照一种顺序来存储，所以一个表中只能创建一个聚集索引。

（2）非聚集索引。

非聚集索引（Non-Clustered）具有完全独立于数据行的结构。数据存储在一个地方，索引存储在另一个地方。使用非聚集索引不用将物理数据页中的数据按键值排序，通俗地说，就是不会影响数据表中记录的实际存储顺序。在非聚集索引内，每个键值项都有指针指向包含该键值的数据行。

一个表中最多只能有一个聚集索引，但可以有一个或多个非聚集索引。在 SQL Server 中创建索引时，可指定按升序或降序存储键。

当一个表中既要创建聚集索引又要创建非聚集索引时，应先创建聚集索引，再创建非聚集索引，因为创建聚集索引时将改变数据记录的物理存放顺序。

唯一索引要求建立索引的字段值不能重复，也就是在表中不允许两行具有相同的值。索引也可以不是唯一的，非唯一索引的多行可以共享同一键值。

聚集索引和非聚集索引都可以是唯一的。创建主键（PRIMARY KEY）或唯一性（UNIQUE）约束时，数据库引擎会自动为指定的列创建唯一索引。

3. 索引的管理

（1）创建索引。

T-SQL 使用 CREATE INDEX 语句创建索引，其基本语法如下：

CREATE [UNIQUE] [CLUSTERED | NONCLUSTERED] INDEX   *index_name*
　　　ON <object> (*column* [ASC | DESC] [,...*n*])

各参数的含义如表 3.20 所示。

表 3.20　CREATE INDEX 的参数说明

参数	说明
UNIQUE	为表或视图创建唯一索引。唯一索引不允许两行具有相同的索引键值。视图的聚集索引必须唯一。唯一索引中使用的列应设置为 NOT NULL，因为在创建唯一索引时会将多个 NULL 值视为重复值
CLUSTERED	创建聚集索引。创建索引时，键值的逻辑顺序决定表中对应行的物理顺序。聚集索引的底层（或称叶级别）包含该表的实际数据行。一个表或视图只允许同时有一个聚集索引 在创建任何非聚集索引之前创建聚集索引，创建聚集索引时会重新生成表中现有的非聚集索引 如果没有指定 CLUSTERED，则创建非聚集索引
NONCLUSTERED	创建非聚集索引。对于非聚集索引，数据行的物理排序独立于索引排序 无论是使用 PRIMARY KEY 和 UNIQUE 约束隐式创建索引，还是使用 CREATE INDEX 显式创建索引，每个表都最多可包含 999 个非聚集索引
index_name	索引的名称。索引名称在表或视图中必须唯一，但在数据库中不必唯一。索引名称必须符合标识符的规则
column	索引所基于的一列或多列。指定两个或多个列名，可为指定列的组合值创建组合索引。在 table_or_view_name 后的括号中，按排序优先级列出组合索引中要包括的列。一个组合索引键中最多可组合 16 列。组合索引键中的所有列必须在同一个表或视图中。组合索引值允许的最大大小为 900 字节
[ASC	DESC]	确定特定索引列的升序或降序排序方向，默认值为 ASC

（2）删除索引。

当某个时期基本表中数据更新频繁或者某个索引不再需要时，需要删除部分索引。SQL 语言使用 DROP INDEX 语句删除索引，其一般格式为：

> DROP INDEX *table_name. index_name*

删除索引时，DBMS 不仅在物理空间删除相关的索引数据，也会从数据字典删除有关该索引的描述。

（3）修改索引。

对于已经建立的索引，如果需要对其重新命名，就可以使用 ALTER INDEX 语句。其一般格式为：

> ALTER INDEX   *index_name_old* RENAME TO *index_name_new*

【例 3.24】在 student 表的 sname 上创建一个聚集索引。

> CREATE CLUSTER INDEX Stusname
>   ON   student(sname)

【例 3.25】为 student、course、score 三个表建立索引。

> CREATE UNIQUE INDEX   Stusno
> ON student(sno)   /* student 表按学号升序建立唯一索引*/
> CREATE UNIQUE INDEX   Coucno
> ON course(cno)   /* course 表按课程号升序建立唯一索引*/
> CREATE UNIQUE INDEX   SCno
> ON score(sno ASC, cno DESC)   /* score 表按学号升序和课程号降序建立唯一索引*/

【例 3.26】将上例中的索引 Stusno、Coucno 删除。

> DROP INDEX student. Stusno,course.Coucno

课堂练习

1. 创建一个名为 MYDB 的数据库，存储在 D:盘 MYDB 文件夹下，要求：主数据文件 mydb.mdf 的初始大小为 10MB，自动增长方式为 10%，无限制；日志文件 mydb_log.ldf 的初始大小为 2MB，自动增长方式为 10MB，最大为 100MB。

2. 在 MYDB 数据库下创建一个名为 STU 的表对象，包含属性如下：

> SNO   char(10);
> NAME   varchar(10);
> SEX   char(1);
> BDATE   datetime;
> DEPT   varchar(10);
> DORMITORY   varchar(10).

要求：定义必要的约束，包括主键 SNO、NAME 值不允许为空，且 SEX 取值为 0 或 1。

3.6 数据更新

数据操纵语言（Data Manipulation Language，DML）用于检索和使用数据库中的数据。使用 DML 语句可以在数据库中添加、修改、查询或删除数据，包括 INSERT、UPDATE、DELETE 和 MERGE 语句。这一节主要介绍数据更新语句：INSERT、UPDATE、DELETE 和 MERGE 语句。

3.6.1 插入数据

T-SQL 提供了几种将数据插入表中的语句: INSERT VALUES、INSERT SELECT、SELECT EXEC、SELECT INTO 和 BULK INSERT。其中,INSERT EXEC 语句可以把存储过程或动态 SQL 批处理返回的对象结果集插入目标表;SELECT INTO 语句的作用是创建一个目标表,并将查询返回的结果插入到目标表中,该语句将在数据查询语句中介绍;BULK INSERT 语句的作用是将文件中的数据导入到一个已经存在的表中。限于篇幅,这里只介绍 SELECT VALUES、INSERT SELECT 和 SELECT INTO。

INSERT VALUES 语句可将指定的数据行插入表中,其基本语法如下:

```
INSERT INTO table_name [ ( column_list )
VALUES ( { DEFAULT | NULL | expression } [ ,...n ] ) [ ,...n]
            |<select_statement>
```

各参数的含义如表 3.21 所示。

表 3.21 INSERT VALUES 的参数说明

参数	说明
table_name	要接收数据的表或视图的名称
column_list	要在其中插入数据的一列或多列的列表。必须用括号将 column_list 括起来,多列之间用逗号进行分隔。若向表中所有的类插入数据,可省略 column_list;若插入部分列,则需要给出插入列的列名列表
VALUES	引入要插入的数据值的一个或多个列表。对于 column_list(如果已指定)或表中的每个列,都必须有一个数据值。必须用圆括号将值列表括起来。VALUES 后面值的个数和数据类型要和 column_list 的列的个数和数据类型一致
DEFAULT	强制数据库引擎加载为列定义的默认值。如果某列并不存在默认值,并且该列允许 NULL 值,则插入 NULL。对于使用 timestamp 数据类型定义的列,插入下一个时间戳值。DEFAULT 对标识列无效
expression	一个常量、变量或表达式。表达式不能包含 EXECUTE 语句
select_statement	向表中插入子查询的数据

插入数据有几种形式:插入一行数据、插入指定字段数据、插入多行数据和插入子查询。下面用一些例子加以说明。

【例 3.27】插入一行数据:向 department 表中插入一行数据,T-SQL 语句如下:

```
INSERT INTO department (no,name, dean)
    VALUES('001',信息工程学院,NULL)                /*指定列名*/
INSERT INTO department
    VALUES('001',信息工程学院,NULL)                /*不指定列名*/
```

上面的第一条 T-SQL 语句指定了插入列的列名,指定列名后只要列名和 VALUES 后面的值对应就可以了,即第一条语句也可以这样写:

```
INSERT INTO department (no, dean, name)
    VALUES('001', NULL,信息工程学院)
```

第二条 T-SQL 语句表名 department 后面没有指定列名,VALUES 后面的值要和表中的列对应,列的顺序是创建表时的顺序。

【例 3.28】向表中指定字段插入数据：向 score 表中插入指定的（学号，课程号）数据。

INSERT INTO score(sno,cno)
VALUES('2015874144', '08181192')

【例 3.29】插入多行数据：向 score 表中插入两行数据。

INSERT INTO score(sno,cno)
VALUES('2015874144', '08181170'),('2015874144', '08181060 ')

要使用 INSERT VALUES 语句插入多行数据，可在多行数据之间用逗号分隔，注意每行数据需要用圆括号括起来。

【例 3.30】插入子查询：student_Archive_Datay 表用来存储已经毕业学生的信息，其结构和 student 完全一致，将 student 表中的全部数据插入 student_Archive_Datay 中。

INSERT INTO student_Archive_Datay
SELECT * FROM student

SELECT INTO 语句用于创建一个新表并将来自查询的结果行插入该表中，该新表自动创建，并且该新表和 FROM 子句后面的表的结构完全一致（不包括约束），新表中的数据是 SELECT 查询的结果。

【例 3.31】创建一个和 student 表相同的表 studentNew，两个表的结构和数据相同，可使用下面的语句完成：

SELECT * INTO studentNew FROM student

该语句执行后，生成了 studentNew 表，其结构和数据域 student 表相同。注意，studentNew 表不需要事先创建。

3.6.2　更新数据

UPDATE 语句是标准 SQL 语句，用于对表中的数据行的一个子集进行更新，其基本语法如下：

UPDATE
　　　　{ *table_name* | *view_name* }
　　　　SET
　　　　{ *column_name* = { *expression* | DEFAULT | NULL }
　　　　| @*variable* = *expression*
　　　　| @*variable* = *column* } [,...n]
　　　　[FROM { <*table_source*> } [,...n]]

各参数的含义如表 3.22 所示。

表 3.22　UPDATE 的参数说明

参数	说明
table_name | view_name	要修改数据的表名或视图名
SET 子句	引出后面的赋值表达式
{ column_name = { expression | DEFAULT | NULL }	指定要更改数据的列的名称或变量名称和它们的新值，也可指定使用对列定义的默认值替换列中的现有值。如果该列没有默认值并且定义为允许空值，也可用来将列更改为 NULL
@variable = expression	已声明的变量，该变量将设置为 expression 所返回的值
@variable = column } [,...n]	将变量设置为与列相同的值
[FROM { < table_source > } [,...n]]	指定修改的数据将来自一个或多个表或视图

【例 3.32】将 student 表中学号为 2015874143 的同学的年龄改为 22。

```
UPDATE student
    SET age=22
    WHERE sno='2015874143';
```

【例 3.33】将 teacher 表中工号为 0130 的老师的年龄加 1，职称改为"副教授"。

```
UPDATE teacher
    SET age = age+1, prof='副教授'
    WHERE tno='0130';
```

【例 3.34】用 UPDATE…SET…FROM…WHERE 语句完成以下更新：有新的选课表 score_new(sno char(10),sname char(20),cno char(5),grade int)，要求 score_new 表中学生姓名（sname）字段的值等于 student 表中相应 sname 字段的值。

T_SQL 语句实现如下：

```
UPDATE score_new
    SET score_new.sname = student.sname FROM score_new, student
    WHERE score_new.sno = student.sno;
```

3.6.3 删除数据

T-SQL 提供了两个从表中删除数据行的语句：DELETE 和 TRUNCATE。

（1）DELETE 语句。

语法格式如下：

```
DELETE      [ FROM ]
        { table_name | view_name}
    [ FROM { <table_source> } [ ,...n ] ]
```

参数说明：

1）[FROM]：可选的关键字，可用在 DELETE 关键字与目标 table_name、view_name 之间。

2）table_name | view_name：要删除的行的表名或视图名。

3）[FROM { < table_source > } [,...n]]：指定删除时用到的额外的表或视图及连接的条件。

（2）TRUNCATE TABLE 语句。

语法格式如下：

```
TRUNCATE TABLE
    [ { database_name.[ schema_name ]. | schema_name . } ]
    table_name [ ; ]
```

参数说明：

1）database_name：数据库的名称。

2）schema_name：表所属架构的名称。

3）table_name：要截断的表的名称，或要删除其全部行的表的名称。

TRUNCATE TABLE 语句在功能上与不带 WHERE 子句的 DELETE 语句相同，二者均删除表中的全部行。

与 DELETE 语句相比，TRUNCATE TABLE 具有以下优点：

- 所用的事务日志空间较少：DELETE 语句每次删除一行，并在事务日志中为所删除的每行记录一个项；TRUNCATE TABLE 通过释放用于存储表数据的数据页来删除数据，并且在事务日志中只记录页释放。

- 使用的锁通常较少：当使用行锁执行 DELETE 语句时，将锁定表中各行以便删除；TRUNCATE TABLE 始终锁定表和页，而不是锁定各行。
- 如无例外，在表中不会留有任何页：执行 DELETE 语句后，表仍会包含空页。例如，必须至少使用一个排他表锁，才能释放堆中的空表。如果执行删除操作时没有使用表锁，则表（堆）中将包含许多空页。

【例 3.35】删除 teacher 表中的全部记录，但保留数据表结构。

这是无条件全部删除记录，使用语句如下：

```
TRUNCATE TABLE teacher
```

等价于：

```
DELETE FROM teacher;
```

【例 3.36】在 course 表中删除课程号为 08195371 的记录。

这是有条件删除记录，使用语句如下：

```
DELETE FROM course
WHERE cno='08195371'
```

课堂练习

1．将上面提到的四张表的数据使用 INSERT 语句插入到相关表中。

2．尝试在 student 表中删除学号为 2015874144 的学生，会发生什么问题？原因是什么？怎么解决？

3．将 score 表中插入学号为 2015874133 的学生选修全部课程的记录成绩设为空。

4．将第 3 题中插入的所有记录成绩修改为 60 分。

3.7　数据查询

在数据库应用中，最常见的操作是数据查询，它是数据库系统中最重要的功能，也是数据库其他操作（如统计、插入、删除及修改）的基础。无论是创建数据库还是创建数据表等，其最终目的都是为了使用数据，而使用数据的前提是需要从数据库中获取数据库所提供的数据信息。SQL 用 SELECT 语句从数据库中查询数据。本节按照先简单后复杂、逐步细化的原则重点介绍利用 SELECT 语句对数据库进行各种查询的方法。

3.7.1　基本查询

1．简单查询

简单查询是指 SELECT 语句只包含 SELECT 子句和 FROM 子句的操作，涉及的对象是单表中的列，即在查询过程中对一张表的列进行操作。在单表中对列进行的操作实质是对关系的"投影"操作。

语法格式如下：

```
SELECT [ALL|DISTINCT] [TOP n [PERCENT]] select_list
FROM table_name
```

SELECT…FROM 子句的参数及说明如表 3.23 所示。

表 3.23　SELECT…FROM 子句的参数及说明

参数	说明
ALL	表示输出包括重复记录在内的所有记录，ALL 是默认值
DISTINCT	表示输出无重复结果的记录
TOP n [PERCENT]	指定返回查询结果的前 n 行数据，如果指定 PERCENT 关键字，则返回查询结果的前 n%行数据
select_list	是所要查询选项的集合，多个选项之间用逗号分隔。在输出结果中，如果不希望使用字段名作为各列的标题，可以根据要求设置一个列标题，语法格式如下： 　　column_name1 [[AS] column_title1],column_name2 [[AS] column_title2][,…] 其中，column_name 表示要查询的列名，column_title 是指定的列标题
table_name	表示要查询的表。当选择多个数据表中的字段时，可使用别名来区分不同的表。语法格式如下： 　　table_name1 [table_alias1][,table_name2 [table_alias2]][,…] 其中，table_alias 是数据表的别名

（1）查询全部列或指定列。

若要查询表的全部字段，则使用"*"表示全部列；若要查询表中指定的列，则各列之间用逗号隔开。

【例 3.37】查询全体学生的学号与姓名。

```
SELECT sno,sname
FROM student
```

【例 3.38】查询全体学生的详细记录。

```
SELECT sno, sname, gender, age, depart, specialty
FROM student
```

或

```
SELECT *
FROM student
```

（2）消除重复行或定义列别名。

若查询只涉及表的部分字段，可能会出现重复行。

【例 3.39】查询选修了课程的学生学号。

```
SELECT sno
FROM score
```

等价于：

```
SELECT ALL sno
FROM score
```

以上 SELECT 语句执行后，结果中学号会有重复。这时可用 DISTINCT 关键字消除结果集中的重复记录。如果没有指定 DISTINCT 关键字，则默认为 ALL。

```
SELECT DISTINCT sno
FROM score
```

为了便于理解查询结果，可以自定义显示每一列标题行的名称，即为列取别名。

【例 3.40】查询 student 表中全部学生的姓名和性别。要求用汉字作为列标题,且去掉重名的学生。

> SELECT DISTINCT sname AS 姓名, gender 性别
> FROM student

（3）计算列值。

SELECT 语句中的选项,除了字段名外,也可以是算术表达式、字符串常量或函数。

1）算术表达式。

【例 3.41】查询全体学生的姓名及其出生年份。

> SELECT sname,2017-age　　　/*假定当年的年份为 2017 年*/
> FROM student

2）字符串常量。

【例 3.42】查询全体学生的姓名、出生年份和专业。要求用小写字母表示所有专业名。

> SELECT sname,'出生年份: ',2017-age,ISLOWER(specialty)
> FROM student

可以用内置时间函数计算当前的年份。

> SELECT sname,YEAR(GETDATE())-age,ISLOWER(specialty)
> FROM student

语句中 GETDATE()和 YEAR()均是系统提供的内置函数。GETDATE()函数获取当前日期,YEAR()函数获取指定日期的年份整数。例如,设当前日期为 2017-07-07,则 YEAR(GETDATE())表达式的返回值为数值 2017。

【例 3.43】使用列别名改变查询结果的列标题。

> SELECT sname AS 姓名,2017-age AS 出生年份,ISLOWER(specialty) AS 专业
> FROM student

3）函数。

可以通过某一类函数对查询结果集进行汇总统计。例如,求一个结果集的最大值、最小值、平均值、总和值、计数值等,这些函数被称为聚合函数。表 3.24 中列出了常用聚合函数。使用 SELECT 语句对列进行查询时,不仅可以查询原表中已有的列,还可以通过计算得到新的列值。

表 3.24　常用聚合函数

函数	功能
AVG([DISTINCT|ALL] <字段名>)	求一列数据的平均值
SUM([DISTINCT|ALL] <字段名>)	求一列数据的和
COUNT([DISTINCT|ALL] *) COUNT([DISTINCT|ALL] <字段名>)	统计查询的行数
MIN([DISTINCT|ALL] <字段名>)	求列中的最小值
MAX([DISTINCT|ALL] <字段名>)	求列中的最大值

【例 3.44】查询 student 表中的学生总人数。

> SELECT COUNT(*)
> FROM　student

【例 3.45】查询选修了课程的学生人数。

　　　　SELECT COUNT(DISTINCT sno)
　　　　FROM score

【例 3.46】计算 score 表中学生的平均成绩、最高成绩和最低成绩。

　　　　SELECT AVG(grade), MAX(grade), MIN(grade)
　　　　FROM score

【例 3.47】对 student 表分别查询学生总数和学生的平均年龄。

　　　　SELECT COUNT(*) AS 总数,
　　　　FROM student
　　　　SELECT AVG(age) AS 平均年龄
　　　　FROM student

（4）限制结果集的行数。

若查询的结果集行数特别多，可指定返回的行数，也可指定按百分比数目返回的行。

【例 3.48】对 student 表选择姓名、性别查询，返回结果集中的前 5 行。

　　　　SELECT TOP 5　sname AS 姓名, gender AS 性别
　　　　FROM student

2．条件查询

条件查询是用得最多且比较复杂的一种查询方式。在 SELECT 语句中通过 WHERE 子句来指定查询条件，实现查询符合要求的数据信息。条件查询的本质是对表中的数据进行筛选，即关系运算中的"选择"操作。语法格式如下：

　　　　WHERE search_condition

其中，search_condition 表示条件表达式。

条件表达式是查询的结果集应满足的条件，如果某行条件为真就包括该行记录。

在条件查询中，主要是通过判断运算来确定条件的真或假来进行查询，返回的值都是逻辑真（TRUE）或逻辑假（FALSE）。常用的查询条件如表 3.25 所示。

表 3.25　常用的查询条件

查询条件	谓词
比较	=、>、<、>=、<=、!=、<>、!>、!<、NOT+上述比较运算符
确定范围	BETWEEN AND、NOT BETWEEN AND
确定集合	IN、NOT IN
字符匹配	LIKE、NOT LIKE
空值	IS NULL、IS NOT NULL
多重条件（逻辑运算）	AND、OR、NOT

（1）比较运算。

在进行比较运算时，其结果只能是逻辑真（TRUE）或逻辑假（FALSE）。

【例 3.49】在 student 表中，查询信息工程学院全体学生的名单。

　　　　SELECT sname
　　　　FROM student
　　　　WHERE depart ='001'

【例 3.50】在 student 表中，查询所有年龄在 20 岁以下的学生的姓名及年龄。

    SELECT sname, age
    FROM student
    WHERE age < 20

【例 3.51】在 score 表中，查询考试成绩有不及格的学生的学号。

    SELECT DISTINCT sno
    FROM score
    WHERE grade < 60

（2）范围比较运算。

用于范围比较运算的关键字有 BETWEEN 和 IN。BETWEEN 一般应用于数值型数据和日期型数据，IN 一般应用于字符型数据。

当要查询的条件是某个值的范围时，可以使用 BETWEEN 关键字，语法格式如下：

    SELECT column_name(s)
    FROM table_name
    WHERE column_name BETWEEN value1 AND value2

其中，表达式 value1 的值不能大于表达式 value2 的值。

【例 3.52】在 student 表中，查询年龄在 20～23 岁（包括 20 岁和 23 岁）之间的学生的姓名、学院和年龄。

    SELECT sname, depart, age
    FROM student
    WHERE age BETWEEN 20 AND 23

【例 3.53】在 student 表中，查询年龄不在 20～23 岁之间的学生的姓名、系别和年龄。

    SELECT sname, depart, age
    FROM   student
    WHERE age NOT BETWEEN 20 AND 23

【例 3.54】在 student 表中，查询信息工程学院、商学院、机电工程学院的学生的姓名和性别。

    SELECT sname, gender
    FROM   student
    WHERE depart IN ('001','002','003')

【例 3.55】在 student 表中，查询不是信息工程学院、商学院、机电工程学院的学生的姓名和性别。

    SELECT sname, gender
    FROM student
    WHERE depart NOT IN ('001','002','003')

【例 3.56】在 student 表中，查询 1990～1992 年出生的学生信息。

    SELECT *
    FROM student
    WHERE YEAR(GETDATE()) - age BETWEEN 1990 AND 1992

（3）逻辑运算。

在进行查询时可能有多个条件，这时需要用逻辑运算符 AND、OR 和 NOT 等来连接 WHERE 子句中的多个查询条件。当一条语句中同时含有多个逻辑运算符时，取值的优先顺序为 NOT→AND→OR。在进行逻辑运算时，其结果也只能是逻辑真（TRUE）或逻辑假（FALSE）。

【例 3.57】 在 student 表中，查询信息工程学院年龄在 20 岁以下的学生的姓名。

```
SELECT sname
FROM student
WHERE depart = '001' AND age<20
```

【例 3.58】 用逻辑运算符实现例 3.52 的查询。

```
SELECT sname, depart, age
FROM student
WHERE age >= 20 AND age <= 23
```

【例 3.59】 用逻辑运算符实现例 3.53 的查询。

```
SELECT sname, depart, age
FROM    student
WHERE age<20 OR age>23
```

【例 3.60】 用逻辑运算符实现例 3.54 的查询。

```
SELECT sname, gender
FROM    student
WHERE depart='001' OR depart='002' OR depart='003'
```

【例 3.61】 用逻辑运算符实现例 3.55 的查询。

```
SELECT sname, gender
FROM student
WHERE depart depart<>'001' AND depart<>'002' AND depart<>'003'
```

（4）空值比较运算。

当需要判定一个表达式的值是否为空时，使用 IS NULL 关键字来测试字段值是否为空值，在查询时用"字段名 IS [NOT]NULL"的形式,而不能写成"字段名=NULL"或"字段名!=NULL"。

【例 3.62】 因为某些学生选修课程后没有参加考试，所以他们有选课记录，但没有考试成绩。查询缺少成绩的学生的学号和相应的课程号。

```
SELECT sno, cno
FROM    score
WHERE    grade IS NULL
```

【例 3.63】 查询有成绩的学生的学号和课程号。

```
SELECT sno, cno
FROM    score
WHERE    grade IS NOT NULL
```

（5）字符匹配运算。

在实际应用中，有时用户并不能给出精确的查询条件，需要根据不确切的线索来查询。SQL 提供了 LIKE 关键字进行字符匹配运算来实现这类模糊查询。LIKE 关键字的语法格式如下：

```
[NOT] LIKE '<match_expression>' ESCAPE escape_character
```

参数说明：

①match_ expression：匹配表达式，一般为字符串表达式，在查询语句中可以是列名。

②pattern：在 match_ expression 中的搜索模式串。在搜索模式中可以使用通配符，表 3.26 中列出了 LIKE 关键字可以使用的通配符。

③ESCAPE escape_character：转义字符，应为有效的 SQL 字符。escape_character 是字符表达式，无默认值，且必须为单个字符。用 ESCAPE 来指定转义符。

表 3.26 LIKE 关键字可以使用的通配符

运算符	描述	示例
%	包含零个或多个字符的任意字符串	cname LIKE '%Java%' 将查找课程名包含 Java 的所有课程
_	下划线，对应任何单个字符	sname LIKE '_海燕' 将查找以"海燕"结尾的所有 6 个字符的名字
[ ]	指定范围（如[a-f]）或集合（如[abcdef]）中的任何单个字符	sname LIKE '[张李王]海燕' 将查找张海燕、李海燕、王海燕等学生
[^]	不属于指定范围或集合的任何单个字符	sname LIKE '[^张李]海燕' 将查找不姓张、李的名为海燕的学生

1）匹配串为固定字符串。

【例 3.64】查询学号为 2015874144 的学生的详细情况。

```
SELECT *
FROM student
WHERE sno LIKE '2015874144'
```

等价于：

```
SELECT *
FROM student
WHERE sno = ' 2015874144'
```

2）匹配串为含通配符的字符串。

【例 3.65】查询所有姓刘学生的姓名、学号和性别。

```
SELECT sname, sno, gender
FROM student
WHERE sname LIKE '刘%'
```

【例 3.66】查询姓"欧阳"且全名为 3 个汉字的学生的姓名。

```
SELECT sname
FROM     student
WHERE    sname LIKE '欧阳__'
```

【例 3.67】查询名字中第 2 个字为"阳"字的学生的姓名和学号。

```
SELECT sname, sno
FROM student
WHERE sname LIKE '__阳%'
```

【例 3.68】查询所有不姓刘的学生的姓名。

```
SELECT sname
FROM student
WHERE sname NOT LIKE '刘%'
```

3）使用换码字符将通配符转义为普通字符。

【例 3.69】查询课程名为 DB_Design 课程的课程号和先修课的编号。

```
SELECT cno, pcno
FROM course
WHERE cname LIKE 'DB\_Design' ESCAPE '\'
```

【例 3.70】查询以 DB_ 开头且倒数第 3 个字符为 i 的课程的详细情况。

```
SELECT *
FROM course
WHERE cname LIKE   'DB\_%i_ _' ESCAPE ' \ '
```

【例 3.71】在 St_Info 表中查询学号倒数第 3 个数为 1，倒数第 1 个数在 1～4 之间的学生的学号、姓名、班级信息。

```
SELECT sno, sname,class
FROM St_Info WHERE St_ID like '%1_[1234]'
```

3. 查询结果处理

使用 SELECT 语句完成查询工作后，所查询的结果默认显示在屏幕上，若需要对这些查询结果进行处理，可使用 SELECT 的其他子句配合操作。

（1）排序输出（ORDER BY）。

SELECT 的查询结果是按查询过程中的自然顺序给出的，因此查询结果通常无序，如果希望查询结果有序输出，就需要用 ORDER BY 子句配合，其语法格式如下：

```
ORDER BY column_name1[ASC|DESC][,column_name2[ASC|DESC]] [,...]
```

参数说明：

①column_name 代表排序选项，可以是字段名和数字。字段名必须是主 SELECT 子句的选项，当然是所操作的表中的字段。数字是表的列序号，第 1 列为 1。

②ASC 指定的排序项按升序排列，为默认值，排序列为空值的元组最后显示。

③DESC 指定的排序项按降序排列，排序列为空值的元组最先显示。

【例 3.72】查询选修了编号为 08181192 的课程的学生的学号及成绩，查询结果按分数降序排列。

```
SELECT sno, grade
FROM   score
WHERE   cno=' 08181192 '
ORDER BY grade DESC
```

【例 3.73】查询全体学生情况，查询结果按所在学院的编号升序排列，同一学院中的学生按年龄降序排列。

```
SELECT   *
FROM   student
ORDER BY depart, age DESC
```

（2）重定向输出（INTO）。

INTO 子句用于把查询结果存放到一个新建的表中，其语法格式如下：

```
INTO new_table
```

参数 new_table 指定了新建的表的名称，新表的列由 SELECT 子句中指定的列构成。新表中的数据行是由 WHERE 子句指定的，但如果 SELECT 子句中指定了计算列在新表中对应的列，则新表的列不是计算列而是一个实际存储在表中的列。其中的数据在执行 SELECT...INTO 语句时计算得出。

【例 3.74】对 score 表，查询选修"数据库原理"（课程号为 08181192）课程的所有学生信息，并将结果存入 student_08181192 表中。

```
SELECT sno 学号, cno 数据库原理, grade 成绩
INTO student_08181192
```

```
FROM score
WHERE cno= '08181192'
```

（3）分组统计（GROUP BY）与筛选（HAVING）。

使用 GROUP BY 子句可以对查询结果进行分组，其语法格式如下：

```
GROUP BY column_name 1 [,column_name 2][,…]
```

参数说明：column_name 是分组选项，既可以是字段名，也可以是分组选项的序号（第 1 个分组选项的序号为 1）。

GROUP BY 子句可以将查询结果按指定列进行分组，该列值相等的记录为一组。通常，在每组中通过聚合函数来计算一个或多个列。若在分组后还要按照一定的条件进行筛选，则需要使用 HAVING 子句，其语法格式如下：

```
HAVING <search_condition>
```

参数说明：<search_condition>指定组或聚合应满足的搜索条件。

HAVING 子句与 WHERE 子句一样，也可以起到按条件选择记录的作用，但两个子句的作用对象不同，WHERE 子句作用于基本表或视图，而 HAVING 子句作用于组，必须与 GROUP BY 子句连用，用来指定每一分组内应满足的条件。在查询中先用 WHERE 子句选择记录，然后进行分组，最后用 HAVING 子句选择记录。当然，GROUP BY 子句也可单独出现。

【例 3.75】求各个课程号及相应的选课人数。

```
SELECT cno, COUNT(sno)
FROM score
GROUP BY cno
```

【例 3.76】查询选修了 3 门以上课程的学生的学号。

```
SELECT sno
FROM    score
GROUP BY sno
HAVING    COUNT(*) >3
```

【例 3.77】查询平均成绩大于 80 的课程编号和平均成绩。

```
SELECT cno, AVG(grade) as  平均成绩
FROM score
GROUP BY cno
HAVING AVG(grade)>=80
```

3.7.2　连接查询

在数据查询中，经常涉及提取两个或多个表的数据。涉及多个表的查询称为连接查询（多表查询）。通过连接可以为不同实体创建新的数据表，这样就可以使用新表中的数据来查询其他表的数据。通过连接运算符可以实现多表查询，它既是关系数据库模型的主要特点，也是区别于其他类型数据库管理系统的一个标志。连接查询既是 SQL 中的高级查询也是复杂查询。

连接可分为自连接、内连接、外连接和交叉连接等。连接的条件可以在 FROM 或 WHERE 子句中指定。在 FROM 子句中指定连接的条件有助于将连接操作与 WHERE 子句中的搜索条件区分开来，所以在 SQL 中推荐使用这种方法。

FROM 子句连接的语法格式如下：

```
FROM join_table [join_type] JOIN join_table ON join_condition
```

参数说明：

①join_table：指出参与连接操作的表名，连接可以对同一个表操作，也可以对多表操作。

②join_type：指出连接类型，可分为内连接、外连接和交叉连接。

③ON join_condition：指出连接条件，它由被连接表中的列、比较运算符和逻辑运算符等组成。

1. 自连接（Self join）

自连接是指一个表自己与自己建立连接，也称为自身连接。若要在一个表中找具有相同列值的行，则可以使用自连接。使用自连接时需要为表指定两个别名，且对所有列的引用均要用别名限定。

【例 3.78】查询选修"数据库原理"（课程号 08181192）课程的成绩高于学号为 2015874144 的学生的成绩的所有学生信息，并按成绩从高到低排列。

```
SELECT   x.*
FROM score x , score y                 /*将成绩表 score 分别取别名为 x 和 y*/
WHERE x.cno= '08181192' and x.grade > y. grade and
        y.sno= '2015874144' and y.cno= '08181192'
ORDER BY x. grade DESC
```

【例 3.79】查询每一门课的间接先修课（即先修课的先修课）。

```
SELECT   FIRST.cno, SECOND.pcno
FROM   course   FIRST, course   SECOND
WHERE FIRST.pcno = SECOND.cno
```

2. 内连接（Inner join）

内连接使用比较运算符进行表间某（些）列数据的比较操作，并列出这些表中与连接条件相匹配的数据行。根据所使用的比较方式不同，内连接又分为等值连接和不等值连接两种。

（1）等值连接。

在连接条件中使用等号"="运算符比较被连接列的列值，按对应列的共同值将一个表中的记录与另一个表中的记录相连接，包括其中的重复列，这种连接称为等值连接。

【例 3.80】查询所有选课学生的学号、所选课程的名称和成绩。

```
SELECT score.cno, cname, grade
FROM course, score
WHERE course.cno = score.cno          /*在 WHERE 子句中给出等值连接查询条件*/
```

【例 3.81】查询男学生的选课情况。要求列出学号、姓名、性别、课程名、课程号和成绩。

```
SELECT A.sno, A.sname, A. gender, C.cname, C.cno, B.grade
FROM student A INNER JOIN score B ON A.sno = B. sno        /*可省略 INNER*/
            INNER JOIN course C ON B.cno = C.cno
WHERE (A.gender = '男')
```

等价于：

```
SELECT A.sno, A.sname, A. gender, C.cname, C.cno, B.grade
FROM student A, score B, course C
WHERE A.sno = B. sno AND B.cno = C.cno AND A.gender = '男'
```

【例 3.82】查询学生的选课情况。要求列出选课表 score 中的所有列和学生信息表 student 中的学生姓名 sname 列。

SELECT A.sname, B.*

FROM student A INNER JOIN score B ON A.sno =B.SNO

等价于：

SELECT A.sname, B.*

FROM student A, score B

WHERE A.sno =B.SNO

（2）不等值连接。

在连接条件中使用除等号"="运算符以外的其他比较运算符比较被连接的列的列值，这种连接称为不等值连接。不等值连接使用的运算符包括>、>=、<=、<、!>、!<和<>。

【例 3.83】对例 3.78 中要求的查询使用以下语句实现：

SELECT A.sno,A.grade

FROM score A INNER JOIN score B ON A.grade>B.grade AND A.cno=B.cno

WHERE (B.sno='22015874144') AND (B.cno='08181192')

ORDER BY A.grade DESC

例 3.83 中的查询语句，是在 FROM 子句中使用表达式 A.grade>B.grade 进行不等值连接；在 WHERE 子句中使用表达式 B.sno='22015874144' AND B.cno='08181192'作为查询条件进行查询。

3. 外连接（Outer Join）

外连接分为左外连接（Left Outer Join）、右外连接（Right Outer Join）和全外连接（Full Outer Join）三种。在内连接查询时，返回查询结果集中的仅符合查询条件（WHERE 搜索条件或 HAVING 条件）和连接条件的行。而采用外连接时，它返回查询结果集中的不仅包含符合连接条件的行，而且包括左表（左外连接时）、右表（右外连接时）或两个连接表（全外连接）中的所有数据行。

- LEFT OUTER JOIN：即使右表中没有匹配，也从左表返回所有的行。
- RIGHT OUTER JOIN：即使左表中没有匹配，也从右表返回所有的行。
- FULL OUTER JOIN：只要其中一个表中存在匹配，则返回行。

（1）左外连接。

左外连接使用 LEFT OUTER JOIN 关键字进行连接。LEFT OUTER JOIN 关键字从左表（table1）返回所有的行，即使右表（table2）中没有匹配。如果右表中没有匹配，则结果为 NULL。LEFT OUTER JOIN 的语法如下：

SELECT *column_name(s)*

FROM *table1*

LEFT OUTER JOIN table2

ON *table1.column_name=table2.column_name*

【例 3.84】student 表左外连接 score 表。

SELECT A.sno, A.sname, B.cno, B.grade

FROM student A　LEFT OUTER JOIN score B

ON A.sno = B.sno

在左外连接中，表 student 中不满足条件的行也显示出来。在返回结果中，所有不符合连接条件的数据行中的列值均为 NULL。

（2）右外连接。

右外连接使用 RIGHT OUTER JOIN 关键字进行连接。RIGHT OUTER JOIN 关键字从右表（table2）返回所有的行，即使左表（table1）中没有匹配。如果左表中没有匹配，则结果为 NULL。RIGHT OUTER JOIN 的语法如下：

SELECT *column_name(s)*
FROM *table1*
RIGHT OUTER JOIN *table2*
ON *table1.column_name=table2.column_name*

【例 3.85】teacher 表右外连接 course 表。

SELECT A.tno, A.tname, B.*
FROM teacher A   RIGHT OUTER JOIN course B
ON A.tno = B.tno

例 3.85 中右外连接用于两个表（teacher 和 course）中，右外连接限制表 teacher 中的行，而不限制表 course 中的行。也就是说，在右外连接中，course 表不满足条件的行也显示出来了。

执行此语句可以发现，SELECT 语句的输出结果是 course 表中的所有记录，teacher 表中不符合连接条件的记录用 NULL 代替。

（3）全外连接。

全外连接使用 FULL OUTER JOIN 关键字连接，它返回两个表的所有行。FULL OUTER JOIN 关键字只要左表（table1）和右表（table2）其中一个表中存在匹配，则返回行。对不满足连接条件的记录，另一个表的相对应字段用 NULL 代替。

FULL OUTER JOIN 关键字结合了 LEFT OUTER JOIN 和 RIGHT OUTER JOIN 的结果。

FULL OUTER JOIN 的语法如下：

SELECT *column_name(s)*
FROM *table1*
FULL OUTER JOIN *table2*
ON *table1.column_name=table2.column_name*

【例 3.86】department 表全外连接 teacher 表。

SELECT department. name, department.dean, teacher.tname, teacher. depart
FROM department FULL OUTER JOIN teacher
ON department.dean = teacher.tno

4. 交叉连接

交叉连接（Cross join）没有 WHERE 子句，它返回连接表中所有数据行的笛卡尔积。笛卡尔积结果集的大小为第一个表的行数乘以第二个表的行数。交叉连接使用关键字 CROSS JOIN 进行连接。

【例 3.87】将 student 表和 score 表进行交叉连接。

SELECT student.* , score.*   FROM student CROSS JOIN score;

等价于：

SELECT student.* , score.*   FROM student , score;

3.7.3　嵌套查询

有时候一个 SELECT 查询语句无法完成查询任务，而需要另一个查询语句 SELECT 的结果作为查询的条件，即需要在一个查询语句 SELECT 的 WHERE 子句中出现另一个查询语句 SELECT，这种查询称为嵌套查询。在嵌套查询中处于内层的查询称为子查询，处于外层的查询称为父查询。子查询的结果作为输入传递回父查询。父查询将这个值结合到计算中，以便确定最后的输出。

SQL 语言允许多层嵌套查询，即一个子查询中还可以嵌套其他子查询。以层层嵌套的方式来构造程序正是 SQL 中"结构化"的含义所在。嵌套查询一般的查询方法是由内向外进行处理，即每个子查询在上一级查询处理之前处理。

子查询本质上就是一个完整的 SELECT 语句，它可以使一个 SELECT 语句、SELECT...INTO 语句、INSERT...INTO 语句、DELETE 语句或 UPDATE 语句嵌套在另一个子查询中。子查询的输出可以包括一个单独的值（单行子查询）、几行值（多行子查询）或者多列数据（多列子查询）。

子查询的使用规则：

（1）子查询必须至少包括一个 SELECT 子句和 FROM 子句。

（2）子查询 SELECT 语句不能包括在 ORDER BY 子句中，因为 ORDER BY 子句只能对最终查询结果排序。如果显示的输出需要按照特定顺序显示，那么 ORDER BY 子句应该作为外部查询的最后一个子句列出。

（3）子查询必须包括在一组括号中，以便将它与外部查询分开。

（4）如果将子查询放在外部查询的 WHERE 或 HAVING 子句中，那么该子查询只能位于比较运算符的"右边"。

1. 单值嵌套查询

子查询的返回结果是一个值的嵌套查询，称为单值嵌套查询。

【例 3.88】查询选修"数据库原理"课程的所有学生的学号和成绩。

```
SELECT sno, grade
FROM score
WHERE cno=(
    SELECT cno
    FROM course
    WHERE cname='数据库原理')
```

语句的执行分两个过程：首先执行子查询，返回"数据库原理"的课程号 cno（08181192）；然后在外查询中找出课程编号 cno 等于 08181192 的记录，查询这些记录的学号和成绩。

也可以用下面的语句实现：

```
SELECTS.sno, S.grade
FROM score S, course C
WHERE S.cno = C.cno and C. cname='数据库原理'
```

2. 多值嵌套查询

子查询的返回结果是数据集的嵌套查询，称为多值嵌套查询。若某个子查询的返回值是一个数据集，则必须在 WHERE 子句中指明应怎样使用这些返回值。通常使用条件运算符 ANY（或 SOME）、ALL 和 IN。

（1）使用 IN 运算符。

在嵌套查询中，子查询的结构往往是一个集合，所以谓词 IN 是嵌套查询中最经常使用的谓词。IN 是属于的意思，等价于"=ANY"，即等于子查询中结果集中的任何一个值。

【例 3.89】查询与"陈嘉宁"在同一个学院学习的学生。

此查询要求可以分步来完成：

第一步：确定"陈嘉宁"所在的学院编号。

```
SELECT    depart
FROM student
WHERE    sname= '陈嘉宁'
```

返回值为"001"。

第二步：查找所有在编号"001"学院学习的学生。

```
SELECT sno, sname, depart
FROM    student
WHERE depart = '001'
```

将第一步查询嵌入到第二步查询的条件中。

```
SELECT sno, sname, depart
FROM student
WHERE depart    IN
    (SELECT depart
     FROM student
     WHERE sname= '陈嘉宁')
```

本例中，子查询的查询条件不依赖于父查询，称为不相关子查询。

可以用自连接完成例 3.89 的查询要求。

```
SELECT    S1.sno, S1.sname, S1. depart
FROM    student   S1, student S2
WHERE S1. depart = S2. depart AND S2.sname = '陈嘉宁'
```

【例 3.90】查询选修了课程名为"数据结构"课程的学生的学号和姓名。

```
SELECT sno, sname                ③最后在 student 关系中取出 sno 和 sname
FROM    student
WHERE sno IN
    (SELECT sno                  ②然后在 score 关系中找出选修了 08181170 号课程的学生学号
     FROM   score
     WHERE    cno IN
        (SELECT cno              ①首先在 course 关系中找出"数据结构"的课程号 08181170
         FROM course
         WHERE cname=   '数据结构'
        )
    )
```

也可以用连接查询实现例 3.90。

```
SELECT student.sno, sname
    FROM    student, score, course
    WHERE student.sno = score.sno    AND
                        score.cno = course.cno    AND
                        course.cname= '数据结构'
```

用 IN 谓词，在主查询中检索的那些记录，在子查询中的某些记录也包含和它们相同的值。

相反，可以用 NOT IN 在主查询中检索那些记录，在子查询中没有包含与它们的值相同的记录。

（2）带有比较运算符的子查询。

带有比较运算符的子查询是指父查询与子查询之间用比较运算符进行连接。当用户确切知道内层查询返回单个值时，可以用>、<、=、>=、<=、!=或<>等比较运算符。

【例 3.91】假设一个学生只可能在一个系学习，并且必须属于一个系，则在例 3.89 中可以用"="代替 IN。

```
SELECT sno, sname, depart
FROM student
WHERE depart =
    (SELECT depart
     FROM student
     WHERE sname= '陈嘉宁')
```

还可以用子查询中的表名别名来查询子查询外的 FROM 子句的列表。

【例 3.92】找出每个学生超过他选修课程平均成绩的课程号。

```
SELECT cno
FROM    score   x
WHERE grade >=(
    SELECT AVG(grade)
    FROM    score   y
    WHERE y.sno=x.sno)
```

（3）使用 ANY、ALL 运算符。

子查询返回单值可以用比较运算符，但返回多值时要用 ANY（有的系统用 SOME）或 ALL 谓词修饰符。而使用 ANY 或 ALL 谓词的时候必须同时使用比较运算符。其语义如表 3.27 所示。

表 3.27　ANY、ALL 运算符的语义

运算符	语义描述
> ANY	大于子查询结果中的某个值
> ALL	大于子查询结果中的所有值
< ANY	小于子查询结果中的某个值
< ALL	小于子查询结果中的所有值
>= ANY	大于等于子查询结果中的某个值
>= ALL	大于等于子查询结果中的所有值
<= ANY	小于等于子查询结果中的某个值
<= ALL	小于等于子查询结果中的所有值
= ANY	等于子查询结果中的某个值
=ALL	等于子查询结果中的所有值（通常没有实际意义）
!= （或<>）ANY	不等于子查询结果中的某个值
!= （或<>）ALL	不等于子查询结果中的任何一个值

ANY 或 SOME 谓词是同义字，来检索主查询中的记录，这些记录要满足在子查询中检索的任何记录的比较条件。

【例 3.93】 查询其他学院中比信息工程学院某一学生年龄小的学生的姓名和年龄。

```
SELECT sname, age
    FROM student
    WHERE age < ANY (
        SELECT age
        FROM student
        WHERE depart =(
            SELECT no
            FROM department
            WHERE name= '信息工程学院' )
    )
        AND depart<> (                          /*父查询块中的条件  */
        SELECT no
        FROM department
        WHERE name= '信息工程学院' )
```

使用 ALL 谓词只检索主查询中的这些记录，它们满足在子查询中检索的所有记录的比较条件。

【例 3.94】 查询其他学院中比信息工程学院所有学生年龄小的学生的姓名和年龄。

```
SELECT sname, age
    FROM student
    WHERE age < ALL (
        SELECT age
        FROM student
        WHERE depart =(
            SELECT no
            FROM department
            WHERE name= '信息工程学院' )
    )
        AND depart<> (                          /*父查询块中的条件  */
        SELECT no
        FROM department
        WHERE name= '信息工程学院' )
```

ANY、ALL 谓词与聚集函数、IN 谓词可以相互转换，其等价转换关系如表 3.28 所示。

表 3.28　ANY、ALL 谓词与聚集函数、IN 谓词的等价转换关系

	=	<>或者!=	<	<=	>	>=
ANY	IN	—	<MAX	<=MAX	>MIN	>=MIN
ALL	—	NOT IN	<MIN	<=MIN	>MAX	>=MAX

【例 3.95】 用聚集函数实现例 3.93。

```
SELECT sname, age
    FROM student
```

```
            WHERE age < (
                SELECT MAX(age)
                FROM student
                WHERE depart =(
                    SELECT no
                    FROM department
                    WHERE name= '信息工程学院' )
                )
                AND depart<> (
                    SELECT no
                    FROM department
                    WHERE name= '信息工程学院' )
```

【例 3.96】用聚集函数实现例 3.94。

```
SELECT sname, age
    FROM student
    WHERE age < (
        SELECT MIN(age)
        FROM student
        WHERE depart =(
            SELECT no
            FROM department
            WHERE name= '信息工程学院' )
        )
        AND depart<> (
            SELECT no
            FROM department
            WHERE name= '信息工程学院' )
```

3.7.4　集合查询

集合运算符将来自两个或多个查询的结果合并到单个结果集中。T-SQL 支持三种集合运算：并集（UNION）、交集（INTERSECT）、差集（EXCEPT）。集合运算的限定条件如下：

（1）子结果集要具有相同的结构。

（2）子结果集的列数必须相同。

（3）子结果集对应的数据类型必须可以兼容。

（4）每个子结果集不能包含 ORDER BY 和 COMPUTE 子句。

集合运算的语法如下：

```
SELECT _statement1
集合运算符
SELECT _statement2
[ORDER BY]
```

关于 ORDER BY 子句，注意：

（1）ORDER BY 是对整个运算后的结果排序，而不是对单个数据集。

（2）ORDER BY 后面排序的字段名称是第一个数据集的字段名或别名。

1. UNION 形成并集

UNION 可以对两个或多个结果集进行连接，形成"并集"。子结果集所有的记录组合在一起形成新的结果集，并使用 UNION 来连接结果集。UNION 的语法如下：

```
SELECT statement
UNION [ALL]
SELECT statement
```

UNION：将多个查询结果合并起来时，系统自动去掉重复元组。

UNION ALL：将多个查询结果合并起来时，保留重复元组。

【例 3.97】查询信息工程学院的学生或年龄不大于 19 岁的学生。

```
SELECT *
FROM student
WHERE depart = '001'
UNION
SELECT *
FROM student
WHERE age<=19
```

也可以用下面的语句实现：

```
SELECT DISTINCT    *
FROM student
WHERE depart = '001' OR age<=19
```

【例 3.98】查询选修了编号为 08181192 或 08181170 的学生。

```
SELECT sno
FROM score
WHERE cno=' 08181192'
UNION
SELECT sno
FROM score
WHERE cno= ' 08181170'
```

2. EXCEPT 形成差集

EXCEPT 可以对两个或多个结果集进行连接，形成"差集"。返回左边结果集中已经有的记录，而右边结果集中没有的记录。EXCEPT 的语法如下：

```
SELECT statement
EXCEPT
SELECT statement
```

自动删除重复行。

【例 3.99】查询信息工程学院的学生与年龄不大于 19 岁的学生的差集。

```
SELECT *
FROM student
WHERE depart ='001'
```

EXCEPT

SELECT　*

FROM student

WHERE age <=19;

实际上是查询信息工程学院中年龄大于 19 岁的学生。

SELECT　*

FROM student

WHERE depart = '001' AND age>19

3.　INTERSECT 形成交集

INTERSECT 可以对两个或多个结果集进行连接，形成"交集"。返回左边结果集和右边结果集中都有的记录。INTERSECT 的语法如下：

SELECT *statement*

INTERSECT

SELECT *statement*

【例 3.100】查询信息工程学院的学生与年龄不大于 19 岁的学生的交集。

SELECT *

FROM student

WHERE depart ='001'

INTERSECT

SELECT *

FROM student

WHERE age<=19

实际上就是查询信息工程学院中年龄不大于 19 岁的学生。

SELECT *

FROM student

WHERE depart = '001' AND age<=19

【例 3.101】查询选修编号为 08181192 和 08181170 的课程的学生的交集。

SELECT sno

FROM score

WHERE cno=' 08181192 '

INTERSECT

SELECT sno

FROM score

WHERE cno='08181170 '

实际上是查询既选修了课程 08181192 又选修了课程 08181170 的学生。

SELECT sno

FROM score

WHERE cno=' 08181192 ' AND Sno IN

(SELECT sno

FROM score

WHERE cno=' 08181170 ')

3.7.5　SELECT 各子句的编写顺序和执行顺序

1. SQL Select 语句完整的执行顺序

（1）FROM 子句组装来自不同数据源的数据。

（2）WHERE 子句基于指定的条件对记录行进行行筛选。

（3）GROUP BY 子句将数据划分为多个分组。

（4）使用聚集函数进行计算。

（5）使用 HAVING 子句筛选分组。

（6）计算所有的表达式。

（7）SELECT 的字段。

（8）使用 ORDER BY 对结果集进行排序。

2. 一个 WHERE 语句各个部分的执行顺序

-- （8）SELECT （9）DISTINCT （11）<TOP_specification><select_list>

-- （1）FROM <left_table>

-- （3）<join_type> JOIN <right_table>

-- （2）ON <join_condition>

-- （4）WHERE <where_condition>

-- （5）GROUP BY <group_by_list>

-- （6）WITH {CUBE | ROLLUP}

-- （7）HAVING <having_condition>

-- （10）ORDER BY <order_by_list>

3. 表达式的执行顺序

（1）先执行等号左边是变量的表达式（A 类），再执行等号左边是列名的表达式（B 类）。例如：

```
UPDATE tablename
    SET columnName=@variable,@variable=@variable+1
```

先执行@variable=@variable+1，再执行 columnName=@variable。

（2）如果有多个 A 类（或 B 类）表达式，按从左到右的顺序执行 A 类（或 B 类）表达式。例如：

```
UPDATE tablename
    SET columnName=@variable, @variable=@variable+1, @variable=2*@variable
```

先执行@variable=@variable+1，再执行@variable=2*@variable，最后执行 columnName = @variable。

（3）列名所代表的值永远是原值。例如：

```
UPDATE tablename
    SET columnName=columnName+1
```

【例 3.102】分析以下 SQL 语句能否执行成功：

```
SELECT sno, COUNT(sno) AS TOTAL
FROM student
GROUP BY sno
HAVING TOTAL>2
```

它不能执行成功，因为 HAVING 的执行顺序在 SELECT 之上。实际执行顺序如下：

1. FROM student
2. GROUP BY sno
3. HAVING TOTAL>2
4. SELECTsno, COUNT(sno) AS TOTAL

很明显，TOTAL 是在最后一句 SELECTsno,COUNT(sno) AS TOTAL 执行过后生成的新别名。因此，在 HAVING TOTAL>2 执行时是不能识别 TOTAL 的。

课堂练习

使用 T-SQL 写出下列查询语句：
（1）检索学习课程号为 C06 的学生的学号与成绩。
（2）检索学习课程号为 C06 的学生的学号与姓名。
（3）检索选修课程名为 ENGLLISH 的学生的学号与姓名。
（4）检索选修课程号为 C02 或 C06 的学生的学号。
（5）检索至少选修 C02 和 C06 课程的学生的学号。
（6）检索没有选修 C06 课程的学生的姓名及其所在班级。
（7）检索学习全部课程的学生的姓名。
（8）检索学习课程中包含了 S08 学生所学课程的学生的学号。

3.8　视图

视图（View）是关系数据库中提供给用户以多种角度观察数据库中数据的重要机制。用户通过视图来浏览表中感兴趣的数据，而数据的物理存放位置仍在表中。

1. 视图的概念

视图是从一个或多个表（或视图）导出的表。视图是数据库的用户使用数据库的观点。例如，对于一个学校，其学生的情况存放于数据库的一个或多个表中，而作为学校的不同职能部门，所关心的学生数据的内容是不同的。即使是同样的数据，也可能有不同的操作要求，于是就可以根据他们的不同需求，在物理的数据库上定义他们对数据库所要求的数据结构，这种根据用户观点所定义的数据结构就是视图。

视图是一个虚拟表，并不包含任何的物理数据，即视图所对应的数据不进行实际存储。数据库中只存放视图的定义，这些数据仍存放在定义视图的基本表（数据库中永久存储的表）中。

对视图的操作与对基本表的操作一样，可以对其进行查询、修改和删除，但对数据的操作要满足一定的条件。当对通过视图看到的数据进行修改时，相应基本表的数据也会发生变化。同样，若基本表的数据发生变化，这种变化也会自动地反映到视图中。使用视图具有以下优点：

（1）为用户集中数据，简化用户的数据查询和处理。有时用户所需要的数据分散在多个表中，定义视图可将它们集中在一起，从而方便用户进行数据查询和处理。

（2）屏蔽数据库的复杂性。用户不必了解复杂数据库中的表结构，并且数据库表的更改也不影响用户对数据库的使用。

（3）简化用户权限的管理。只需授予用户使用视图的权限，而不必指定用户只能使用表的特定列，增加了安全性。

（4）便于数据共享。各用户可共享数据库的数据，而不必都定义和存储自己所需的数据，这样，同样的数据只需存储一次。

（5）可以重新组织数据以便输出到其他应用程序中。

在创建或使用视图时，应遵守以下规定：

（1）只有在当前数据库中才能创建视图。视图的命名必须遵循标识符命名规则，不能与表同名。

（2）不能把规则、默认值或触发器与视图相关联。

（3）允许嵌套视图。

（4）不能基于临时表建立视图。

2. 视图的创建

创建视图需要使用 CREATE VIEW 语句，语法如下：

    CREATE VIEW [schema_name.] *view_name* [(*column* [,...*n*])]

        AS select_statement

        [WITH CHECK OPTION] [;]

CREATE VIEW 参数的含义如表 3.29 所示。

表 3.29　CREATE VIEW 的参数说明

参数	说明
schema_name	视图所属架构的名称
view_name	视图的名称。视图名称必须符合有关标识符的规则。可以选择是否指定视图所有者名称
column	视图中的列使用的名称。仅在下列情况下需要列名：列是从算术表达式、函数或常量派生的；两个或更多的列可能会具有相同的名称（通常是由于连接的原因）；视图中的某个列的指定名称不同于其派生来源列的名称。还可以在 SELECT 语句中分配列名。如果未指定 column，则视图列将获得与 SELECT 语句中的列相同的名称
AS	指定视图要执行的操作
select_statement	定义视图的 SELECT 语句。该语句可以使用多个表和其他视图。需要相应的权限才能在已创建视图的 SELECT 子句引用的对象中选择。视图定义中的 SELECT 子句不能包括下列内容： ● ORDER BY 子句，除非在 SELECT 语句的选择列表中也有一个 TOP 子句 ● INTO 关键字 ● OPTION 子句 ● 引用临时表或表变量
WITH CHECK OPTION	强制针对视图执行的所有数据修改语句都必须符合在 select_statement 中设置的条件。通过视图修改行时，WITH CHECK OPTION 可确保提交修改后仍可通过视图看到数据。

【例 3.103】在 student 数据库中创建 v_student_1 视图，该视图选择学生信息表 student 中的所有女学生。

创建 v_student_1 视图的语句如下：

```
CREATE VIEW    v_student_1
AS
SELECT * FROM    student WHERE    gender='女'
```

【例 3.104】创建 v_student_2 视图，该视图包括"信息工程学院"学生的学号、姓名、选修的课程号及成绩。要保证对该视图的修改都符合"depart 为信息工程学院（编号为 001）"这一条件。

```
CREATE VIEW    v_student_2
AS
    SELECT student.sno, sname, cno, grade
    FROM student, score
    WHERE student. depart = '001' AND student.sno = score.sno
WITH CHECK OPTION
```

注意：创建视图时，源表可以是基本表，也可以是视图。

【例 3.105】创建学生的平均成绩视图 v_student_avg，该视图包括 sno（在视图中列名为学号）和平均成绩。

```
CREATE VIEW v_student_avg
AS
    SELECT sno AS  学号, AVG(grade) AS  平均成绩
    FROM    score
    GROUP BY sno
```

数据可以更新的视图称为可更新的视图，并不是所有的视图都能被更新。只有满足下列条件，才可通过视图修改基本表的数据：

（1）任何修改（包括 UPDATE、INSERT 和 DELETE 语句）都只能引用一个基本表的列。

（2）视图中被修改的列必须直接引用表列中的基础数据。不能通过任何其他方式对这些列进行派生，如通过以下方式：

1）聚合函数：AVG、COUNT、SUM、MIN、MAX、GROUPING、STDEV、STDEVP、VAR 和 VARP。

2）计算。不能从使用其他列的表达式中计算该列。使用集合运算符 UNION、UNION ALL、CROSSJOIN、EXCEPT 和 INTERSECT 形成的列将计入计算结果，且不可更新。

（3）被修改的列不受 GROUP BY、HAVING 或 DISTINCT 子句的影响。

（4）TOP 在视图 select_statement 中的任何位置都不会与 WITH CHECK OPTION 子句一起使用。

【例 3.106】将 v_student_1 中学号为 2015874123 的学生的专业修改为 software engineering。

```
UPDATE v_student_1
    SET specialty=' software engineering '
    WHERE sno=' 2015874123 '
```

问题：能修改视图 v_student_avg 中的"平均成绩"吗？

3. 视图的查询

视图定义后，就可以像查询基本表那样对视图进行查询了。

【例 3.107】使用视图 v_student_1 查找 student 表中的女生。

```
SELECT *
FROM v_student_ 1
Where gender='女'
```

【例 3.108】查找平均成绩在 80 分以上学生的学号和平均成绩。

```
SELECT *
FROM v_student_avg
WHERE  平均成绩>80
```

4. 视图的修改

创建好的视图可以使用 T-SQL 的 ALTER VIEW 语句来修改，语法格式如下：

```
ALTER VIEW [schema_name.]view_name
AS
    select_statement
[WITH CHECK OPTION]
```

其中各参数与 CREATE VIEW 语句中的参数含义相同。

【例 3.109】修改 v_student_ 1 视图。将视图中选择学生信息表 student 中的所有女学生修改为选择所有男学生。

修改 v_student_1 视图的语句如下：

```
ALTER VIEW v_student_1
AS
SELECT * FROM    student WHERE    gender='男'
```

5. 视图的删除

当不再需要某个存在的视图时，可以删除它。删除视图后，表和视图所基于的数据并不受影响。

使用 T-SQL 删除视图的命令是 DROP VIEW，其语法格式如下：

```
DROP VIEW [schema_name.]view_name [ ,...n ]
```

参数说明：

（1）view_name：要删除的视图名称。

（2）n：表示可以指定多个视图的占位符。使用 DROP VIEW 可删除一个或多个视图。

【例 3.110】删除 v_student_1 视图。

删除 v_student_1 视图的语句如下：

```
DROP VIEW v_student_1
```

习题 3

3.1   名词解释：SQL、T-SQL、表、视图、行、列、主键约束、外键约束、CHECK 约束、唯一约束、默认约束、聚簇索引、唯一索引、连接查询、嵌套查询、子查询。

3.2   在表中设置主键和外键的作用是什么？

3.3   T-SQL 中有哪些数据类型？请至少列出六种。

3.4   什么是外连接？在何种情况下采用？

3.5   用 T-SQL 语句完成下列查询：

（1）查询选修了课程号为 01、02、03 的学生的学号、课程号和成绩记录。

（2）查询课程号 01、02、03 除外的成绩大于 60 分的学生的学号、课程号和成绩记录。

（3）查询选修了课程号为 01、02、03 的成绩在 70～80 分的学生的学号、课程号和成绩记录。

（4）查询选修了课程号为 01 的最好成绩、最差成绩、平均成绩记录。

（5）查询 201401 班的男生人数。

（6）查询 201401 班张姓同学的人数。

（7）查询 201401 班张姓同学的学号、姓名。

（8）查询 1980 年后出生的副教授记录。

（9）查询编号为 0001 教师的授课门数。

（10）查询还没有安排授课老师的课程信息。

3.6　用 T-SQL 语句完成下列操作：

（1）在表 score 中插入数据，要求每个同学选修 3 门课以上，每门课至少 3 个同学选修。

（2）查询至少选修了 3 门课的同学的学号和选修课程门数。

（3）查询学号为 101、102、103 三位同学不及格课程门数，查询结果按照学号降序排列。

（4）查询每个同学的学号、姓名、选修的课程名称、成绩、上课老师姓名，按照学号升序排列结果。

（5）查询"数据库课程设计"的间接先修课，要求输出课程编号、课程名称、间接先修课的课程编号和名称。

（6）查询所有学生的选课情况（包括没有选课的学生）。

3.7　用 T-SQL 语句完成下列操作：

（1）查询每一个同学的学号、最好成绩、最差成绩、平均成绩。

（2）查询最低分大于 70，最高分小于 90 的学生学号。

（3）查询所有同学的学号、姓名、最好成绩、最差成绩、平均成绩。

（4）查询最低分大于 70，最高分小于 90 的学生学号、姓名、班级。

（5）查询选修编号为 203 课程的学生成绩高于 103 号同学成绩的所有学生学号。

（6）查询选修编号为 203 课程的学生成绩高于 103 号同学成绩的所有学生学号、姓名。

（7）查询与"张三"同岁的所有学生的信息。

（8）查询与"张三"同龄同班的学生姓名。

（9）查询成绩比该课程平均成绩低的学生的学号和成绩。

3.8　对于如下关系模式：

雇员表 EMP(雇员编号 EID,姓名 ENAME,出生年月 BDATE,性别 SEX,居住城市 CITY)

公司表 COMP(公司编号 CID,公司名称 CNAME,公司所在城市 CITY)

工作表 WORKS(雇员编号 EID,公司编号 CID,加入公司日期 STARTDATE,薪酬 SALARY)

（1）检索出所有为"IBM 公司"工作的雇员名字。

（2）检索出所有年龄超过 50 岁的女性雇员的姓名和所在公司的名称。

（3）检索出所有居住城市与公司所在城市相同的雇员。

（4）检索出"IBM 公司"雇员的人数、平均工资、最高工资和最低工资，并且分别用 E#、AVG_SAL、MAX_SAL、MIN_SAL 作为列标题。

（5）检索同时在"IBM 公司"和"SAP 公司"兼职的雇员名字。

（6）检索出工资高于其所在公司雇员平均工资的所有雇员。

（7）检索雇员最多的公司。

（8）为工龄超出 10 年的雇员加薪 10%。

（9）年龄大于 60 岁的雇员应办理退休手续，删除退休雇员的所有相关记录。

（10）"IBM 公司"增加某新雇员，将该雇员有关的记录插入到 EMP 表和 WORKS 表中，假设新进雇员薪酬未定，暂以空值表示。

3.9 根据 3.8 给出的关系模式创建一个视图，显示"IBM 公司"所有雇员的有关信息，并在对视图进行更新操作时遵循约束。

3.10 根据 3.8 给出的关系模式创建表 COMP_INFO。该表用来存放所有公司的统计信息，包括每个公司的公司编号、雇员人数、平均薪酬。

第4章 T-SQL 编程

- **了解**：存储过程、触发器、游标、SQL 异常处理、嵌入式 SQL 的特点和作用。
- **理解**：T-SQL 程序设计、存储过程、触发器、游标、SQL 异常处理的基本概念。
- **掌握**：T-SQL 程序设计基础知识；函数、存储过程、触发器和游标的创建、执行以及使用方法。

4.1 T-SQL 编程基础

4.1.1 运算符与表达式

运算符是一种符号，通过运算符连接运算量构成表达式。简单表达式可以是一个常量、变量、列或标量函数。可以用运算符将两个或更多的简单表达式连接起来组成复杂表达式。运算符用来指定要在一个或多个表达式中执行的操作。

1. 标识符

标识符是用户编程时使用的名字。每一个对象都由一个标识符来唯一地标识。对象标识符是在定义对象时创建的，该标识符随后用于引用该对象。标识符包含的字符数必须在 1～128 之间。标识符有两种类型：常规标识符和分隔标识符。

（1）常规标识符。它的第一个字符必须是字母、下划线（_）、@符号或数字符号（#），后续字符可以为字母、数字、@符号、$符号、数字符号或下划线。在 T-SQL 中，某些处于标识符开始位置的符号具有特殊意义。例如，以@符号开头的标识符表示局部变量或参数；以#符号开头的标识符表示临时表或过程；以##符号开头的标识符表示全局临时对象。T-SQL 中的某些函数名称以@@符号开始。为避免混淆这些函数，建议用户不要使用以@@开始的标识符。

（2）分隔标识符。包含在双引号（"）或方括号（[]）内的标识符就是分隔标识符。如果标识符是保留字或包含空格，则需要使用分隔标识符进行处理。例如，在 SELECT * FROM "My Table"命令中，由于标识符"My Table"有空格，所以使用双引号（"）分隔。

2. 常量与变量

在程序运行过程中不能改变其值的数据称为常量，相应地，在程序运行过程中可以改变其值的数据称为变量。

（1）常量。

常量是表示特定数据值的符号，其格式取决于其数据类型。T-SQL 具有以下几种类型：字符串和二进制常量、日期时间常量、数值常量、逻辑数据常量。

1）字符串和二进制常量。

字符串常量是用单引号括起来的字符系列。若字符串中本身有单引号字符，则单引号要用两个单引号来表示，如'China'、'O''Brien'、'X+Y='均为字符串常量。

在 T-SQL 中，字符串常量还可以采用 Unicode 字符串的格式，即在字符串前面用 N 标识，如 N'A SQL Server string'表示字符串'A SQL Server string'为 Unicode 字符串。

二进制常量具有前缀 0x，并且是十六进制数字字符串，它们不使用引号，如 0xAE、0x12Ef、0x69048AEFDD010E、0x（空串）为二进制常量。

2）日期时间常量。

datetime 常量使用特定格式的字符日期值表示，用单引号括起来。表 4.1 所示是 SQL Server 日期时间格式。

表 4.1　SQL Server 日期时间格式

输入格式	datetime 值	smalldatetime 值
Sep 3, 2007 1:34:34.122	2007-09-03 01:34:34.123	2007-09-03 01:35:00
9/3/2007 1PM	2007-09-03 13:00:00.000	2007-09-03 13:00:00
9.3.2007 13:00	2007-09-03 13:00:00.000	2007-09-03 13:00:00
13:25:19	1900-01-01 13:25:19.000	1900-01-01 13:25:00
9/3/2007	2007-09-03 00:00:00.000	2007-09-03 00:00:00

输入时，可以使用"/"".""-"作为日期时间常量的分隔符。在默认情况下，服务器按照 mm/dd/yy 的格式（即月/日/年的顺序）来处理日期类型数据。T-SQL 支持的日期格式有 mdy、dmy、ymd、myd、dym，用 SET DATEFORMAT 命令来设定格式。

对于没有日期的时间值，服务器将其日期指定为 1900 年 1 月 1 日。

3）数值常量。

数值常量包括整型常量、浮点常量、货币常量、uniqueidentifier 常量。

整型常量由没有用引号括起来且不含小数点的一串数字表示，如 1894 和 2 为整型常量。

浮点常量主要采用科学记数法表示，如 101.5E5 和 0.5E-2 为浮点常量。

精确数值常量由没有用引号括起来且包含小数点的一串数字表示，如 1894.1204 和 2.0 为精确数值常量。

货币常量是以\$为前缀的一个整型或实型常量数据，不使用引号，如\$12.5 和\$542023.14 为货币常量。

uniqueidentifier 常量是表示全局唯一标识符 GUID 值的字符串，可以使用字符或二进制字符串格式指定。

4）逻辑数据常量。

逻辑数据常量使用数字 0 或 1 表示，并且不使用引号。非 0 的数字当作 1 处理。

5）空值。

在数据列定义之后，还需要确定该列是否允许空值（NULL）。允许空值意味着用户在向表中插入数据时可以忽略该列值。空值可以表示整型、实型、字符型数据。

（2）变量。

变量用于临时存放数据，变量中的值随着程序的运行而改变，变量有名字和数据类型两个属性。变量的命名使用常规标识符，即以字母、下划线（_）、@符号、数字符号（#）开头，后续接字母、数字、@符号、美元符号（\$）、下划线的字符序列。不允许嵌入空格或其他特殊字符。T-SQL 将变量分为全局变量和局部变量两类，其中全局变量由系统定义并维护，通过在名称前面加@@符号区别于局部变量，局部变量的首字母为单个@。

1）局部变量。

局部变量使用 DECLARE 语句定义，仅存在于声明它的批处理、存储过程或触发器中，处理结束后，存储在局部变量中的信息将丢失。

DECLARE 语句的语法格式如下：

DECLARE {@*local_variable* data_type }[,...*n*]

其中，@local_variable 是变量的名称。局部变量名必须以@符号开头，且必须符合标识符规则。data_type 是由系统提供或用户定义的数据类型。用 DECLARE 定义的变量不能是 text、ntext 或 image 数据类型。

当使用 DECLARE 语句来声明局部变量时，必须提供变量名称及其数据类型。变量名前必须有一个@符号，其最大长度为 30 个字符。一条 DECLARE 语句可以定义多个变量，各变量之间使用逗号隔开。例如：

DECLARE @name varchar(30),@type int

当局部变量定义好后，其初始值为 NULL，可使用 SELECT 或 SET 命令为局部变量重新赋值，语法格式如下：

SELECT @ *local_variable* =expression[,…]

或

SET @ *local_variable* =expression

参数说明：

- local_variable：要赋值的局部变量的名称。
- Expression：为变量所赋的值，可以是任何有效的 T-SQL 表达式。

使用 SELECT 赋值时，可同时为多个局部变量赋值。局部变量的值使用 SELECT 或 PRINT 语句显示。

【例 4.1】查找 1980 年后出生的教师信息。

```
DECLARE @age int
SELECT @age=year(GETDATE()) - 1980
SELECT * FROM teacher WHERE age < @age
```

【例 4.2】查找"黄嘉欣"的选课信息。

```
DECLARE    @xh varchar(10),@xm varchar(20)
SELECT @xm='黄嘉欣'
SELECT @xh=sno FROM student WHERE sname=@xm
SELECT * FROM score WHERE sno=@xh
```

2）全局变量。

全局变量通常被服务器用来跟踪服务器范围和特定会话期间的信息，不能显式地被赋值或声明。全局变量不能由用户定义，也不能被应用程序用来在处理器之间交叉传递信息。

全局变量由系统提供，在某个给定的时刻，各用户的变量值将互不相同。表 4.2 所示是 T-SQL 中常用的全局变量。

表 4.2　T-SQL 中常用的全局变量

变量	说明
@@rowcount	前一条命令处理的行数
@@error	前一条 SQL 语句报告的错误号
@@trancount	事务嵌套的级别

变量	说明
@@transtate	事务的当前状态
@@tranchained	当前事务的模式（链接的、非链接的）
@@servername	本地 SQL Server 的名称
@@version	SQL Server 和 OS 版本级别
@@spid	当前进程 id
@@identity	上次 INSERT 操作中使用的 identity 值
@@nestlevel	存储过程/触发器中的嵌套层
@@fetch_status	游标中上条 FETCH 语句的状态

3. 运算符

T-SQL 语言运算符共有 5 类，即算术运算符、位运算符、比较运算符、逻辑运算符和连接运算符。

（1）算术运算符。

算术运算符用于数值型列或变量间的算术运算。算术运算符包括加（+）、减（-）、乘（*）、除（/）和取模（%）等。表 4.3 所示是算术运算符及其可操作的数据类型。

表 4.3　算术运算符及其可操作的数据类型

算术运算符	数据类型
+、-、*、/	int、smallint、tinyint、numeric、decimal、float、real、money、smallmoney
%	int、smallint、tinyint

如果表达式中有多个算术运算符，则先计算乘、除和求余，然后计算加减法。如果表达式中所有算术运算符都具有相同的优先顺序，则执行顺序为从左到右。括号中的表达式比其他运算都要优先。算术运算的结果为优先级较高的参数的数据类型。

（2）位运算符。

位运算符用于对数据进行按位与（&）、或（\）、异或（^）、求反（~）等运算。在 T-SQL 语句中进行整型数据的位运算时，SQL Server 先将它们转换为二进制数，然后进行计算。其中与、或、异或运算符需要两个操作数，而求反运算符仅需要一个操作数。表 4.4 所示是位运算符及其可操作的数据类型。

表 4.4　位运算符及其可操作的数据类型

位运算符	左操作数	右操作数
&	int、smallint、tinyint	int、smallint、tinyint、bigint
\	int、smallint、tinyint	int、smallint、tinyint、binary
^	binary、varbinary、int	int、smallint、tinyint、bit
~	无左操作数	int、smallint、tinyint、bit

做&运算时，只有当两个表达式中的两个位值都为 1 时，结果中的位才被设置为 1，否则结果中的位被设置为 0。

做\运算时，如果两个表达式的任一位为 1 或者两个位均为 1，则结果的对应位被设置为 1；如果表达式中的两个位都不为 1，则结果中该位的值被设置为 0。

做^运算时，如果在两个表达式中只有一位的值为 1，则结果中该位的值被设置为 1；如果两个位的值都为 0 或者都为 1，则结果中该位的值被清除为 0。

做~运算时，如果表达式的某位为 1，则结果中该位为 0，否则相反。

（3）比较运算符。

比较运算符用来比较两个表达式的值，可用于字符、数字或日期数据。SQL Server 中的比较运算符有大于（>）、小于（<）、大于等于（>=）、小于等于（<=）和不等于（!=）等，比较运算返回布尔值，通常出现在条件表达式中。

比较运算符的结果为布尔数据类型，其值为 TRUE、FALSE 和 UNKNOWN，如表达式 2=3 的运算结果为 FALSE。

一般情况下，带有一个或两个 NULL 表达式的运算符返回 UNKNOWN。当 SET ANSI_NULLS 为 OFF 且两个表达式都为 NULL 时，那么等号 "=" 运算符返回 TRUE。

（4）逻辑运算符。

逻辑运算符有与（AND）、或（OR）、非（NOT）等，用于对某个条件进行测试，以获得其真实情况。逻辑运算符和比较运算符一样，返回 TRUE 或 FALSE 的布尔数据值。表 4.5 所示是逻辑运算符及其运算情况。

表 4.5　逻辑运算符及其运算情况

运算符	含义
AND	如果两个布尔表达式都为 TRUE，那么结果为 TRUE
OR	如果两个布尔表达式中的一个为 TRUE，那么结果为 TRUE
NOT	对任何其他布尔运算符的值取反
LIKE	如果操作数与一种模式相匹配，那么值为 TRUE
IN	如果操作数等于表达式列表中的一个，那么值为 TRUE
ALL	如果一系列的比较都为 TRUE，那么值为 TRUE
ANY	如果一系列的比较中任何一个为 TRUE，那么值为 TRUE
BETWEEN	如果操作数在某个范围之内，那么值为 TRUE
EXISTS	如果子查询包含一些行，那么值为 TRUE

例如，NOT TRUE 为假；TRUE AND FALSE 为假；TRUE OR FALSE 为真。

逻辑运算符通常和比较运算符一起构成更为复杂的表达式。与比较运算符不同的是，逻辑运算符的操作数只能是布尔型数据。

（5）连接运算符。

连接运算符（+）用于两个字符串数据的连接，通常也称为字符串运算符。在 SQL Server 中，对字符串的其他操作通过字符串函数进行。字符串连接运算符的操作数类型有 char、varchar 和 text 等。例如，'Dr.'+'Computer'中的 "+" 运算符将两个字符串连接成一个字符串'Dr. Computer'。

【例 4.3】输出工号为 0128 老师的简历。

```
DECLARE @ch1 CHAR(10),@ch2 CHAR (10), @prof CHAR (10),@age INT, @year CHAR(4)
SELECT @ch1=tname, @ch2= gender, @prof=prof, @age=age
```

```
FROM teacher WHERE tno='0128'
SET @year = CAST(YEAR(GETDATE())-@age AS CHAR(4))
PRINT @ch1+','+@ch2+','+@prof + @year+'生.'
```

（6）运算符的优先级别。

不同运算符具有不同的运算优先级，在一个表达式中，运算符的优先级决定了运算的顺序。T-SQL 中各种运算符的优先顺序为()→~→→^→&→\→*、/、%→+、-→NOT→AND→OR。

排在前面的运算符的优先级高于其后的运算符。在一个表达式中，先计算优先级高的运算，后计算优先级低的运算，相同优先级的运算按自左向右的顺序依次进行。

4. 批处理

批处理是包含一条或多条 T-SQL 语句的语句组，是 T-SQL 语句集合的逻辑单元。SQL Server 服务器将批处理语句编译成一个可执行的单元，也称执行计划。

批处理具有以下特点：

（1）批处理中的所有语句被整合成一个执行计划，一个批处理内的所有语句要么被放在一起通过解析，要么没有一句能够执行。

（2）多个批处理：每一个批处理都会被独立执行，每个批处理的错误不会阻止其他批处理的运行。

批处理有多种用途，但常被用在某些事情不得不放在前面发生或者不得不和其他事情分开的脚本中。

在建立一个批处理时，需要遵循以下原则：

（1）CREATE DEFAULT、CREATE PROCEDURE、CREATE RULE、CREATE TRIGGER、CREATE VIEW 语句只能是批处理中的第一条语句，所有跟在该批处理后的其他语句都将被解释为第一个 CREATE 语句定义的一部分。

（2）不能在同一个批处理中更改表的结构，再引用新添加的列。

（3）如果 EXECUTE 语句是批处理的第一条语句，则 EXECUTE 可不加，否则必须保留EXECUTE。

GO 是一个批处理结束的标识，比如：

```
CREATE0...
INSERT...
UPDATE...
GO
```

如果不加 GO，那么 T-SQL 是一条一条顺序执行的，如果加了 GO，这几条语句就构成一个批处理块。

【例 4.4】给出以下 T-SQL 语句的执行结果：

```
USE student
GO
CREATE VIEW student_1   AS
    SELECT sno, sname, age
    FROM student
    WHERE depart ='001'
GO
SELECT * FROM student_1
GO
```

注意：利用 CREATE VIEW 创建视图时，必须是批处理中唯一的语句，因此需要用 GO 语句将 CREATE VIEW 语句与其他语句隔离。

4.1.2　语句块和注释

在程序设计中，往往需要根据实际情况将需要执行的操作设计为一个逻辑单元，用一组 T-SQL 语句实现，这就需要使用 BEGIN...END 语句将各语句组合起来。此外，对于程序中的源代码，为了方便阅读或调试，可在其中加入注释。

1. 语句块 BEGIN...END

BEGIN...END 用来设定一个语句块，将 BEGIN...END 中的所有语句视为一个逻辑单元执行。语句块 BEGIN...END 的语法格式为：

```
BEGIN
      { sql_statement \ statement_block }
END
```

其中，{sql_statement \ statement_block}是任何有效的 T-SQL 语句或以语句块定义的语句分组。

在 BEGIN...END 中可嵌套另外的 BEGIN...END 来定义另一语句块。

2. 注释

有两种方法来声明注释：单行注释和多行注释。

（1）单行注释。在语句中，使用两个连字符"--"开头，则从此开始的整行或者行的一部分就成为了注释，注释在行的末尾结束。注释的部分不会被 T-SQL 执行。

（2）多行注释。多行注释方法是 SQL Server 自带的特性，可以注释大块跨越多行的代码，它必须用一对分隔符"/*　*/"将余下的其他代码分隔开。

注释并没有长度限制。T-SQL 文档禁止嵌套多行注释，但单行注释可以嵌套在多行注释中。

4.1.3　流程控制语句

T-SQL 提供了一些可以用于改变语句执行顺序的命令，称为流程控制语句。流程控制语句允许用户更好地组织存储过程中的语句，方便地实现程序的功能。流程控制语句与常见的程序设计语言类似，主要包含选择控制和循环控制两种。

1. 选择控制

根据条件来改变程序流程的控制叫作选择控制。T-SQL 中的 IF...ELSE 语句是最常用的流程控制语句，CASE 函数可以判断多个条件值，GOTO 语句无条件地改变流程，RETURN 语句会将当前正在执行的批处理、存储过程等中断。

（1）IF...ELSE 条件执行语句。

通常是按顺序执行程序中的语句，但在许多情况下，语句执行的顺序和是否执行取决于程序运行的中间结果。在这种情况下，必须根据条件表达式的值来决定执行哪些语句。这时，利用 IF...ELSE 结构可以实现这种控制。

IF...ELSE 的语法格式为：

```
IF Boolean_expression
      { sql_statement \ statement_block }        --条件表达式为真时执行
```

[ELSE

{ sql_statement \ statement_block }] 　　--条件表达式为假时执行

其中，Boolean_expression 是值为 TRUE 或 FALSE 的布尔表达式，{sql_statement \ statement_block}是 T-SQL 语句或语句块。IF 或 ELSE 条件只能影响一个 T-SQL 语句。若要执行多个语句，则必须使用 BEGIN 和 END 将其定义成语句块。

IF...ELSE 语句可以嵌套。两个嵌套的 IF...ELSE 语句可以实现 3 个条件分支。

【例 4.5】如果 course 表存在，就删除 course 表，并重新创建 course 表。

```
IF EXISTS(SELECT * FROM SYSOBJECTS WHERE NAME='course')
BEGIN
  DROP table course
  CREATE TABLE course
    (
        cno char(8) PRIMARY KEY,
        cname char(20) NOT NULL,
        pcno char(8),
        tno char(10)
    )
END
```

【例 4.6】如果 student 表中有学号为 2015874144 的学生，就在 score 表中插入该生的选课记录，假设该生选修 course 表中的所有课程。

```
IF EXISTS(SELECT * FROM student WHERE sno='2015874144')
  BEGIN
    INSERT INTO score(sno,cno)
      SELECT '2015874144',cno FROM course
  END
```

【例 4.7】计算"数据库原理"这门课的平均分，如果平均分超过 70 分，就输出成绩最好的 3 个学生的信息，否则输出成绩最差的 3 个学生的信息。

```
DECLARE @avg_grade int, @cno_database char(5)
SELECT @cno_database = cno FROM course WHERE cname='数据库原理'
SELECT @avg_grade=AVG(grade)        /*计算数据库原理的平均成绩*/
  FROM score
  WHERE cno=@cno_database
IF (@avg_grade > 70)
  BEGIN
    print '成绩不错，输出前三名'
    SELECT TOP 3 student.sno, student.sname, grade
      FROM score, student
      WHERE score.sno = student.sno AND grade IS NOT NILL
      ORDER BY grade DESC
  END
ELSE
  BEGIN
    print '成绩不好，输出后三名'
    SELECT TOP 3 student.sno, student.sname, grade
      FROM score, student
```

```
            WHERE score.sno = student.sno AND grade IS NOT NILL
            ORDER BY grade ASC
      END
```

（2）CASE 函数。

如果有多个条件要判断，就可以使用多个嵌套的 IF...ELSE 语句，但这样会造成程序的可读性差，此时使用 CASE 函数来取代多个嵌套的 IF...ELSE 语句更为合适。

CASE 函数计算多个条件并为每个条件返回单个值。CASE 函数具有以下两种格式：

格式 1：简单 CASE 函数，将某个表达式与一组简单表达式进行比较以确定结果。

```
      CASE input_expression
            WHEN when_expression THEN result_expression
            [ ...n ]
            [ELSE else_result_expression ]
      END
```

格式 2：CASE 搜索函数，CASE 计算一组逻辑表达式以确定结果。

```
      CASE
            WHEN boolean_expression THEN result_expression
            [ ... n ]
            [ ELSE else_result_expression ]
      END
```

各参数的含义如表 4.6 所示。

表 4.6　CASE 语句的参数说明

参数	说明
input_expression	使用简单 CASE 格式时所计算的表达式
WHEN when_expression	使用简单 CASE 格式时与 input_expression 进行比较的简单表达式。input_expression 和每个 when_expression 的数据类型必须相同，或者是隐性转换
n	表明可以使用多个 WHEN 子句
THEN result_expression	当 input_expression=when_expression 或 boolean_expression 取值为 TRUE 时返回的表达式
ELSE else_result_expression	当比较运算取值不为 TRUE 时返回的表达式。如果省略此参数并且比较运算取值不为 TRUE，CASE 将返回 NULL 值。else_result_expression 和所有 result_expression 的数据类型必须相同，或者必须是隐性转换
WHEN boolean_expression	使用 CASE 搜索格式时所计算的布尔表达式。boolean_ expression 是任意有效的布尔表达式

说明：input_expression、when_expression、result_expression、else_result_expression 为任意有效的 T-SQL 表达式。

【例 4.8】应用简单 CASE 语句查询教师的职称。

```
      SELECT tname AS  姓名,
            CASE prof
                  WHEN '教授' THEN '正高'
                  WHEN '副教授' THEN '副高'
```

```
            WHEN '高级工程师' THEN '副高'
            WHEN '高级经济师' THEN '副高'
            ELSE '中级'
        END AS  职称,age AS  年龄
    FROM teacher
```

【例 4.9】应用搜索 CASE 语句输出 score 表中成绩的等级。

```
    SELECT sno AS  学号, cno AS  课程号,
        CASE
            WHEN grade<60 then '不及格'
            WHEN grade <80 then '一般'
            WHEN grade <90 then '良好'
            ELSE '优秀'
        END AS 成绩
    FROM score
```

【例 4.10】给教师增加工资。要求：任 2 门以上课程的涨幅按工资分成三个级别，即 4000 元以上涨 300 元，3000 元以上涨 200 元，3000 元以下涨 100 元；只任一门课的涨 50 元；其他情况不涨。

其中教师表和授课表的结构如下：

教师表 teacher(tno 教师号, tname 教师名, salary 工资)

授课表 score(tno 教师号, cno 课程号)

```
    UPDATE teacher
    SET salary=salary+
        CASE
            WHEN tno IN
                (SELECT t.tno FROM teacher t, course c
                    WHERE t.tno=c.tno AND salary>=4000
                    GROUP BY t.tno
                    HAVING COUNT(*)>=2) THEN 300
            WHEN tno IN
                (SELECT t.tno FROM teacher t, course c
                WHERE t.tno=c.tno AND salary>=3000 AND salary<4000
                    GROUP BY t.tno
                    HAVING COUNT(*)>=2) THEN 200
            WHEN tno IN
                (SELECT t.tno FROM teacher t, course c
                    WHERE t.tno=c.tno AND salary<3000
                    GROUP BY t.tno
                    HAVING COUNT(*)>=2)then 100
            WHEN tno IN
                (SELECT t.tno FROM teacher t, course c
                    WHERE t.tno=c.tno
                    GROUP BY t.tno
                    HAVING COUNT(*)=1)then 50
        ELSE 0
        END
```

（3）GOTO 跳转语句。

GOTO 语句将允许程序的执行转移到标签处，尾随在 GOTO 语句之后的 T-SQL 语句被忽略，而从标签处继续处理，这增加了程序设计的灵活性。但是，GOTO 语句破坏了程序结构化的特点，使程序结构变得复杂且难以测试。事实上，使用 GOTO 语句的程序都可以用其他语句来代替，所以尽量少使用 GOTO 语句。

GOTO 语句的语法格式如下：

```
GOTO label
```

其中，label 为 GOTO 语句处理的起点。label 必须符合标识符规则。

【例 4.11】使用 GOTO 语句来求 5 的阶乘。

```
DECLARE @s INT,@i INT
SET @i=1
SET @s=1
my_loop:
    SET @s=@s*@i
    SET @i=@i+1
IF @i<=5    --如果变量 i 小于等于 5，则跳转到 my_loop 标号处
    GOTO my_loop
PRINT '1*2*3*4*5='+CAST(@s AS CHAR(25))
```

（4）RETURN 语句。

RETURN 语句可使程序从批处理、存储过程或触发器中无条件退出，不再执行本语句之后的任何语句。

RETURN 语句的语法格式为：

```
RETURN [ integer_expression ]
```

其中，integer_expression 是返回的整型值。

如果没有指定返回值，T-SQL 系统会根据程序执行的结果返回一个内定状态值，如表 4.7 所示。

表 4.7　RETURN 命令返回的内定状态值

返回值	含义	返回值	含义
0	程序执行成功	-7	资源错误，如磁盘空间不足
-1	找不到对象	-8	非致命的内部错误
-2	数据类型错误	-9	已达到系统的极限
-3	死锁	-10、-11	致命的内部不一致性错误
-4	违反权限原则	-12	表或指针破坏
-5	语法错误	-13	数据库破坏
-6	用户造成的一般错误	-14	硬件错误

（5）WAITFOR 调度执行语句。

WAITFOR 语句允许定义一个时间或者一个时间间隔，在定义的时间内或者经过定义的时间间隔后，其后的 T-SQL 语句会被执行。

WAITFOR 语句的语法格式如下：

```
WAITFOR {DELAY 'time' \ TIME 'time'}
```

这个语句中有两个变量。DELAY 'time'指定执行继续进行下去前必须经过的延迟（时间间隔）。作为语句的参数，指定的时间间隔必须小于 24 小时。

2. 循环控制

WHILE 语句根据条件表达式控制 T-SQL 语句或语句块重复执行的次数。条件为真（TRUE）时，在 WHILE 循环体内的 T-SQL 语句会一直重复执行，直到条件为假（FALSE）为止。在 WHILE 循环内，T-SQL 语句的执行可以通过 BREAK 与 CONTINUE 语句来控制。

WHILE 循环语句的语法格式如下：

```
WHILE boolean_expression
     { sql_statement \ statement_block }
     [ BREAK ]
     [ sql_statement \ statement_block ]
     [ CONTINUE ]
```

各参数的含义如表 4.8 所示。

表 4.8　WHILE 语句的参数说明

参数	说明
boolean_expression	返回值为 TRUE 或 FALSE。如果该表达式含有 SELECT 语句，必须用圆括号将 SELECT 语句括起来
{sql_statement \ statement_block}	T-SQL 语句或语句块。语句块定义应使用控制流关键字 BEGIN 和 END
BREAK	导致从最内层的 WHILE 循环中退出。将执行出现在 END 关键字后面的任何语句，END 关键字为循环结束标记
CONTINUE	使 WHILE 循环重新开始执行，忽略 CONTINUE 关键字后的任何语句

在 WHILE 循环中，只要 boolean_expression 的条件为 TRUE，就会重复执行循环体内的语句或语句块。

【例 4.12】用 WHILE 循环语句计算 5 的阶乘。

```
DECLARE @s INT,@i INT
SET @i=1
SET @s=1
WHILE @i<=5
   BEGIN
        SET @s=@s*@i
        SET @i=@i+1
   END
PRINT '1*2*3*4*5='+ CAST(@s AS CHAR(25))
```

课堂练习

1. 使用循环语句求 1～100 的和。
2. 求 1～100 里所有的素数。
3. 使用 CASE 查询学生信息表，将 depart 属性值以部门名称输出。
4. 如果选修课程的总人数超过学生总人数的一半，就显示出各门课程的选修人数，否则输出"选修人数低于学生总人数一半"。

4.2　函数的使用

函数是一组编译好的 T-SQL 语句，它们可以带一个或一组数值作为参数，也可以不带参数，它返回一个数值、数值集合，或执行一些操作。函数能够重复执行一些操作，从而避免不断重写代码。

T-SQL 支持两种函数类型：内置函数和用户定义函数。

（1）内置函数。内置函数是一组预定义的函数，是 T-SQL 的一部分，按 T-SQL 中定义的方式运行且不能修改。在 T-SQL 中，函数主要用来获得系统的有关信息、执行数学计算和统计、实现数据类型的转换等。T-SQL 提供的函数包括字符串函数、数学函数、日期函数、系统函数等。

（2）用户定义函数。在 T-SQL 中，由用户定义的 T-SQL 函数即为用户定义函数。它将频繁执行的功能语句块封装到一个命名实体中，该实体可以由 T-SQL 语句调用。

4.2.1　内置函数

1．数学函数

数学函数主要用来处理数值数据，主要的数学函数有绝对值函数、三角函数（包括正弦函数、余弦函数、正切函数、余切函数）、对数函数、随机函数等。在错误产生时，数学函数将返回空值 NULL。常用的数学函数说明如表 4.9 所示。

表 4.9　常用数学函数说明

函数	说明
ABS（numeric_expression）	返回给定数字表达式的绝对值
SIN、COS、TAN、COT(float_expression)	返回正弦、余弦、正切、余切
RANDIANS(float_expression)	将参数 float_expression 由角度转换为弧度
DEGREES(float_expression)	将参数 float_expression 由弧度转换为角度
EXP（float_expression）	返回所给的 float 表达式的指数值
POWER(numeric_expression, int_expression)	返回 numeric_expression 的 int_expression 次乘方的结果值
SQUARE(float_expression)	返回指定浮点值 x 的平方
LOG（float_expression）	返回给定 float 表达式的自然对数
SQRT(float_expression)	返回给定表达式的平方根
CEILING(numeric_expression)	返回大于或等于所给数字表达式的最小整数
FLOOR（numeric_expression）	返回小于或等于所给数字表达式的最大整数
ROUND(numeric_expression,length)	将给定的数据四舍五入到给定的长度
PI()	常量 3.14159265358979
RAND([seed])	返回 0～1 之间的随机 float 值
SIGN(numeric_expression)	返回参数的符号，numeric_expression 的值为负、零或正时，返回结果依次为-1、0 或 1

【例 4.13】返回 CEILING、FLOOR 函数的值。

SELECT CEILING(-3.35), CEILING(3.35), FLOOR(-3.35), FLOOR(3.35)

2．字符串函数

可以在 SELECT 语句的 SELECT 和 WHERE 子句以及表达式中使用字符串函数。常用的字符串函数如表 4.10 所示。

表 4.10　常用字符串函数说明

函数	说明
ASCII(char_expr)	返回 char_expr 最左边字符的数值。如果 char_expr 是空字符串，返回 0；如果 char_expr 为 NULL，返回 NULL。ASCII() 是从 0 到 255 的数值的字符
CHAR(integer_expr)	将 ASCII 码转换为字符。如果没有输入 0 ～ 255 之间的 ASCII 码值，返回 NULL
LTRIM(char_expr)	删字符串前面的空格
RTRIM(char_expr))	删字符串后面的空格
LOWER(char_expr)、 UPPER(char_expr)	大小写转换
LEFT (char_expr,integer_expr)	返回字符串中从左边开始指定个数的字符
RIGHT(char_expr,integer_expr)	返回字符串中从右边开始指定个数的字符
SPACE(integer_expr)	返回长度位指定数据的空格串
LEN(char_expr)	返回字符串后的长度
STUFF(char_expr1,start,length,char_expr2)	在 char_expr1 中，把从位置 start 开始长度为 length 的字符串用 char_expr2 代替
SUBSTRING(expr,start,length)	返回指定表达式中从 start 位置开始长度为 length 的部分
STR(float_expr[,length [, decimal]])	把数值变成字符串返回，length 是总长度，decimal 是小数点右边的位数
CHARINDEX (expression1, expression2, [start_location])	在 expression2 中从 start_location 位置开始搜索 expression1 的起始字符位置。如果没有发现子串，则返回 0 值。此函数不能用于 TEXT 和 IMAGE 数据类型
REPLACE (string_expression, string_pattern, string_replacement)	在 string_expression 字符串表达式中把 string_pattern 替换为 string_replacement

【例 4.14】使用函数 RTRIM 和 LTRIM 分别删除两个字符串的空格，然后将两个字符串连接形成新的字符串。

```
DECLARE @s1 CHAR(6),@s2 CHAR (10)
SET @s1='山东    '
SET @s2='   财政学院'
SELECT @s1+@s2 as '字符串简单连接',
RTRIM(@s1)+LTRIM(@s2) as '去掉空格后的连接'
```

3．日期函数

日期和时间函数主要用来处理日期和时间值。一般的日期函数除了使用 date 类型的参数外，也可以使用 datetime 类型的参数，但会忽略这些值的时间部分。相同地，以 time 类型值

为参数的函数，可以接受 datetime 类型的参数，但会忽略日期部分。常用的日期函数如表 4.11
所示。

表 4.11　常用日期函数说明

函数	说明
DAY(date)	返回指定日期的天数
MONTH(date)	返回指定日期的月份值
YEAR(date)	返回指定日期的年份值
DATEADD(datepart,number,date)	以 datepart 指定的方式返回 date 加上 number 之和
DATEDIFF(datepart,startdate,enddate)	返回两个指定日期在 datepart 方面的不同之处
DATENAME(datepart,date)	返回日期 date 中 datepart 指定部分所对应的字符串
DATEPART(datepart,date)	返回日期 date 中 datepart 指定部分所对应的整数值
GETDATE()	返回系统当前的日期和时间

Datepart 的缩写如表 4.12 所示。

表 4.12　Datepart 参数说明

Datepart	缩写	Datepart	缩写
year	yy, yyyy	hour	hh
quarter	qq, q	minute	mi, n
month	mm, m	second	ss, s
dayofyear	dy, y	millisecond	ms
day	dd, d	microsecond	mcs
week	wk, ww	nanosecond	ns
weekday	dw	tzoffset	tz

【例 4.15】从当前日期中提取年份、月份和天数。

```
SELECT YEAR(GETDATE()) AS 年份,
    MONTH(GETDATE()) AS 月份,
    DAY(GETDATE()) AS 天数
```

【例 4.16】DATENAME 和 datepart 的用法。

```
SELECT DATENAME(year,'2015-04-30 01:01:01') AS yearValue
SELECT DATENAME(quater,'2015-04-30 01:01:01') AS quaterValue
SELECT DATENAME(dayofyear,'2015-04-30 01:01:01') AS dayofyearValue
SELECT DATENAME(day,'2015-04-30 01:01:01') AS dayValue
SELECT DATENAME(week,'2015-04-30 01:01:01') AS weekValue
SELECT DATENAME(weekday,'2015-04-30 01:01:01') AS weekdayValue
SELECT DATENAME(hour,'2015-04-30 01:01:01') AS hourValue
SELECT DATENAME(minute,'2015-04-30 01:01:01') AS minuteValue
SELECT DATENAME(second,'2015-04-30 01:01:01') AS secondValue
```

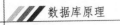

4．系统函数

系统信息包括当前使用的数据库名称、主机名、系统错误消息以及用户名称等内容。使用 SQL Server 中的系统函数可以在需要的时候获取这些信息。系统函数说明如表 4.13 所示。

表 4.13　系统函数说明

函数	描述
COL_NAME	返回表中指定字段的名称，即列名
COL_LENGTH	返回指定字段的长度值
DB_ID	返回数据库的编号
DB_NAME	返回数据库的名称
DATALENGTH	返回任何数据表达式的实际长度
GETANSINULL	返回数据库原默认空值设置
HOST_ID	返回服务器端计算机的 ID 号
HOST_NAME	返回服务器端计算机的名称
IDENT_INCR	返回表中标识性字段的增值量
IDENT_SEED	返回表中标识性字段的初值
ISDATE	检查给定的表达式是否为有效的日期格式
ISNULL	用指定值替换表达式中的指定空值
INDEX_COL	返回索引的列名
ISNUMERIC	检查给定的表达式是否为一个有效的数字格式
NULLIF	如果两个指定的表达式相等，则返回空值
OBJECT_ID	返回数据库对象的编号
OBJECT_NAME	返回数据库对象的名称
SUSER_SID	返回服务器用户的安全账户号
SUSER_NAME	返回服务器用户的登录名
USER_ID	返回用户的数据库 ID 号
USER_NAME	返回用户的数据库用户名
STATS_DATE	返回最新的索引统计日期

【例 4.17】用 COL_NAME 函数返回 teacher 表中第二列的字段名和长度。

```
SELECT COL_NAME(OBJECT_ID('teacher'),2) AS '第二列的字段名为',
    COL_LENGTH ('teacher',COL_NAME(OBJECT_ID('teacher'),2)) AS '第二列的长度为'
```

5．转换函数

在一般情况下，SQL Server 会自动完成数据类型的转换，例如可以直接将字符数据类型或表达式与 DATETIME 数据类型或表达式比较，当表达式中用了 INTEGER、SMALLINT 或 TINYINT 时，SQL Server 也可将 INTEGER 数据类型或表达式转换为 SMALLINT 数据类型或表达式，这称为隐式转换。如果不能确定 SQL Server 是否能完成隐式转换或者使用了不能隐式转换的其他数据类型，就需要使用数据类型转换函数进行显式转换。此类转换函数有两个，如表 4.14 所示。

表 4.14　转换函数说明

函数	说明
CAST(*expression* AS data_type)	可以将某一个数据类型强制转换为另一种数据类型
CONVERT(data_type[(length)],*expression*[,style])	允许用户把表达式从一种数据类型转换为另一种数据类型，并且还在日期的不同显示格式之间进行转换。style 参数提供了各种日期显示格式

【例 4.18】 使用函数 convert()将系统当前日期转化为某种特定的格式。

```
SELECT
    GETDATE() AS UnconvertedDateTime,
    CONVERT(nvarchar(30), GETDATE(), 102) AS ANSI,
    CONVERT(nvarchar(30), GETDATE(), 112) AS ISO,
    CONVERT(nvarchar(30), GETDATE(), 101) AS  美国
```

4.2.2　用户定义函数

除了使用系统提供的函数外，用户还可以根据需要自定义函数。与编程语言中的函数类似，SQL Server 用户定义函数是接受参数、执行操作（例如复杂计算）并将操作结果以值的形式返回的例程。返回值可以是单个标量值或表变量结果集。在 SQL Server 中根据函数返回值形式的不同将用户定义函数分为三种类型：标量函数、内联表值函数和多语句表值函数。

用户定义函数不能用于执行一系列改变数据库状态的操作，但它可以像系统函数一样在查询或存储过程等的程序段中使用，也可以像存储过程一样通过 EXECUTE 命令来执行。

1．标量函数

标量函数返回一个确定类型的标量值，其返回值类型为除 TEXT、NTEXT、IMAGE、CURSOR、TIMESTAMP 和 TABLE 类型外的其他数据类型。函数体语句定义在 BEGIN...END 语句内。在 RETURN 子句中定义返回值的数据类型，并且函数的最后一条语句必须为 RETURN 语句。创建标量函数的格式如下：

```
CREATE FUNCTION [owner_name] function_name
    ([{@parameter_name [AS] scalar_parameter_date_type [=DEFAULT]}][,...n]])
    RETURNS scalar_return_data_type
    [WITH ENCRYPTION]
    [AS]
    BEGIN
        function_body
        RETURN scalar_expression
    END
```

各参数的含义如表 4.15 所示。

表 4.15　CREATE FUNCTION 参数说明

参数	说明
owner_name	数据库所有者名
function_name	用户定义函数名，函数名必须符合标识符规范，对其所有者来说，该用户名在数据库中必须是唯一的

参数	说明
@parameter_name	用户定义函数的形参名,CREATE FUNCTION 语句中可以声明一个或多个参数,用@符号作为第一个字符来指定形参名,每个函数的参数局部作用于该函数
scalar_parameter_data_type	参数的数据类型,可为系统支持的基本标量类型
DEFAULT	指定默认值
WITH 子句	指出了创建函数的选项,如果指出了 ENCRYPTION 参数,则创建的函数是被加密的,函数定义的文本将以不可读的形式存储在 syscomments 表中,任何人都不能查看该函数的定义,包括函数的创建者和系统管理员
BEGIN 和 END	定义了函数体,该函数体中必须包括一条 RETURN 语句,用于返回一个值。函数返回 scalar_expression 表达式的值
scalar_return_data_type	用户定义函数的返回类型,可以是 SQL Server 支持的基本标量类型,但 text、nterxt、image 和 timestamp 除外

【例 4.19】给定学生的学号,返回学生姓名。

```
CREATE FUNCTION getSname(@sno CHAR(10))
    RETURNS varchar(20)
    AS
    BEGIN
        DECLARE @sname varchar(20)
        SELECT @sname=sname FROM student WHERE sno=@sno
        RETURN @sname
    END
```

调用标量函数:可以在 T-SQL 语句中允许使用标量表达式的任何位置调用返回标量值(与标量表达式的数据类型相同)的任何函数。必须使用至少由两部分名称组成的函数来调用标量值函数,即架构名.对象名,如 DBO.getSname(@sno)。

【例 4.20】调用 getSname()函数,查找学号为 2015874144 的学生的姓名。

```
SELECT DBO.getSname ('2015874144') AS student_name
```

删除 getSname()函数:

```
DROP FUNCTION    DBO.getSname;
```

2. 内联表值函数

内联表值函数以表的形式返回一个返回值,即它返回的是一个表。内联表值函数没有由 BEGIN…END 语句括起来的函数体。其返回的表是由一个位于 RETURN 子句中的 SELECT 命令从数据库中筛选出来的。内联表值函数的功能相当于一个参数化的视图。

创建内联表值函数的格式如下:

```
CREATE FUNCTION [owner_name] function_name
    ([{@parameter_name [AS] scalar_parameter_date_type [=DEFAULT]}[,...n]])
    RETURNS TABLE
    [WITH ENCRYPTION]
    [AS]
    RETURN (select_statement)
```

【例 4.21】创建函数，根据给定学号和课程号查找选课信息。

```
CREATE FUNCTION getScore(@sno CHAR(10), @cno CHAR(5))
    RETURNS TABLE
    AS
    RETURN (
        SELECT sname AS 姓名, cname AS 课程, grade AS 成绩
        FROM student, course, score
        WHERE student.sno= score.sno AND course.cno= score.cno AND
            student.sno=@sno AND course.cno=@cno
    )
```

调用内联表值函数时不需要指定架构名。

查找学号为 2015874101 的学生选修课程号为 08181192 的信息。

```
SELECT 姓名,课程,成绩 FROM getScore('2015874101', '08181192')
```

3. 多语句表值函数

多语句表值函数可以看作标量函数和内联表值函数的结合体。它的返回值是一个表，但它和标量函数一样有一个用 BEGIN…END 语句括起来的函数体，返回值表中的数据是由函数体中的语句插入的。由此可见，它可以进行多次查询，对数据进行多次筛选与合并，弥补内联表值函数的不足。

创建多语句表值函数的格式如下：

```
CREATE FUNCTION [owner_name] function_name
    ([{@parameter_name [AS] scalar_parameter_date_type [=DEFAULT]}[,…n]])
    RETURNS @table_name TABLE(column_name [,…])
    [WITH ENCRYPTION]
    [AS]
    BEGIN
        select_statement
        RETURN
    END
```

其中，@table_name 为返回表的名称，column_name 的格式与 CREATE TABLE 中列的定义格式相同。

多语句表值函数包含多条 SQL 语句，其中至少有一条在表格变量中填上数据值。对表格变量中的行可执行 SELECT、INSERT、UPDATE、DELETE 语句，但 SELECT INTO 和 INSERT 语句的结果集是从存储过程插入的。

【例 4.22】创建函数，给定学生姓名，查找其所有的选课信息。

```
CREATE FUNCTION getScore_name(@name CHAR(20))
        RETURNS @score_name TABLE (xh char(10),xm char(20),kcmc char(20),cj int)
    AS
    BEGIN
        DECLARE @l_xh char(10)
        SELECT @l_xh=sno FROM student WHERE sname=@name
        INSERT INTO @score_name
            SELECT @l_xh, @name, cname, grade
                FROM course, score
```

WHERE course.cno=score.cno AND score.sno=@l_xh

    RETURN

     END

调用多语句表值函数和调用内联表值函数一样，调用时不需要指定架构名。

查询陈嘉宁同学的选课信息：

    SELECT * FROM getScore_name('陈嘉宁')

删除 getScore_name()函数：

    DROP FUNCTION getScore_name;

课堂练习

1．创建一个函数（f_Factorial），用来计算任意数的阶乘。

2．创建一个函数（f_AvgGrade），用来计算一门课的平均分，参数为课程名称。

3．创建一个函数（f_GradePoint），计算某学生选修某课程的绩点。参数为学生姓名、课程名称。假定绩点的计算方法如下：60 分以下绩点为 0，60～100 分的绩点为 1.0～5.0。

4.3　存储过程

存储过程（Stored Procedure）是在大型数据库系统中，一组为了完成特定功能的 SQL 语句集，存储在数据库中，经过第一次编译后再次调用时不需要再次编译。用户通过指定存储过程的名字并给出参数（如果该存储过程带有参数）来执行它。存储过程是数据库中的一个重要对象。

4.3.1　存储过程的特点和类型

1．存储过程的特点

（1）减少了服务器/客户端网络流量。

存储过程中的命令作为代码的单个批处理执行，可以显著减少服务器和客户端之间的网络流量。

（2）更强的安全性。

多个用户和客户端程序可以通过存储过程对基础数据库对象执行操作，即使用户和客户端程序对这些基础对象没有直接权限。过程控制执行哪些进程和活动，并且保护基础数据库对象。这消除了为单独的对象级别授予权限的要求，并且简化了安全层。

（3）代码的重复使用。

任何重复的数据库操作的代码都非常适合在存储过程中进行封装。这消除了不必要地重复编写相同的代码，降低了代码的不一致性，并且允许拥有所需权限的任何用户或应用程序访问和执行代码。

（4）更容易维护。

在客户端应用程序调用存储过程并且将数据库操作保持在数据层中时，对于基础数据库中的任何更改，只有存储过程是必须更新的。应用程序层保持独立，并且不必知道对数据库布局、关系或进程的任何更改的情况。

（5）改进的性能。

默认情况下，在首次执行过程时将编译过程，并且创建一个执行计划供以后的执行重复使用。因为查询处理器不必创建新计划，所以它通常用更少的时间来处理存储过程。

2. 存储过程的类型

SQL Server 中的存储过程可以分为 4 类：系统存储过程、用户定义存储过程、临时存储过程和扩展的用户定义存储过程。

（1）系统存储过程。

系统存储过程是 SQL Server 随附的。它们物理上存储在内部隐藏的 Resource 数据库中，但逻辑上出现在每个系统定义数据库和用户定义数据库的 sys 架构中。此外，msdb 数据库还在 dbo 架构中包含用于计划警报和作业的系统存储过程。因为系统存储过程以前缀 sp_开头，所以在命名用户定义过程时不要使用此前缀。SQL Server 支持在 SQL Server 和外部程序之间提供一个接口以实现各种维护活动的系统存储过程。这些扩展过程使用 xp_ 前缀。

（2）用户定义存储过程。

用户定义存储过程可在用户定义的数据库中创建，或者在除了 Resource 数据库之外的所有系统数据库中创建。该过程可在 Transact-SQL 中开发，或者作为对 Microsoft .NET Framework 公共语言运行时（CLR）方法的引用开发。

（3）临时存储过程。

临时存储过程是用户定义过程的一种形式。临时存储过程与永久存储过程相似，只是临时存储过程存储于 tempdb 中。临时存储过程有两种类型：本地存储过程和全局存储过程。它们在名称、可见性以及可用性上有区别。本地临时存储过程的名称以单个数字符号（#）开头；它们仅对当前的用户连接是可见的，当用户关闭连接时被删除。全局临时存储过程的名称以两个数字符号（##）开头，创建后对任何用户都是可见的，并且在使用该过程的最后一个会话结束时被删除。

（4）扩展的用户定义存储过程。

通过扩展的过程，可以使用 C 语言之类的编程语言创建外部例程。这些过程是 SQL Server 实例可以动态加载和运行的 DLL。

4.3.2 存储过程的创建和执行

1. 存储过程的创建

通过 T-SQL 的 CREATE PROCEDURE 语句创建存储过程。在创建存储过程时，需要注意下列事项：

（1）只能在本地数据库中创建存储过程。CREATE PROCEDURE 定义自身可以包括任意数量和类型的 T-SQL 语句，但表 4.16 中的语句除外。

（2）可以引用在同一存储过程中创建的对象，只要引用时已经创建了该对象即可。

（3）可以在存储过程内引用临时表。

（4）如果在存储过程内创建本地临时表，则临时表仅为该存储过程而存在，退出该存储过程后临时表将消失。

（5）如果执行的存储过程将调用另一个存储过程，则被调用的存储过程可以访问由第一个存储过程创建的所有对象，包括临时表在内。

（6）存储过程中的参数的最大数目为 2100。

（7）存储过程中的局部变量的最大数目仅受可用内存的限制。

（8）根据可用内存的不同，存储过程最大可达 128MB。

表 4.16 CREATE PROCEDURE 定义中不能出现的语句

语句	语句
CREATE AGGREGATE	CREATE RULE
CREATE DEFAULT	CREATE SCHEMA
CREATE 或 ALTER FUNCTION	CREATE 或 ALTER TRIGGER
CREATE 或 ALTER PROCEDURE	CREATE 或 ALTER VIEW
SET PARSEONLY	SET SHOWPLAN_ALL
SET SHOWPLAN_TEXT	SET SHOWPLAN_XML
USE Database_name	

创建存储过程的语法格式如下：

```
CREATE { PROC | PROCEDURE } [schema_name.] procedure_name
    [ { @parameter   data_type }
    [ VARYING ] [ = default ] [ OUT | OUTPUT ] [READONLY] ] [ ,...n ]
    [ WITH [ ENCRYPTION ] [ RECOMPILE ] [ EXECUTE AS Clause ][ ,...n ] ]
    [ FOR REPLICATION ]
    AS { [ BEGIN ]
    sql_statement [;] [ ...n ]
    [ END ] }
    [;]
```

各参数的含义如表 4.17 所示。

表 4.17 CREATE PROCEDURE 参数说明

参数	说明
procedure_name	过程所属架构的名称。过程是绑定到架构的。如果在创建过程时未指定架构名称，则自动分配正在创建过程的用户的默认架构。过程名称必须遵循有关标识符的规则，并且在架构中必须唯一
@parameter	通过将@符号用作第一个字符来指定参数名称。可声明一个或多个参数；最大值是 2100。如果指定了 FOR REPLICATION，则无法声明参数
data_type	参数的数据类型。在存储过程中，所有的数据类型包括 text、ntext 和 image 都可被用作参数，但 cursor 游标数据类型只能用于 OUTPUT 参数。如果指定的数据类型为 cursor，则必须同时指定 VARYING 和 OUTPUT 关键字
VARYING	指定作为输出参数支持的结果集。该参数由过程动态构造，其内容可能发生改变。仅适用于 cursor 参数。该选项对于 CLR 过程无效
default	参数的默认值。如果定义了默认值，那么即使不给出参数值，该存储过程仍能被调用。默认值必须是常数或空值。如果存储过程使用带 LIKE 关键字的参数，则可包含下列通配符：%、_、[]、[^]
OUT	OUTPUT	指示参数是输出参数。使用 OUTPUT 参数将值返回给过程的调用方。OUT 是 OUTPUT 的简写形式。text 类型参数不能用作 OUTPUT 参数

参数	描述
READONLY	指示不能在过程的主体中更新或修改参数。如果参数类型为表值类型，则必须指定 READONLY
ENCRYPTION	指示 SQL Server 将 CREATE PROCEDURE 语句的原始文本转换为模糊格式
RECOMPILE	指示数据库引擎不缓存此过程的查询计划，这强制在每次执行此过程时都对该过程进行编译
EXECUTE AS Clause	指定在其中执行过程的安全上下文
FOR REPLICATION	指定为复制创建该过程。本选项不能和 WITH RECOMPILE 选项一起使用
BEGIN ... END	构成过程主体的一个或多个 T-SQL 语句

上述创建存储过程的语法需要确定以下 3 个组成部分：

（1）所有输入参数以及传给调用者的输出参数。

（2）被执行的针对数据库的操作语句，包括调用其他存储过程的语句。

（3）返回给调用者的状态值，以指明调用是成功还是失败。

【例 4.23】创建一个不带参数的存储过程 P0，从学生表、选课表中返回每位学生选修课程的平均分。

使用 CREATE PROCEDURE 语句如下：

```
CREATE PROCEDURE P0
AS
    SELECT student.sno, AVG(score.grade) AS AvgGrade
        FROM student, score
        WHERE student.sno = score.sno
        GROUP BY student.sno
```

【例 4.24】创建一个带参数的存储过程 P1，若某教师辞职，则删除该教师的所有信息，且找另外一个老师接手其工作。

```
CREATE PROCEDURE P1
    @tno_1 CHAR(4), @tno_2 CHAR(4)
AS
BEGIN
    UPDATE department
        SET dean =@tno_2
        WHERE dean = @tno_1
    UPDATE course
        SET tno = @tno_2
        WHERE tno = @tno_1
    DELETE FROM teacher
        WHERE tno = @tno_1
END
```

其中，参数@tno_1 为要辞职的老师的工号，@tno_2 为接手工作的老师的工号。department 表的 dean 字段和 course 表的 tno 字段的内容由@tno_1 替换为@tno_2，并在 teacher 表中删除掉@tno_1 老师的记录。

2. 存储过程的执行

对存储在数据库中的存储过程，可以通过执行 EXECUTE（或 EXEC）命令或直接按存储过程名称执行。同时，执行存储过程必须具有执行该过程的权限许可。如果存储过程是批处理中的第一条语句，则 EXECUTE 命令可以省略。

执行存储过程的语法格式如下：

```
[[EXECUTE]] { [@return_status=]
procedure_name [;number]|@procedure_name_var }
[[@parameter=]{value|@variable [OUTPUT][DEFAULT]]
[,...n]
[WITH RECOMPILE]
```

EXECUTE 的参数说明如表 4.18 所示。

表 4.18　EXECUTE 的参数说明

参数	说明
@return_status	一个可选的整型变量，用于保存存储过程的返回状态，这个变量必须在执行存储过程之前声明，0 表示成功执行；-1～-99 表示执行出错。调用存储过程的批处理或应用程序可对该状态值进行判断，以便转至不同的处理流程
number	分组号，用来对同名的过程分组
@procedure_name_var	一个局部变量，用于代替存储过程名称
@parameter、value	过程参数及其值。在给定参数值时，如果没有指定参数名，那么所有参数值都必须以 CREATE PROCEDURE 语句中定义的顺序给出；若使用"@参数名=参数值"的格式，则参数值无需严格按定义时的顺序出现；只要有一个参数使用了"@参数名=参数值"的格式，则所有的参数都必须使用这种格式
@variable	用来保存参数或者返回参数的变量
OUTPUT	指定存储过程必须返回一个参数。如果该参数在 CREATE PROCEDURE 语句中不是定义为 OUTPUT，则存储过程不能执行；如果指定 OUTPUT 参数的目的是为了使用其返回值，那么参数传递必须使用变量，即要用"@参数名=@参数变量"这种格式
WITH RECOMPILE	为强制重新编译存储过程代码，若无需要，尽量少用该选项，因为它消耗较多的系统资源

【例 4.25】执行例 4.23 和例 4.24 所创建的存储过程 P0 和 P1。

```
EXECUTE P0
EXECUTE P1 '0128', '0129'
```

P1 的执行结果是工号为 0129 的老师接手工号为 0128 的老师的工作。

4.3.3　存储过程的参数和执行状态

存储过程的优势不仅在于存储在服务器端、运行速度快，而且可以实现存储过程与调用者之间数据的传递。本节将学习如何在存储过程中使用参数，包括输入参数和输出参数，以及参数的默认值等。

1. 存储过程的参数

SQL Server 存储过程的参数类型有输入参数和输出参数，其中：

①输入参数允许用户将数据值传递到存储过程或函数。

②输出参数允许存储过程将数据值或游标变量传递给用户。

③每个存储过程向用户返回一个整数代码，如果存储过程没有显式设置返回代码的值，则返回代码为 0。

存储过程的参数由存储过程在创建时指定。存储过程的参数在创建时应在 CREATE PROCEDURE 和 AS 关键字之间定义，每个参数都要指定参数名和数据类型，参数名必须以@符号为前缀，可以为参数指定默认值；如果是输出参数，则应用 OUTPUT 关键字描述。各个参数定义之间用逗号隔开。

（1）输入参数。

输入参数指在存储过程中有一个条件，在执行存储过程时为这个条件指定值，通过存储过程返回相应的信息。使用输入参数可以向同一存储过程多次查找数据库。

【例 4.26】创建带有两个输入参数的存储过程 P2，输入学院名称和课程名称，检索该学院没有参加该课程考试的学生。

```
CREATE PROCEDURE P2
@kcmc VARCHAR(20), @xymc VARCHAR(20)
AS
BEGIN
    SELECT * FROM student WHERE depart=
        (SELECT no FROM department WHERE name=@xymc)
    AND
        sno NOT IN
            (SELECT sno FROM score WHERE cno IN
                (SELECT cno FROM course WHERE cname=@kcmc))
END
```

P2 存储过程以@kcmc 和@xymc 变量作为过程的输入参数，在 SELECT 查询语句中分别对应 course 表中的 cname 和 department 表中的 name，变量的数据类型因而与表中的字段类型保持一致。

执行带输入参数的存储过程时，SQL Server 提供了以下两种传递参数的方式：

1）位置标识。这种方式是在执行存储过程的语句中省略参数名，直接给出参数的值。当有多个参数时，给出的参数的顺序与创建存储过程的语句中的参数的顺序一致，即参数传递的顺序就是参数定义的顺序（除非在定义过程时参数指定了默认值）。

例如，查询"信息工程学院"没有选修"数据库原理"的学生：

```
EXECUTE P2 '数据库原理','信息工程学院'
```

2）名字标识。也叫显式标识。这种方式是在执行存储过程的语句中使用"参数名=参数值"的形式给出参数值。通过参数名传递参数的好处是，参数可以以任意顺序给出。

例如，执行以下语句：

```
EXECUTE P2 @kcmc ='数据库原理', @xymc ='信息工程学院'
EXECUTE P2 @xymc ='信息工程学院',@kcmc ='数据库原理'
```

按位置传递参数具有更快的速度，按名字传递参数比按位置传递参数具有更大的灵活性，但一旦使用了按名字传递参数的形式后，后续所有的参数都必须以'@name=value'的形式传递。

（2）输出参数。

如果要在存储过程中传回值给调用者，则可在参数名称后使用 OUTPUT 关键字。同时，为了使用输出参数，必须在创建和执行存储过程时都使用 OUTPUT 关键字。

【例 4.27】创建带有一个输入参数和一个输出参数的存储过程 P3，输入学生的学号，返回姓名。

```
CREATE PROCEDURE P3
    @xh CHAR(10), @xm CHAR(20) OUTPUT
AS
BEGIN
  SELECT @xm=sname
      FROM student
      WHERE sno = @xh
END
```

以上创建的存储过程中，输入参数为@xh 变量，在执行时将"学号"值传递给存储过程。输出参数为@xm 变量，是存储过程执行后将@xh 表示的学生姓名返回给调用者的变量。调用者使用该存储过程时，必须首先声明一个变量，用于接收该输出变量返回的值。执行该存储过程的语句如下：

```
DECLARE @xsxm CHAR(20)
EXECUTE P3 '2015874103', @xsxm OUTPUT
SELECT @xsxm
```

在上面的程序代码中首先声明@xsxm 变量，并将其类型设为与存储过程参数对应的数据类型，然后按参数传递方式执行此存储过程，最后输出由@xsxm 变量从存储过程返回而得到的值。在存储过程和调用程序中为 OUTPUT 使用不同名称的变量是为了便于理解，也可以使用相同名称的变量。

【例 4.28】创建带有多个输入参数和多个输出参数的存储过程 P4，输入学生的学号和课程号，返回姓名和成绩。

```
CREATE PROCEDURE P4
    @xh CHAR (10), @kch CHAR (10),@xm CHAR (20) OUTPUT, @cj INT OUTPUT
AS
BEGIN
  SELECT @xm=sname FROM student WHERE sno = @xh
  SELECT @cj = grade FROM score
        WHERE sno=@xh AND cno=@kch
END
```

执行该存储过程的语句如下：

```
DECLARE @xm CHAR(10),@cj INT
EXECUTE P4 '2015874143', '08181170', @xm OUTPUT, @cj OUTPUT
PRINT @xm
PRINT @cj
```

2. 存储过程的执行状态

在存储过程中，使用 RETURN 关键字可以无条件退出存储过程以回到调用程序，也可用于退出处理。存储过程执行到 RETURN 语句即停止执行，并回到调用程序中的下一个语句，因而可以使用 RETURN 传回存储过程的执行状态。

传回的值是一个整数，常数或变量皆可。如果存储过程没有使用 RETURN 显式指定执行状态，则 SQL Server 返回代码 0 表示执行成功；否则返回-1～-99 之间的整数，表示执行失败。

【例 4.29】修改例 4.28 中的存储过程，分 3 种情况返回不同的执行状态：如果输入空的学号参数值，则返回执行状态-1；如果在 student 表中不存在指定学号的学生，则返回执行状态-2；除前两种情况之外（即找到了指定学号的学生），则返回执行状态 0，表示执行正常。

修改此存储过程的语句如下：

```
CREATE PROCEDURE P3_1
    @xh CHAR(10) = NULL, @xm CHAR(20) OUTPUT
AS
BEGIN
IF @xh IS NULL
RETURN -1
SELECT @xm=sname
    FROM student
    WHERE sno = @xh
IF @xm IS NULL
RETURN -2
RETURN 0
END
```

执行此存储过程时，要正确接收返回的状态，必须使用以下语句形式：

```
EXECUTE @status_var = 过程名称
```

其中，@status_var 变量必须在执行存储过程之前声明，由其接收返回的执行状态值。因此，要执行上面的存储过程可以输入以下语句：

```
DECLARE @status_return int
DECLARE @xsxm CHAR(20)
EXECUTE @status_return = P3_1 '2015874103', @xsxm OUTPUT
IF @status_return = -1
    PRINT '没有输入学号！'
  ELSE
    IF @status_return = -2
        PRINT '找不到该学号的学生'
  ELSE
        PRINT @xsxm
```

4.3.4　存储过程的管理

1. 存储过程的查看

SQL Server 中，根据不同的需要，可以使用 sp_helptext、sp_depends、sp_help 等系统存储过程来查看存储过程的不同信息。这 3 个系统存储过程的具体作用和语法如表 4.19 所示。

表 4.19　查看存储过程信息的系统存储过程

系统存储过程	作用	使用语法
sp_helptext	查看存储过程的文本信息	sp_helptext　[@objname=] 存储过程名
sp_depends	查看存储过程的相关性	sp_depends　[@objname=] 存储过程名
sp_help	查看存储过程的一般信息	sp_help　[@objname=] 存储过程名

2. 存储过程的修改

修改存储过程使用的是 ALTER PROCEDURE 语句，实际上是完全替换现有的存储过程。所有 ALTER PROCEDURE 语句与 CREATE PROCEDURE 语句的唯一不同是 ALTER 和 CREATE，它们的区别如下：

- ALTER PROCEDURE 期望找到一个已存在的过程，而 CREATE 不是。
- ALTER PROCEDURE 保留了过程上已经建立好的任何权限。
- ALTER PROCEDURE 在可能调用被修改的过程的其他对象上保留了任何依赖信息。

可以用系统存储过程 sp_rename 重命名存储过程，语法格式如下：

sp_rename ' *procedure_name* ', ' *procedure_name_new* '

参数说明：

① ' procedure_name '：表示存储过程的旧名称。

② ' procedure_name_new '：表示存储过程的新名称。

3. 存储过程的删除

当不再使用一个存储过程时，就要把它从数据库中删除。

使用 DROP PROCEDURE 语句可永久性地删除存储过程。在此之前，必须确定该存储过程没有任何依赖关系。其语法格式如下：

DROP PROC[EDURE] { *procedure_name* } [,...*n*]

参数说明：procedure_name 表示要删除的存储过程或存储过程组的名称。

DROP PROCEDURE 语句可以一次从当前数据库中将一个或多个存储过程或过程组删除。存储过程分组后，将无法删除组内的单个存储过程。删除一个存储过程会将同一组内的所有存储过程都删除。

【例 4.30】删除存储过程 P1 和 P2。

DROP PROCEDURE P1,P2

如果另一个存储过程调用某个已删除的存储过程，则 SQL Server 会在执行该调用过程时显示一条错误信息。但如果定义了同名和参数相同的新存储过程来替换已删除的存储过程，那么引用该过程的其他过程仍能顺利执行。在删除存储过程之前，可以先确认系统 sysobjects 中是否存在这一存储过程，然后再删除。

课堂练习

1. 创建存储过程（P_EX_1），某学生退学，删除其所有信息。

2. 创建存储过程（P_EX_2），某课程分数清零。

3. 创建存储过程（P_EX_3），给定老师姓名，删除关于该老师的选课记录。存储过程的参数为老师姓名，返回删除记录的个数。

4. 创建存储过程（P_EX_4），给定老师姓名，把 score 表中该老师授课成绩低于 60 分的改为 0 分，返回修改记录的个数。

5. 创建存储过程（P_EX_5），给定学号、课程号和成绩，如果在 score 表中有该选课记录，则更新该选课的成绩；如果没有，则在 score 表中插入一条新记录。数据更新成功，返回 1；数据更新失败，返回 -1。

4.4　触发器

4.4.1　触发器简介

触发器（Trigger）是数据库中一种特殊类型的存储过程，不能由用户直接调用，主要是通过事件进行触发而被动执行，其中事件可以是 DML、DDL 和登录（与 SQL Server 实例建立用户会话）。它是一个在修改指定表中的数据时执行的存储过程。可以通过创建触发器来强制实现不同表中的逻辑相关数据的引用完整性或者一致性。用户可以用它来强制实施复杂的业务规则，以此确保数据的完整性。

触发器不但可以完成存储过程能完成的功能，而且具有自己显著的特点：

（1）触发器与表紧密相连，可以看作表定义的一部分。触发器是基于一个表创建的，但是可以针对多个表进行操作，实现数据库中相关表的级联更改。

（2）触发器不能被显式调用，触发器是在事件满足触发器定义的条件时自动调用，而存储过程是需要用户、程序来显式调用执行。

（3）一个表中可以存在多个同类触发器（INSERT、UPDATE 或 DELETE），对于同一个修改语句可以有多个不同的对策予以响应。

（4）触发器可以评估数据修改前后的表状态，并根据其差异采取对策。

（5）强制参照完整性。跨数据库或服务器的参照完整性不能用外键来实现，可以用触发器实现。

（6）触发器可以用于数据库的约束、默认值和规则的完整性检查，实施更为复杂的数据完整性约束。在数据库中为了实现数据完整性约束，可以使用 CHECK，但 CHECK 约束不允许引用其他表中的列来完成检查工作，而触发器可以跨表、跨数据库甚至跨服务器使用。

（7）创建审计跟踪：撤销或回滚违法操作，防止非法数据修改。

4.4.2　触发器分类

根据触发器的触发事件，可以将触发器分成三种类型：DML 触发器、DDL 触发器和登录触发器。

（1）DML 触发器。

DML 发生数据操纵语言（DML）事件时自动生效，以便影响触发器中定义的表或视图。DML 事件包括 INSERT、UPDATE 或 DELETE 语句。

DML 触发器可用于强制业务规则和数据完整性、查询其他表并包括复杂的 T-SQL 语句。

对于 DML 触发器，将触发器和触发它的语句作为可在触发器内回滚的单个事务对待。如果检测到错误（例如磁盘空间不足），则整个事务即自动回滚。

DML 触发器语句使用两种特殊的表：deleted 表和 inserted 表。SQL Server 会自动创建和管理这两种表。可以使用这两种驻留内存的临时表来测试特定数据修改的影响以及设置 DML 触发器操作条件，但不能直接修改表中的数据或对表执行数据定义语言（DDL）操作，例如 CREATE INDEX。

在 DML 触发器中，inserted 和 deleted 表主要用于执行以下操作：

- 扩展表之间的引用完整性。
- 在以视图为基础的基本表中插入或更新数据。
- 检查错误并采取相应的措施。
- 找出数据修改前后表的状态差异并基于该差异采取相应的措施。

deleted 表用于存储 DELETE 和 UPDATE 语句所影响的行。在执行 DELETE 或 UPDATE 语句的过程中，行从触发器表中删除，并传输到 deleted 表中。deleted 表和触发器表通常没有相同的行。

inserted 表用于存储 INSERT 和 UPDATE 语句所影响的行的副本。在执行插入或更新事务的过程中，新行会同时添加到 inserted 表和触发器表中。inserted 表中的行是触发器表中的新行的副本。

对于 UPDATE 操作都涉及上述两个虚拟表，因为一个典型的 UPDATE 事务实际上由两个操作组成：首先，旧的数据记录从基本表中转移到 delete 表中，前提是这个过程没有出错；紧接着将新的数据行同时插入基本表和 inserted 表中。

表 4.20 所示是对上述两个虚拟表在 3 种不同的数据操作过程中记录发生情况的说明。

表 4.20　deleted、inserted 表在执行触发器时记录发生情况

T-SQL 语句	deleted 表	inserted 表
INSERT	空	新增加的记录
UPDATE	旧记录	新记录
DELETE	删除的记录	空

（2）DDL 触发器。

DDL 触发器用于创建、修改或删除数据库对象的数据库或服务器操作，或确保在 DDL 语句运行之前强制实施业务规则。

激发 DDL 触发器，以响应各种数据定义语言（DDL）事件，这些事件主要与以关键字 CREATE、ALTER、DROP、GRANT、DENY、REVOKE 或 UPDATE STATISTICS 开头的 T-SQL 语句对应。比如在数据库上创建表的 DDL 事件为 CREATE_TABLE。执行 DDL 式操作的系统存储过程也可以激发 DDL 触发器。

（3）登录触发器。

登录触发器将为响应 LOGON 事件而激发存储过程。与 SQL Server 实例建立用户会话时将引发此事件。

登录触发器将在登录的身份验证阶段完成之后且用户会话实际建立之前激发。因此，来自触发器内部且通常将到达用户的所有消息（例如错误消息和来自 PRINT 语句的消息）会传送到 SQL Server 错误日志。如果身份验证失败，将不激发登录触发器。

可以使用登录触发器来审核和控制服务器会话，例如通过跟踪登录活动、限制 SQL Server 的登录名或限制特定登录名的会话数。

按触发器被激活的时机可以分为以下两种类型：

（1）AFTER 触发器。

AFTER 触发器又称为后触发器，该类触发器是在触发动作之后再触发，可视为控制触发

器激活时间的机制。在引起触发器执行的更新语句成功完成之后执行。如果更新语句因错误（如违反约束或语法错误）而失败，触发器将不会执行。

此类触发器只能定义在表上，不能创建在视图上。可以为每个触发操作（如 INSERT、UPDATE 或 DELETE）创建多个 AFTER 触发器。

（2）INSTEAD OF 触发器。

INSTEAD OF 触发器又称为替代触发器，将在数据变动以前被触发，该类触发器代替触发操作执行。

该类触发器既可在表上定义，也可在视图上定义。对于每个触发操作（INSERT、UPDATE 和 DELETE）只能定义一个 INSTEAD OF 触发器。

4.4.3　创建触发器

根据触发器的分类，分别介绍这三类触发器的创建。创建触发器需要使用 CREATE TRIGGER 语句。

（1）创建 DML 触发器。

用于表或视图上的 INSERT、UPDATE 和 DELETE 事件，其基本语法如下：

```
CREATE TRIGGER [ schema_name. ]trigger_name
    ON { table | view }
    [ WITH [ ENCRYPTION ] [ EXECUTE AS Clause ] ]
    { FOR | AFTER | INSTEAD OF }
    { [ INSERT ] [ , ] [ UPDATE ] [ , ] [ DELETE ] }
    [ NOT FOR REPLICATION ]
    AS { sql_statement   [ ; ] [ ,...n ] }
```

（2）创建 DDL 触发器。

用于服务器或数据库上的 CREATE、ALTER、DROP、GRANT、DENY、REVOKE 和 UPDATE STATISTICS 等事件。其基本语法如下：

```
CREATE TRIGGER trigger_name
    ON { ALL SERVER | DATABASE }
    [ WITH [ ENCRYPTION ] [ EXECUTE AS Clause ] ]
    { FOR | AFTER } { event_type | event_group } [ ,...n ]
    AS { sql_statement   [ ; ] [ ,...n ]   [ ; ] }
```

（3）创建登录触发器。

用于用户与 SQL Server 实例建立会话的 LOGON 事件，其基本语法如下：

```
CREATE TRIGGER trigger_name
    ON ALL SERVER
    [ WITH [ENCRYPTION ] [ EXECUTE AS Clause ] ]
    { FOR| AFTER } LOGON
    AS { sql_statement   [ ; ] [ ,...n ] [ ; ] }
```

其中，各参数的含义如表 4.21 所示。

【例 4.31】在 student 表上建立一个名为 tr_InsertCourse 的触发器，当在 student 表中插入一个学生信息时，假定该同学会选修所有课程，同时在 score 表中插入该同学的选修信息。

```
CREATE TRIGGER tr_InsertCourse
    ON student
```

```
            FOR INSERT
        AS
            BEGIN
                DECLARE @xh VARCHAR(10)
                SELECT @xh=sno FROM inserted
                INSERT INTO score(sno,cno)
                    SELECT @xh, cno FROM course
            END
```

表 4.21　CREATE TRIGGER 的参数说明

参数	说明
schema_name	DML 触发器所属架构的名称。不能为 DDL 或登录触发器指定 schema_name。DML 触发器的作用域是为其创建该触发器的表或视图的架构
trigger_name	触发器的名称，不能以 # 或 ## 开头
table | view	对其执行 DML 触发器的表或视图有时称为触发器表或触发器视图。可以根据需要指定表或视图的完全限定名称。视图只能被 INSTEAD OF 触发器引用。不能对局部或全局临时表定义 DML 触发器
DATABASE	将 DDL 触发器的作用域应用于当前数据库。如果指定了此参数，则只要当前数据库中出现 event_type 或 event_group，就会激发该触发器
ALL SERVER	将 DDL 或登录触发器的作用域应用于当前服务器。如果指定了此参数，则只要当前服务器中的任何位置上出现 event_type 或 event_group，就会激发该触发器
WITH ENCRYPTION	对 CREATE TRIGGER 语句的文本进行模糊处理。使用 WITH ENCRYPTION 可以防止将触发器作为 SQL Server 复制的一部分进行发布
EXECUTE AS	指定用于执行该触发器的安全上下文
FOR | AFTER	AFTER 指定 DML 触发器仅在触发 SQL 语句中指定的所有操作都已成功执行时才被触发。所有的引用级联操作和约束检查也必须在激发该触发器之前成功完成。如果仅指定 FOR 关键字，则 AFTER 为默认值。不能对视图定义 AFTER 触发器
INSTEAD OF	指定执行 DML 触发器而不是触发 SQL 语句，因此其优先级高于触发语句的操作。对于表或视图，每个 INSERT、UPDATE 或 DELETE 语句最多可定义一个 INSTEAD OF 触发器。不能为 DDL 或登录触发器指定 INSTEAD OF
{ [DELETE] [,] [INSERT] [,] [UPDATE] }	指定数据修改语句，这些语句可在 DML 触发器对此表或视图进行尝试时激活该触发器。必须至少指定一个选项。在触发器定义中允许使用上述选项的任意顺序组合
event_type	执行之后将导致激发 DDL 触发器的 Transact-SQL 语言事件的名称
event_group	预定义的 T-SQL 语言事件分组的名称。执行任何属于 event_group 的 T-SQL 语言事件之后，都将激发 DDL 触发器
NOT FOR REPLICATION	指示当复制代理修改涉及触发器的表时，不应执行触发器
sql_statement	触发条件和操作。触发器条件指定其他标准，用于确定尝试的 DML、DDL 或 LOGON 事件是否导致执行触发器操作

【例 4.32】在 student 表上创建一个触发器，向 student 表中插入或删除数据时输出插入或删除行的学生学号（sno）和姓名（sname）。T-SQL 语句如下：

```
CREATE TRIGGER tr_student_1 ON student
FOR INSERT, DELETE
AS
BEGIN
    IF NOT EXISTS (SELECT * FROM DELETED)
        SELECT sno,sname FROM INSERTED
    ELSE
        SELECT sno,sname FROM DELETED;
END
```

　　该触发器的触发事件是 INSERT 和 DELETED，IF NOT EXISTS 用于判断 DELETED 表中是否有数据行返回，如果有数据行返回，那么当前操作就是删除；如果没有数据行返回，那么当前操作是插入。

　　【例 4.33】创建一个 DDL 触发器来防止从数据库中删除任何表。T-SQL 语句如下：

```
CREATE TRIGGER tr_safety
ON DATABASE
FOR DROP_TABLE
AS
BEGIN
    RAISERROR ('触发器"tr_safety"禁止从当前数据库中删除表!',10, 1)
    ROLLBACK
END
```

　　在该触发器中，ON DATABASE 表示触发器的作用域是数据库，FOR DROP_TABLE 表示触发事件是删除表。ROLLBACK 表示撤消当前触发事件，即撤消删除表的操作。RAISERROR 用于将 SQL Server 数据库引擎生成的系统错误或警告消息返回到应用程序中。RAISERROR 的基本语法如下：

```
RAISERROR (msg_str,{ ,severity ,state }
```

　　各参数的含义如下：

　　①msg_str：错误消息字符串，包含关于错误原因的诊断信息。

　　②severity：用户定义的与该消息关联的严重级别。任何用户都可以指定 0～18 之间的严重级别，数字越大，错误越严重。

　　③state：0～255 之间的整数。如果在多个位置引发相同的用户定义错误，则针对每个位置使用唯一的状态号有助于找到引发错误的代码段。

　　上述的触发器创建后，如果执行下列语句：

```
DROP TABLE student
```

则会出现下面的错误信息：

```
触发器"tr_safety"禁止从当前数据库中删除表!
消息 3609，级别 16，状态 2，第 1 行
```

　　事务在触发器中结束。批处理已终止。

　　【例 4.34】为 score 表建立一个名为 tr_CheckGrade 的触发器，作用是当修改课程成绩时，检查输入的成绩是否在有效范围 0～100 内。

　　T-SQL 语句如下：

```
CREATE TRIGGER tr_CheckGrade
    ON score
```

```
        FOR UPDATE
    AS
      BEGIN
        DECLARE @cj int
        SELECT @cj=inserted.grade FROM inserted
        IF (@cj<0 OR @cj>100)
        BEGIN
          RAISERROR ('成绩的取值必须在 0 到 100 之间', 16, 1)
          ROLLBACK TRANSACTION
        END
      END
```

【例 4.35】为课程表 course 建立一个名为 tr_DelCourse 的触发器，作用是当删除课程表中的记录时，同时删除 score 表中与该课程编号相关的记录。

创建 DelCourse 触发器的 T-SQL 语句如下：

```
    CREATE TRIGGER tr_DelCourse
      ON course
      FOR DELETE
      AS
        DELETE score
          WHERE cno
          IN (SELECT cno FROM deleted)
```

由于 course 表和 score 表有外键联系，tr_DelCourse 不能正常触发，因为主记录的子记录不存在级联删除操作时，对主记录的删除会引发错误。

如果把 tr_DelCourse 修改为 INSTEAD OF 触发器，能正常被触发吗？

4.4.4　管理触发器

1. 修改、删除触发器

当已经创建的触发器不满足应用需求时，可以修改触发器，修改触发器的语法只是把创建触发器语法中的 CREATE 换成 ALTER，其余参数不变，各参数的意义和创建触发器的语法相同。

当触发器不再使用时，可将其删除，删除触发器不会影响其操作的表，但当某个表被删除时，该表上的触发器也同时被删除。删除 DML 触发器可用 DROP TRIGGER 语句，语法如下：

```
    DROP TRIGGER trigger_name [, ... n]
```

删除 DDL 触发器的语法：

```
    DROP TRIGGER trigger_name [, ... n] ON{DATABASE | ALL SERVER}[;]
```

删除登录触发器的语法：

```
    DROP TRIGGER trigger_name [, ... n] ON ALL SERVER}
```

其中 trigger_name 为要删除的触发器名称。ON 后面的参数指定触发器作用的对象，表示是数据库 DATABASE 还是服务器 ALL SERVER。

例如要删除例 4.33 中的触发器 tr_safety，可以使用下列语句：

```
DROP TRIGGER tr_safety
```

2．禁用触发器

触发器创建之后便启用了，如果不想删除触发器，而只是暂时不让触发器起作用，可以将其禁用。触发器禁用后并没有被删除，在数据库中仍然存在，只是不会被执行。禁用触发器的语法如下：

```
DISABLE TRIGGER { [ schema_name . ] trigger_name [ ,...n ] | ALL }
    ON { object_name | DATABASE | ALL SERVER } [ ; ]
```

其中各参数的含义如表 4.22 所示。

表 4.22　DISABLE TRIGGER 的参数说明

参数	说明
chema_name	触发器所属架构的名称。不能为 DDL 或登录触发器指定 schema_name
trigger_name	要禁用的触发器的名称
ALL	指示禁用在 ON 子句作用域中定义的所有触发器
object_name	要对其创建要执行的 DML 触发器 trigger_name 的表或视图的名称
DATABASE	对于 DDL 触发器，指示所创建或修改的 trigger_name 将在数据库范围内执行
ALL SERVER	对于 DDL 触发器，指示所创建或修改的 trigger_name 将在服务器范围内执行。ALL SERVER 也适用于登录触发器

例如要禁用 student 表上的所有触发器，可执行下面的语句：

```
DISABLE TRIGGER ALL ON student
```

3．查看触发器

SQL Server 有专门查看触发器属性信息的系统存储过程 sp_helptrigger，其语法格式如下：

```
sp_helptrigger [ @tabname = ] 'table' [ , [ @triggertype = ] 'type' ]
```

参数说明：

① [@tabname =] 'table'：表示当前数据库中表的名称，将返回该表的触发器信息。

② [@triggertype =] 'type'：表示触发器的类型，将返回此类型触发器的信息。其值可以是 INSERT、DELETE 和 UPDATE。

【例 4.36】查看 student 表上存在的触发器的属性信息。

完成操作的语句如下：

```
EXEC sp_helptrigger student
```

4．重命名触发器

修改触发器的名称可以使用系统存储过程 sp_rename，其语法格式如下：

```
sp_rename triggername, triggername_new
```

参数说明：

① triggername：表示原触发器的名称。

② triggername_new：表示新触发器的名称。

课堂练习

1．在 student 表上建立触发器：当删除某学生时，一同删除该学生的选课信息。

2. 在 teacher 表上建立触发器：当删除某老师时，如果该老师有上课信息，则置为 NULL；如果该老师是某个学院的院长，则该信息置为 NULL。

4.5　游标

4.5.1　游标简介

在数据库开发过程中，当检索的数据只是一条记录时，你所编写的事务语句代码往往使用 SELECT INSERT 语句。但是要从某一结果集中逐一地读取一条记录，应该如何解决呢？游标为我们提供了一种极为优秀的解决方案。

在数据库中，游标是一个十分重要的概念。它提供了一种对从表中检索出的数据进行操作的灵活手段。就本质而言，游标实际上是一种能从包括多条数据记录的结果集中每次提取一条记录的机制。游标总是与一条 T-SQL 选择语句相关联，因为游标由结果集（可以是零条、一条或由相关的选择语句检索出的多一条记录）和结果集中指向特定记录的游标位置组成。当决定对结果集进行处理时，必须声明一个指向该结果集的游标。游标能够实现按与传统程序读取平面文件类似的方式处理来自基本表的结果集，从而把表中的数据以平面文件的形式呈现给程序。

游标有以下几个特点：

（1）游标允许应用程序对查询语句 SELECT 返回的行结果集中的每一行进行相同或不同的操作，而不是一次对整个结果集进行同一种操作。

（2）游标提供对基于游标位置对表中数据进行删除或更新的能力。

（3）游标把作为面向集合的数据库管理系统和面向行的程序设计两者联系起来，使两个数据处理方式能够进行沟通。

（4）游标主要用于存储过程、触发器和 T-SQL 脚本中，在查看或处理结果集中的数据时，可以在结果集中向前或向后浏览数据行。

MS SQL Server 支持三种游标实现：T-SQL 游标、API 服务器游标和客户游标。

（1）T-SQL 游标。

T-SQL 游标由 DECLARE CURSOR 语法定义，主要用在 T-SQL 脚本、存储过程和触发器中。T-SQL 游标主要用在服务器上，由从客户端发送给服务器的 T-SQL 语句或批处理、存储过程、触发器中的 T-SQL 进行管理。T-SQL 游标不支持提取数据块或多行数据。

（2）API（应用程序编程接口）服务器游标。

支持 OLE DB、ODBC 和 DB_library 中的 API 游标函数。API 服务器游标在服务器上实现。每一次客户端应用程序调用 API 游标函数，MS SQL Server 的 OLE DB 提供者、ODBC 驱动器或 DB_library 的动态链接库（DLL）都会将这些客户请求传送给服务器以对 API 游标进行处理。

（3）客户端游标。

由 SQL Server Native Client ODBC 驱动程序和实现 ADO API 的 DLL 在内部实现。客户端游标通过在客户端高速缓存所有结果集行来实现。每次客户端应用程序调用 API 游标函数时，

SQL Server Native Client ODBC 驱动程序或 ADO DLL 会对客户端上高速缓存的结果集行执行游标操作。

在客户游标中，有一个默认的结果集被用来在客户机上缓存整个结果集。客户游标仅支持静态游标而非动态游标。由于服务器游标并不支持所有的 T-SQL 语句或批处理，因此客户游标常常仅被用作服务器游标的辅助。在一般情况下，服务器游标能支持绝大多数的游标操作。

在本节中主要学习服务器（后台）游标。

MS SQL Server 有以下 4 种游标类型：

（1）只进游标（FORWARD_ONLY CURSOR）。

只进游标不支持滚动，它只支持游标从头到尾顺序提取。行只在从数据库中提取出来后才能检索。对所有由当前用户发出或由其他用户提交并影响结果集中的行的 INSERT、UPDATE 和 DELETE 语句，其效果在这些行从游标中提取时是可见的。

（2）静态游标（STATIC CURSOR）。

静态游标的完整结果集是打开游标时在 tempdb 中生成的。静态游标总是按照打开游标时的原样显示结果集。静态游标在滚动期间很少或根本检测不到变化，但消耗的资源相对很少。

静态游标不会显示打开游标以后在数据库中新插入的行，即使这些行符合游标 SELECT 语句的搜索条件。如果组成结果集的行被其他用户更新，则新的数据值不会显示在静态游标中。

T-SQL 称静态游标为不敏感游标。一些数据库 API 将这类游标标识为快照游标。

（3）键集驱动的游标（KEYSET CURSOR）

打开由键集驱动的游标时，该游标中各行的成员身份和顺序是固定的。由键集驱动的游标由一组唯一标识符（键）控制，这组键称为键集。键是根据以唯一方式标识结果集中各行的一组列生成的。键集是打开游标时来自符合 SELECT 语句要求的所有行中的一组键值。由键集驱动的游标对应的键集是打开该游标时在 tempdb 中生成的。

（4）动态游标（DYNAMIC CURSOR）

动态游标与静态游标相对。当滚动游标时，动态游标反映结果集中所做的所有更改。结果集中的行数据值、顺序和成员在每次提取时都会改变。所有用户做的全部 UPDATE、INSERT 和 DELETE 语句均通过游标可见。如果使用 API 函数（如 SQLSetPos）或 T-SQL WHERE CURRENT OF 子句通过游标进行更新，它们将立即可见。在游标外部所做的更新直到提交时才可见，除非将游标的事务隔离级别设为未提交读。

4.5.2　游标的操作

使用游标的基本步骤：声明游标、打开游标、推进游标、关闭游标和释放游标。下面介绍这些基本操作。

1. 声明游标

使用一个游标之前，首先应当声明它。游标主要包括游标结果集和游标位置两个部分，其中结果集是由定义游标的 SELECT 语句返回的数据行集合，而位置是指向结果集中的某一行的指针。

声明游标需要使用 DECLARE CURSOR 语句，包括定义游标的滚动行为和用于生成游标

所操作的结果集的查询。声明游标的基本语法如下:

```
DECLARE cursor_name CURSOR [ LOCAL | GLOBAL ]
    [ FORWARD_ONLY | SCROLL ]
    [ STATIC | KEYSET | DYNAMIC | FAST_FORWARD ]
    [ READ_ONLY | SCROLL_LOCKS | OPTIMISTIC ]
    [ TYPE_WARNING ]
    FOR select_statement
    [ FOR UPDATE [ OF column_name [ ,...n ] ] ]
[;]
```

各参数的含义如表 4.23 所示。

表 4.23　DECLARE CURSOR 的参数说明

参数	说明
cursor_name	所定义的 T-SQL 服务器游标的名称
LOCAL	指定该游标的范围对在其中创建它的批处理、存储过程或触发器是局部的。该游标名称仅在这个作用域内有效。在批处理、存储过程、触发器或存储过程 OUTPUT 参数中,该游标可由局部游标变量引用。OUTPUT 参数用于将局部游标传递回调用批处理、存储过程或触发器,它们可在存储过程终止后给游标变量分配参数使其引用游标。除非 OUTPUT 参数将游标传递回来,否则游标将在批处理、存储过程或触发器终止时隐式释放。如果 OUTPUT 参数将游标传递回来,则游标在最后引用它的变量释放或离开作用域时释放
GLOBAL	指定该游标的作用域对连接来说是全局的。在由连接执行的任何存储过程或批处理中,都可以引用该游标名称。该游标仅在断开连接时隐式释放。如果 GLOBAL 和 LOCAL 参数都未指定,则默认值由 default to local cursor 数据库选项的设置控制
FORWARD_ONLY	指定游标只能从第一行滚动到最后一行。FETCH NEXT 是唯一支持的提取选项。如果在指定 FORWARD_ONLY 时不指定 STATIC、KEYSET 和 DYNAMIC 关键字,则游标作为 DYNAMIC 游标进行操作。如果 FORWARD_ONLY 和 SCROLL 均未指定,则除非指定 STATIC、KEYSET 或 DYNAMIC 关键字,否则默认为 FORWARD_ONLY STATIC、KEYSET,DYNAMIC 游标默认为 SCROLL,与 ODBC 和 ADO 这类数据库 API 不同,STATIC、KEYSET 和 DYNAMIC T-SQL 游标支持 FORWARD_ONLY
STATIC	定义静态游标,以创建由该游标使用的数据的临时副本。对游标的所有请求都从 tempdb 中的这一临时表中得到应答。因此,在对该游标进行提取操作时返回的数据中不反映对基本表所做的修改,并且该游标不允许修改
KEYSET	定义键集游标,指定当游标打开时,游标中行的成员身份和顺序已经固定。对行进行唯一标识的键集内置在 tempdb 内一个称为 keyset 的表中 注意,如果查询引用了至少一个无唯一索引的表,则键集游标将转换为静态游标
DYNAMIC	定义动态游标,以反映在滚动游标时对结果集内的各行所做的所有数据更改。行的数据值、顺序和成员身份在每次提取时都会更改。动态游标不支持 ABSOLUTE 提取选项
FAST_FORWARD	指定启用了性能优化的 FORWARD_ONLY、READ_ONLY 游标。如果指定了 SCROLL 或 FOR_UPDATE,则不能也指定 FAST_FORWARD 注意,在 SQL Server 2005 及更高版本中,FAST_FORWARD 和 FORWARD_ONLY 可以用在同一个 DECLARECURSOR 语句中

续表

参数	说明
READ_ONLY	禁止通过该游标进行更新。在 UPDATE 或 DELETE 语句的 WHERE CURRENT OF 子句中不能引用该游标。该选项优于要更新的游标的默认功能
SCROLL_LOCKS	指定通过游标进行的定位更新或删除一定会成功。将行读入游标时 SQL Server 将锁定这些行，以确保随后可对它们进行修改。如果还指定了 FAST_FORWARD 或 STATIC，则不能指定 SCROLL_LOCKS
OPTIMISTIC	指定如果行自读入游标以来已得到更新，则通过游标进行的定位更新或定位删除不成功。当将行读入游标时，SQL Server 不锁定行。它改用 timestamp 列值的比较结果来确定行读入游标后是否发生了修改，如果表不含 timestamp 列，它改用校验和值进行确定。如果已修改该行，则尝试进行的定位更新或删除将失败。如果还指定了 FAST_FORWARD，则不能指定 OPTIMISTIC
TYPE_WARNING	指定将游标从所请求的类型隐式转换为另一种类型时向客户端发送警告消息
select_statement	是定义游标结果集的标准 SELECT 语句。在游标声明的 select_statement 中不允许使用关键字 COMPUTE、COMPUTE BY、FOR BROWSE 和 INTO
	注意可以在游标声明中使用查询提示；但如果还使用了 FOR UPDATE OF 子句，请在 FOR UPDATE OF 之后指定 OPTION(query_hint)
FOR UPDATE OF 子句	定义游标中可更新的列。如果提供了 OF column_name [,...n]，则只允许修改所列出的列。如果指定了 UPDATE，但未指定列的列表，则除非指定了 READ_ONLY 并发选项，否则可以更新所有的列

【例 4.37】定义一个查询的游标（cur_RetriveGrade），将 score 表中不及格学生的姓名、课程名和成绩查询出来。

```
        DECLARE @xm VARCHAR(20), @kcmc VARCHAR (20), @cj INT          --声明变量
        DECLARE cur_RetriveGrade CURSOR SCROLL                        --创建游标
        FOR
            SELECT sname,cname,grade FROM student,course,score
            WHERE student.sno=score.sno AND
                    course.cno=score.cno AND grade<60
```

2．打开游标

使用游标之前，必须打开游标。打开游标的基本语法如下：

```
        OPEN { { [ GLOBAL ] cursor_name } | cursor_variable_name }
```

各参数的含义如表 4.24 所示。

表 4.24　DECLARE CURSOR 的参数说明

参数	说明
GLOBAL	指定 cursor_name 是指全局游标
cursor_name	已声明的游标的名称。如果全局游标和局部游标都使用 cursor_name 作为其名称，那么如果指定了 GLOBAL，则 cursor_name 指的是全局游标，否则 cursor_name 指的是局部游标
cursor_variable_name	游标变量的名称，该变量引用一个游标

【例 4.38】打开 cur_RetriveGrade 游标。

OPEN　cur_RetriveGrade

3. 推进游标

打开游标之后，可以使用 FETCH 命令推进游标，读取游标中的某一行数据。FETCH 语句的语法如下：

```
FETCH
[ [ NEXT | PRIOR | FIRST | LAST
| ABSOLUTE { n | @nvar }
| RELATIVE { n | @nvar }]
FROM
]
{ { [ GLOBAL ] cursor_name } | @cursor_variable_name }
    [ INTO @variable_name [ ,...n ] ]
```

各参数的含义如表 4.25 所示。

表 4.25　DECLARE CURSOR 的参数说明

参数	说明
NEXT	紧跟当前行返回结果行，并且当前行递增为返回行。如果 FETCH NEXT 为对游标的第一次提取操作，则返回结果集中的第一行。NEXT 为默认的游标提取选项
PRIOR	返回紧邻当前行前面的结果行，并且当前行递减为返回行。如果 FETCH PRIOR 为对游标的第一次提取操作，则没有行返回并且游标置于第一行之前
FIRST	返回游标中的第一行并将其作为当前行
LAST	返回游标中的最后一行并将其作为当前行
ABSOLUTE { n| @nvar }	如果 n 或 @nvar 为正，则返回从游标起始处开始向后的第 n 行，并将返回行变成新的当前行，如果 n 或 @nvar 为负，则返回从游标末尾处开始向前的第 n 行，并将返回行变成新的当前行，如果 n 或 @nvar 为 0，则不返回行。n 必须是整数常量，并且 @nvar 的数据类型必须为 smallint、tinyint 或 int
RELATIVE { n| @nvar}	如果 n 或 @nvar 为正，则返回从当前行开始向后的第 n 行，并将返回行变成新的当前行，如果 n 或 @nvar 为负，则返回从当前行开始向前的第 n 行，并将返回行变成新的当前行，如果 n 或 @nvar 为 0，则返回当前行。在对游标进行第一次提取时，如果在将 n 或 @nvar 设置为负数或 0 的情况下指定 FETCH RELATIVE，则不返回行。n 必须是整数常量，并且 @nvar 的数据类型必须为 smallint、tinyint 或 int
GLOBAL	指定 cursor_name 表示全局游标
cursor_name	要从中进行提取的开放游标的名称
@cursor_variable_name	游标变量名，引用要从中进行提取操作的打开的游标
INTO 子句	允许将提取操作的列数据放到局部变量中。列表中的各个变量从左到右与游标结果集中的相应列相关联。各变量的数据类型必须与相应的结果集列的数据类型匹配，或是结果集列数据类型所支持的隐式转换。变量的数目必须与游标选择列表中的列数一致

FETCH 语句是游标使用的核心，一条 FETCH 语句一次可以将一条记录放入指定的变量中。

【例 4.39】提取 cur_RetriveGrade 游标的数据。

FETCH NEXT FROM cur_RetriveGrade INTO @xm, @kcmc, @cj

读取当前行的下一行，并使其置为当前行，游标打开后，游标置于表头的前一行，即若表是从 0 开始的，则游标最初置于-1 处，所以第一次读取的是头一行。

一条 FETCH 语句一次从后台数据库中取一条记录，而在一般情况下，我们希望在数据库中从第一条记录开始提取，一直到结束。所以一般要将游标提取数据的语句放在一个循环体内，直至将结果集中的全部数据提取后，结束循环。通过检测 SQLCA.SQLCODE 的值，可以得知最后一条 FETCH 语句是否成功。一般来说，当 SQLCODE 值为 0 时表明一切正常，100 表示已经取到了结果集的末尾，而其他值均表明操作出了问题。

这样我们可以编写以下代码：

```
DECLARE @lb_continue BIT
SET @lb_continue=TRUE
WHILE @lb_continue
BEGIN
    FETCH FROM cur_RetriveGrade INTO @xm, @kcmc, @cj
    IF SQLCA.SQLCODE <> 0 THEN
        @lb_continue=TRUE
END
```

也可以将一条 FETCH 语句放在循环体的前面，循环体内再放置另外一条 FETCH 语句，并检测 SQLCA.SQLCODE 是否为 100。结果是维护时需要同时修改两条 FETCH 语句。

FETCH 语句的执行状态保存在全局变量@@Fetch_status 中，其值为 0，表示上一个 FETCH 执行成功；其值为-1，表示所要读取的行不在结果集中；其值为-2，表示被提取的行已不存在（已被删除）。也可以通过检查@@FETCH_STATUS 的值来控制游标的循环读取。

改写上面的 T-SQL 代码如下：

```
FETCH NEXT FROM cur_RetriveGrade INTO @xm, @kcmc, @cj
WHILE (@@fetch_status=0)
BEGIN
    FETCH NEXT FROM cur_RetriveGrade INTO @xm, @kcmc, @cj
END
```

【例 4.40】FETCH 语句使用举例：

（1）读取从游标头开始向后的第 10 行，并将读取的行作为新的行。

```
FETCH ABSOLUTE 10 FROM cur_RetriveGrade INTO @xm, @kcmc, @cj
```

（2）读取当前行的上 10 行，并将读取的行作为新的行。

```
FETCH RELATIVE -10 FROM cur_RetriveGrade INTO @xm, @kcmc, @cj
```

（3）读取当前记录前一条。

```
FETCH PRIOR FROM cur_RetriveGrade INTO @xm, @kcmc, @cj
```

（4）读取当前记录后一条。

```
FETCH NEXT FROM cur_RetriveGrade INTO @xm, @kcmc, @cj
```

（5）读取游标的第一行，并使其置为当前行（不能用于只进游标）。

```
FETCH FIRST FROM cur_RetriveGrade INTO @xm, @kcmc, @cj
```

（6）读取游标的最后一行，并使其置为当前行（不能用于只进游标）。

```
FETCH LAST FROM cur_RetriveGrade INTO @xm, @kcmc, @cj
```

注意：定义游标时加上 SCROLL 选项，表示可随意移动游标指针。

4. 关闭游标和释放游标

在游标打开以后，SQL Server 服务器将为游标分配一定的内存空间来存放游标的结果集，根据游标的使用情况会对某些数据进行封锁。在不使用游标的时候，应该将其关闭，以释放游标占用的资源。关闭游标的语法如下：

```
CLOSE { { [ GLOBAL ] cursor_name } | cursor_variable_name }
```

各参数的含义和前面介绍的相同。

CLOSE 命令将结果集占用的空间释放了，但是游标结构还占用着一定的资源，所以在游标使用完之后，使用 DEALLOCATE 删除游标引用。当释放最后的游标引用时，组成该游标的数据结构由 MS SQL Server 释放，游标所占用的资源也被释放。DEALLOCATE 的语法如下：

```
DEALLOCATE { { [ GLOBAL ] cursor_name } | @cursor_variable_name }
```

各参数的含义和前面介绍的相同。

【例 4.41】关闭游标的语句：

```
CLOSE cur_RetriveGrade
```

释放游标的语句：

```
DEALLOCATE cur_RetriveGrade
```

5. 游标的嵌套

游标嵌套使用时，@@FETCH_STATUS 的值有时会从内部游标影响到外部游标，使外部的游标只循环一次。在外部游标读取数据时，要先用 FETCH 语句移动游标，再通过判断 @@FETCH_STATUS 的值进行业务逻辑处理。

游标嵌套的语法如下：

```
DECLARE 外层游标
OPEN 外层游标
FETCH NEXT…                --提取外层游标行数据
WHILE @@FETCH_STATUS = 0
BEGIN
    DECLARE  内层游标
    OPEN  内层游标
    FETCH NEXT…            --提取内层游标行
      WHILE @@FETCH_STATUS = 0
      BEGIN
          …                --业务逻辑处理内层游标
          FETCH NEXT…      --内层游标向下移动一行
      END
      CLOSE  内层游标
      DEALLOCATE  内层游标
    FETCH NEXT…            --内层游标处理结束后，外层游标才继续向下移动一行
END
CLOSE 外层游标
DEALLOCATE 外层游标
```

也就是说，外层游标每移动一行，就要重复进行内层游标定义、打开、推进、关闭、释放等操作，然后才能再向下移动行。

4.5.3　游标应用举例

【例 4.42】定义一个游标，查询并打印 score 表中学生的姓名、课程名称、成绩和绩点。
说明：绩点的计算调用 4.2 节练习中的函数 f_GradePoint (姓名,课程名称)。
打印格式：

姓名课程名称成绩绩点

实现游标 T-SQl 代码如下：

```
DECLARE @xm CHAR(20), @kcmc CHAR(20), @cj INT, @jd DECIMAL(5,1)
    --定义游标
DECLARE cur_PrintGrade CURSOR FOR
    SELECT sname, cname, grade FROM student,course,score
        WHERE student.sno=score.sno AND course.cno=score.cno
        ORDER BY grade DESC
    --打开游标
OPEN cur_PrintGrade
    --提取第一行数据
FETCH NEXT FROM cur_PrintGrade INTO @xm,@kcmc, @cj
SELECT @jd = dbo. f_GradePoint (@xm,@kcmc)
    --打印
PRINT '姓名课程名称成绩绩点'
PRINT '-------------------------------------------------'
    --提取数据
while @@FETCH_STATUS=0
BEGIN
    PRINT @xm+ @kcmc+CONVERT(varchar(5),@cj) + ' ' +CONVERT(varchar(5),@jd)
    FETCH NEXT FROM cur_PrintGrade INTO @xm,@kcmc, @cj
    SELECT @jd = dbo. f_GradePoint (@xm,@kcmc)
END
    --关闭游标
CLOSE cur_PrintGrade
    --释放游标
DEALLOCATE cur_PrintGrade
```

SQL Server 支持可作修改的游标，可以修改或删除当前游标所在的行。
通过游标修改数据，UPDATE 语句的语法格式如下：

```
UPDATE table_name
    WHERE CURRENT OF   cursor_name
```

参数的含义如下：
①table_name：需要修改的数据库表名。
②cursor_name：游标名。
当游标基于多个表时，UPDATE 语句只能修改一个基本表中的数据，其他表中的数据不
受影响。

【例 4.43】定义一个游标，把绩点低于 2.0 的课程的成绩加 10 分，并保存到 score 表中。

实现游标的 T-SQL 代码如下：

```
DECLARE @xm CHAR(20), @kcmc CHAR(20), @cj INT, @jd DECIMAL(5,1)
    --定义游标
DECLARE cur_UpdateGrade CURSOR FOR
    SELECT sname,cname,grade FROM student,course,score
        WHERE student.sno=score.sno AND course.cno=score.cno
    FOR UPDATE OF grade
    --打开游标
OPEN Update_grade
    --提取第一行数据
FETCH NEXT FROM cur_UpdateGrade INTO @xm,@kcmc, @cj
SELECT @jd = dbo. f_ GradePoint (@xm,@kcmc)    --计算绩点
    --提取数据
WHILE @@FETCH_STATUS=0
BEGIN
    --处理绩点低于 2.0
    IF @jd < 2.0
            UPDATE score SET grade=grade+10
            WHERE CURRENT OF cur_UpdateGrade
    FETCH NEXT FROM Update_grade INTO @xm,@kcmc, @cj
    SELECT @jd = dbo. f_ GradePoint (@xm,@kcmc)
END
    --关闭游标
CLOSE cur_UpdateGrade
    --释放游标
DEALLOCATE cur_UpdateGrade
```

通过游标删除数据，DELETE 语句的语法格式如下：

```
DELETE FROM table_name
    WHERE CURRENT OF cursor_name
```

参数的含义如下：

①table_name：需要修改的数据库表名。

②cursor_name：游标名。

当游标基于多个数据表时，DELETE 语句一次只能删除一个基本表中的数据，其他基本表中的数据不受影响。

【例 4.44】定义游标，删除 score 表中绩点为 0 的数据。

实现游标的 T-SQL 代码如下：

```
DECLARE @xm CHAR(20), @kcmc CHAR(20), @cj INT, @jd DECIMAL(5,1)
    --定义游标
DECLARE cur_DeleteGrade CURSOR FOR
    SELECT sname,cname,grade FROM student,course,score
        WHERE student.sno=score.sno AND course.cno=score.cno
    FOR UPDATE OF grade
    --打开游标
OPEN cur_DeleteGrade
    --提取第一行数据
```

```
FETCH NEXT FROM cur_DeleteGrade INTO @xm,@kcmc, @cj
SELECT @jd = dbo. f_ GradePoint (@xm,@kcmc)        --计算绩点
   --提取数据
WHILE @@FETCH_STATUS=0
BEGIN
    --删除绩点为 0 的记录
     IF @jd = 0
DELETE FROM score
               WHERE CURRENT OF Delete_grade
    FETCH NEXT FROM cur_DeleteGrade INTO @xm,@kcmc, @cj
    SELECT @jd = dbo. f_ GradePoint (@xm,@kcmc)
END
   --关闭游标
CLOSE cur_DeleteGrade
   --释放游标
DEALLOCATE cur_DeleteGrade
```

课堂练习

1. 声明一个游标，查询并打印给定学生姓名的选课信息，并计算其平均绩点。

说明：绩点的计算调用 4.2 节练习中的函数 f_ GradePoint (姓名,课程名称)。

打印格式：

```
        ＸＸＸ同学的成绩表
    课程名称        成绩      绩点
    -----------------------------------------------
    XXX           XX        X.X
    -----------------------------------------------
    平均绩点：X.X
```

2. 声明一个游标，将 score 表中成绩高于 75（包含 75）分的成绩全部加 5 分，成绩低于 75 分的全部删除。

4.6 异常处理

T-SQL 编程与应用程序一样，都有异常处理机制，比如异常的捕获与异常的抛出。

4.6.1 异常捕获与异常抛出

1. TRY…CATCH 的定义

T-SQL 的异常处理使用 TRY…CATCH 语句，该语句包括两部分：一个 TRY 块和一个 CATCH 块。如果在 TRY 块内的 T-SQL 语句中检测到错误条件，则控制将被传递到 CATCH 块（可在此块中处理该错误）。TRY…CATCH 语句的定义如下：

```
BEGIN TRY
    [T-SQL 代码写在这里]
END TRY
```

```
BEGIN CATCH
    [异常处理代码写在这里]
END CATCH
```

在 T-SQL 中应用 TRY…CATCH 块时,TRY 块后面必须要直接接一个 CATCH 块,否则就会发生一个差错。TRY…CATCH 不能嵌套。

如果 TRY 块中的代码没有故障,将跳过 CATCH 块,履行 CATCH 块后的第一条语句。

当 CATCH 块中的代码运行完毕后,将履行 CATCH 块后的第一条语句。

2. THROW 的定义

THROW 是 SQL Server 2012 新增加的异常处理语句。THROW 语句主要是给 T-SQL 脚本和存储过程在需要返回自定义错误时用的,这些错误是为创建的应用程序专门自定义的。

SQL Server 中 THROW 的定义如下:

```
THROW [ { error_number | @local_variable },
        { message | @local_variable },
        { state | @local_variable } ]
    [ ; ]
```

各参数的含义如下:

①error_number:错误号,用户自定义错误号要大于 50000(50000~2147483647)。

②message:自定义错误信息内容,可以根据需要自定义。

③state:Error State,作用是可以标记异常发生的位置。

THROW 有两种使用方式:抛出自定义异常和直接在 CATCH 块中抛出异常。

THROW 语句的前一句需要以分号结尾,但前一句又不能保证一定有分号,所以可以直接把分号写在 THROW 的前面,比如:

```
;throw 50000,'Price can not be less than 0',1
```

3. THROW 和 RAISERROR 的比较

SQL Server 中的错误处理通常是通过 RAISERROR 命令来实现的。然而,RAISERREOR 有几个限制:它只能返回 sys.messages 中定义的错误码,尽管可以使用大于 50000 的错误码来创建自定义错误类型(默认是 50000,但是你可以指定其他编码)。也就是说,这对于处理系统级错误是最有用的,但是对于具体涉及数据库的错误就不是很合适了。THROW 支持错误捕获操作,这样可以更好地适合 T-SQL 用户的应用。把 THROW 与 RAISERROR 命令的方式进行比较。

(1)最重要的一点:RAISERROR 总是产生新的异常,不管什么时候调用。所以在例程执行期间任何之前生成的异常(例如,一些 CATCH 块之外的异常)都会抛弃。THROW 可以重新抛出原异常,触发 CATCH 代码块,所以它可以提供该错误的更多上下文信息。

(2)RAISERROR 用来产生应用级的和系统级的错误代码。THROW 只产生应用级的错误(错误码大于等于 50000 的那部分)。

(3)如果你使用错误码 50000 或者更大的错误码编号,RAISERROR 只能传递自定义错误消息,而 THROW 支持传入任何想要的错误文本。

(4)RAISERROR 支持标记替代,THROW 不支持。

(5)RAISERROR 支持任何安全级别的错误,THROW 只支持安全级别 16 的错误。

4.6.2　异常处理

当一个差错发生后，将出现的问题记入日志，并将所出错的事务进行回滚。T-SQL 有一些系统函数提供了出错更全面的信息，这些函数的具体内容如下：

- ERROR_NUMBER()：返回差错号。
- ERROR_SEVERITY()：返回差错严重级别。
- ERROR_STATE()：返回差错状态。
- ERROR_PROCEDURE()：返回差错所在的存储例程或触发器的名称。
- ERROR_LINE()：返回差错所在行的行号。
- ERROR_MESSAGE()：返回差错的实际信息。
- XACT_STATE()：返回值的含义，如下：
  - ➢ 1：有一个活动的事务，它可以被提交或者回滚。
  - ➢ 0：没有活动的事务。
  - ➢ -1：有一个活动的事务，但由于有差错发生，事务不能被提交。

如果返回值是 1，可以正常地提交或者回滚；如果返回值是 0，则并没有打开的事务，如果尝试提交将会产生一个差错；返回值为-1，意味着有一个事务，但是它不能被提交。如果返回值是-1，也不能回滚到一个保存点，而只能将全部事务进行回滚。

应用这些函数，可以记录出错的详细信息，并将这些信息返回给调用者，以便对差错进行追踪和修复。这些函数只能在 CATCH 块被调用，在其他地方应用会返回 NULL。也就是说，可以调用一个存储过程来处理差错，于是这个存储过程就可以调用这些差错函数。下面就是这样的存储例程的一个示例。

【例 4.45】存储例程的示例。

```
CREATE PROCEDURE spLogError
AS
        --给使用程序返回差错的详细信息
        SELECT
        ERROR_NUMBER() AS ErrNum,
        ERROR_SEVERITY() AS ErrSev,
        ERROR_STATE() AS ErrState,
        ERROR_PROCEDURE() AS ErrProc,
        ERROR_LINE() AS ErrLine,
        ERROR_MESSAGE() AS ErrMsg
          --将差错记入差错数据库日志
        INSERT INTO SQLErrors.dbo.ErrorLog
        VALUES(ERROR_NUMBER(),ERROR_SEVERITY(),ERROR_STATE(),
        ERROR_PROCEDURE(),ERROR_LINE(),ERROR_MESSAGE())
```

存储过程 spLogError 可以在 Catch 块中被调用，用来返回和记载差错的详细信息。改写 TRY…CATCH 语句的定义如下：

```
BEGIN TRY
            --在这里插入代码：当差错发生时，则控制将被转到 CATCH 块
END TRY
BEGIN CATCH
```

--这个例程将会记载差错并将详细信息返回给调用它的使用程序

```
        EXEC spLogError
END CATCH
        --调用 XACT_STATE()函数，处理事务。
```

下面通过几个例子来说明 SQL Server 的异常处理过程。

【例 4.46】创建存储过程，新增课程信息。

```
CREATE PROCEDURE TestException01
(
    @p_no, CHAR(8)
    @p_name CHAR(20)
)
AS
BEDIN
    BEGIN TRY
        INSERT INTO Product VALUES(@p_no, @p_name);
    END TRY
    BEGIN CATCH
        --记录异常信息，以便事后分析
        EXEC sp_LogError;
        --抛出异常，告诉调用者本次调用发生了异常
        ;THROW
    END CATCH
END
```

在插入数据的过程中，进行了异常捕获。在 CATCH 代码中，有两个操作：第一步是将异常信息插入 ErrorLog，当然，这个异常信息的格式可以自己定义；第二步抛出异常（THROW）。

下面的代码在执行的时候发生了主键冲突异常，THROW 的作用就是告诉调用者执行存储过程的时候发生了异常，并将详细的错误信息抛出。

```
        EXEC TestException01 '08181192', '数据库原理'
```

异常的详细信息也可以在 ErrorLog 表中查询。

某些情况下需要主动抛出异常的方式来中断逻辑的执行。也就是说当前的逻辑只有在满足一定的条件下才能执行，如果条件不满足，当前逻辑无法正常执行。

比如课程代码长度必须是 8 位字符，否则无法插入。

【例 4.47】创建存储过程，新增课程信息，要求课程代码长度为 8 个字符。

```
CREATE PROCEDURE TestException01
(
    @p_no, VARCHAR(8)
    @p_name VARCHAR(20)
)
AS
BEDIN
    IF (LEN(@p_no)<>8)
    BEGIN
        --显示抛出异常，参数非法，当前执行中断
        ;THROW 50000, '课程代码长度必须等于 8 !',1
```

```
        END
    BEGIN TRY
        INSERT INTO Product VALUES(@p_no, @p_name);
    END TRY
    BEGIN CATCH
        --记录异常信息，以便事后分析
        EXEC spLogError;
        --抛出异常，告诉调用者本次调用发生了异常
        ;THROW
    END CATCH
END
```

存储过程输入的参数不合法，使用 THROW 抛出自定义异常，强制中断代码的执行。

习题 4

4.1　名词解释：函数、标量函数、内联表值函数、多语句表值函数、存储过程、扩展存储过程、触发器、前触发器、替代触发器、游标、服务器游标、客户端游标、只进游标、键集游标、静态游标、动态游标。

4.2　简述存储过程的特点。

4.3　简述存储过程的分类。

4.4　简述触发器的特点。

4.5　简述触发器的分类。

4.6　简述存储过程和触发器的区别。

4.7　简述 inserted 表和 deleted 表的区别。

4.8　简述游标使用的步骤。

4.9　创建一个存储过程，查询某个学生的最高分和最低分。

4.10　创建一个带默认值的存储过程，查询选修某门课程的学生的学号、姓名和成绩。如果执行时不给出参数，则查询所有选修了课程的学生的学号、姓名和成绩。

4.11　向 course 表中插入一列 status(char(1)) 并且默认值为 0。在表 score 上建立一个 insert 触发器，当向表 score 中插入一行时，检查 course 表中的课程是否正在准备中（查看对应 course 表中的状态是否为 1）。如果是在准备中，则不能进行选修。

4.12　在 score 表中创建一个触发器，当插入多行数据时，将那些课程号不在 course 表中的行删除，仅插入存在的课程的选修记录。

4.13　使用游标循环输出学生表中的所有学生记录。

4.14　声明一个可更新游标，只更新年龄属性。年龄大于 20 岁的全部改为 20 岁。

第 5 章　关系数据库的规范化理论

- **了解**：函数依赖的公理系统、多值依赖、无损分解的概念。
- **理解**：函数依赖、关系模式的规范化、关系模式分解的概念。
- **掌握**：函数依赖、关系模式的规范化、关系模式分解的基本方法。

5.1　关系模式的设计问题

5.1.1　关系模式可能存在的异常

从前面有关章节可知，关系是一张二维表，它是涉及属性的笛卡尔积的一个子集。从笛卡尔积中选取哪些元组构成该关系，通常是由现实世界赋予该关系的元组语义来确定的。元组语义实质上是一个 n 目谓词（n 是属性集中属性的个数）。使该 n 目谓词为真的笛卡尔积中的元素（或者说凡符合元组语义的元素）的全体就构成了该关系。

但由上述关系所组成的数据库还存在某些问题。为了说明的方便，我们先看一个实例。

【例 5.1】设有一个关于教学管理的关系模式 R(U)，其中 U 是由属性 sno、sname、gender、depart、cname、tname、grade 组成的属性集合，其中 sno 的含义为学生学号，sname 为学生姓名，gender 为学生性别，depart 为学生所在学院，cname 为学生所选的课程名称，tname 为任课教师姓名，grade 为学生选修该门课程的成绩。若将这些信息设计成一个关系，则关系模式为：

　　　　教学(sno, sname, gender, depart, cname, tname, grade)

选定此关系的主键为(sno, cname)。

由该关系的部分数据（如表 5.1 所示）我们不难看出，该关系存在着如下问题：

（1）数据冗余（Data Redundancy）。

- 每一个学院名对该学院的学生人数乘以每个学生选修的课程门数重复存储。
- 每一个课程名均对选修该门课程的学生重复存储。
- 每一个教师都对其所教的学生重复存储。

（2）更新异常（Update Anomalies）。

由于存在数据冗余，就可能导致数据更新异常，这主要表现在以下几个方面：

- 插入异常（Insert Anomalies）：由于主键中元素的属性值不能取空值，如果新分配来一位教师或新成立一个学院，则这位教师及新学院名就无法插入；如果一位教师所开的课程无人选修或一门课程列入计划但目前不开课，也无法插入。
- 修改异常（Modification Anomalies）：如果更改一门课程的任课教师，则需要修改多个元组。如果仅部分修改，部分不修改，就会造成数据的不一致性。同样的情形，如果一个学生转学院，则对应此学生的所有元组都必须修改，否则也会出现数据的不一致性。
- 删除异常（Deletion Anomalies）：如果某学院的所有学生全部毕业，又没有在读及新生，当从表中删除毕业学生的选课信息时，则连同此学院的信息将全部丢失。同样地，如果所有学生都退选一门课程，则该课程的相关信息也同样丢失了。

由此可知，上述的教学管理关系尽管看起来能满足一定的需求，但存在的问题太多，从而它并不是一个合理的关系模式。

表 5.1　教学关系部分数据

sno	sname	gender	depart	cname	tname	grade
2015874144	王日滔	男	信息工程学院	数据库原理	卓不凡	83
2015874144	王日滔	男	信息工程学院	数据结构	端木元	71
2015874144	王日滔	男	信息工程学院	高级语言程序设计	左子穆	92
2015874144	王日滔	男	信息工程学院	大型数据库设计	萧远森	86
2015874107	黄嘉欣	女	商学院	算法分析与设计	左子穆	79
2015874107	黄嘉欣	女	商学院	软件测试设计	萧远森	94
2015874107	黄嘉欣	女	商学院	C#程序设计	辛双清	74
2015874107	黄嘉欣	女	商学院	数据库课程设计	司空玄	68
……	……	……	……	……	……	……
2015874109	谭海龙	男	信息工程学院	数据结构	辛双清	97
2015874109	谭海龙	男	信息工程学院	高级语言程序设计	司空玄	79
2015874109	谭海龙	男	信息工程学院	大型数据库设计	龚小茗	93
2015874109	谭海龙	男	信息工程学院	算法分析与设计	褚万里	88

5.1.2　关系模式中存在异常的原因

通过上例，大家看到在一个关系模式中对数据进行操作时可能存在的异常问题。那么这些问题是什么原因导致的呢？

当我们在设计时将所有需要的内容都放在一张表里时，称为泛模式，其优点是对数据的各类操作都可以从一张表里查询到，不用进行任何连接，这样速度会较快；其缺点是属性间存在各种复杂关系，相互制约、相互依赖，致使各种数据混在一起分不清扯不断。因此，设计关系模式时，必须从语义上理清所有属性间的关联，将相互依赖的属性构成单独模式，将依赖关系不紧密的属性尽量分开，从而使得每个模式概念单一，有效防止数据的混乱状况。

在例 5.1 中，我们将教学关系分解为三个关系模式来表达：学生基本信息(sno,sname,gender,depart)、课程信息(cno,cname,tname)及学生成绩(sno,cno,grade)。分解后的部分数据如表 5.2 至表 5.4 所示。

表 5.2　学生信息

sno	sname	gender	depart
2015874144	王日滔	男	信息工程学院
2015874107	黄嘉欣	女	商学院
2015874109	谭海龙	男	信息工程学院
……	……	……	……

表 5.3　课程信息

cno	cname	tname
08181192	数据库原理	卓不凡
08181170	数据结构	端木元
08181060	高级语言程序设计	左子穆
……	……	……

表 5.4　学生成绩

sno	cno	grade	sno	cno	grade
2015874144	08181192	83	2015874109	08181170	97
2015874144	08181170	71	2015874109	08181060	79
2015874144	08181060	92	2015874109	08191311	93
2015874144	08191311	86	2015874109	08196281	88
……	……	……	……	……	……

对教学关系进行分解后，我们再来考察一下：

（1）数据存储量减少。

设有 n 个学生，每个学生平均选修 m 门课程，则表 5.1 中的学生信息就有 4nm 之多。经过改进后，学生信息及成绩表中学生的信息仅为 3n+mn。学生信息的存储量减少了 3(m-1)n。显然，学生选课数绝不会是 1，因而，经过分解后数据量要少得多。

（2）更新方便。

1）插入问题部分解决。对一位教师所开的无人选修的课程可方便地在课程信息表中插入。但是，新分配来的教师、新成立的学院或列入计划但目前不开课的课程还是无法插入。要解决无法插入的问题，还可继续将系名与课程进行分解来解决。

2）修改方便。原关系中对数据修改所造成的数据不一致性，在分解后得到了很好的解决，改进后，只需要修改一处。

3）删除问题也部分解决。当所有学生都退选一门课程时，删除退选的课程不会丢失该门课程的信息。值得注意的是，学院的信息丢失问题依然存在，解决的方法是还需继续进行分解。

虽然改进后的模式部分地解决了不合理的关系模式所带来的问题，但同时，改进后的关系模式也会带来新的问题，如当查询某个系的学生成绩时，就需要将两个关系连接后进行查询，增加了查询时关系的连接开销，而关系的连接代价是很大的。

此外，必须说明的是，不是任何分解都是有效的。若将表 5.1 分解为(sno,sname,gender,depart)、(sno,cno,cname,tname)及(sname,cno,grade)，不但解决不了实际问题，反而会带来更多的问题。

那么，什么样的关系模式需要分解？分解关系模式的理论依据又是什么？分解后能完全消除上述问题吗？回答这些问题需要理论的指导，下面几节将加以讨论。

5.1.3　关系模式规范化

由上面的讨论可知，在关系数据库的设计中，不是随便一种关系模式设计方案都"合适"，更不是任何一种关系模式都可以投入应用。由于数据库中的每一个关系模式的属性之间需要满足某种内在的必然联系，设计一个好的数据库的根本方法是先要分析和掌握属性间的语义关联，然后再依据这些关联得到相应的设计方案。在理论研究和实际应用中人们发现，属性间的关联表现为一个属性子集对另一个属性子集的"依赖"关系。按照属性间的对应情况可以将这种依赖关系分为两类：一类是"多对一"的依赖，一类是"一对多"的依赖。"多对一"的依赖最为常见，研究结果也最为齐整，这就是本章着重讨论的"函数依赖"。"一对多"的依赖相当复杂，就目前而言，人们认识到属性之间存在两种有用的"一对多"情形：一种是多值依赖关系，一种是连接依赖关系。基于对这三种依赖关系在不同层面上的具体要求，人们又将属性之间的这些关联分为若干等级，这就形成了所谓的关系的规范化（Relation Normalization）。由此看来，解决关系数据库冗余问题的基本方案就是分析研究属性之间的联系，按照每个关系中属性间满足某种内在语义条件，以及相应运算当中表现出来的某些特定要求，也就是按照属性间联系所处的规范等级来构造关系。由此产生的一整套有关理论称之为关系数据库的规范化理论。

5.2　函数依赖

函数依赖是数据依赖的一种，它反映了同一关系中属性间一一对应的约束。函数依赖是关系规范化的理论基础。

5.2.1　关系模式的简化表示

关系模式的完整表示是一个五元组：

　　R(U,D,Dom,F)

其中，R 为关系名，U 为关系的属性集合，D 为属性集 U 中属性的数据域，Dom 为属性到域的映射，F 为属性集 U 的数据依赖集。

由于 D 和 Dom 对设计关系模式的作用不大，在讨论关系规范化理论时可以把它们简化掉，从而关系模式可以用三元组表示为：

　　R(U,F)

从上式可以看出，数据依赖是关系模式的重要要素。数据依赖是同一关系中属性间的相互依赖和相互制约。数据依赖包括函数依赖（Functional Dependency，FD）、多值依赖（Multivalued Dependency，MVD）和连接依赖（Join Dependency，JD）。

5.2.2　函数依赖的基本概念

1. 函数依赖

定义 5.1　设 R(U)是一个关系模式，U 是 R 的属性集合，X 和 Y 是 U 的子集。对于 R(U)的任意一个可能的关系 r，如果 r 中不存在两个元组，它们在 X 上的属性值相同，而在 Y 上的属性值不同，则称"X 函数确定 Y"或"Y 函数依赖于 X"，记作 X→Y。

函数依赖和其他数据依赖一样，是语义范畴的概念。我们只能根据数据的语义来确定函数依赖。例如，知道了学生的学号，可以唯一地查询到其对应的姓名、性别等，因而，可以说

"学号函数确定了姓名或性别"，记作"学号→姓名""学号→性别"等。这里的唯一性并非只有一个元组，而是指任何元组只要在 X（学号）上相同，则在 Y（姓名或性别）上的值也相同。如果满足不了这个条件，就不能说它们是函数依赖了。例如，学生姓名与年龄的关系，当只有在没有同名人的情况下可以说函数依赖"姓名→年龄"成立，如果允许有相同的名字，则"年龄"就不再依赖于"姓名"了。

当 X→Y 成立时，则称 X 为决定因素（Determinant），称 Y 为依赖因素（Dependent）。当 Y 不函数依赖于 X 时，记为 X↛Y。

如果 X→Y 且 Y→X，则记为 X←→Y。

特别需要注意的是，函数依赖不是指关系模式 R 中某个或某些关系满足的约束条件，而是指 R 的一切关系均要满足的约束条件。

函数依赖概念实际是候选键概念的推广，事实上，每个关系模式 R 都存在候选键，每个候选键 K 都是一个属性子集，由候选键定义，对于 R 的任何一个属性子集 Y，在 R 上都有函数依赖 K→Y 成立。一般而言，给定 R 的一个属性子集 X，在 R 上另取一个属性子集 Y，不一定有 X→Y 成立，但是对于 R 中的候选键 K，R 的任何一个属性子集都与 K 有函数依赖关系，K 是 R 中任意属性子集的决定因素。

2. 函数依赖的三种基本情形

函数依赖可以分为以下三种基本情形：

（1）平凡函数依赖与非平凡函数依赖。

定义 5.2 在关系模式 R(U) 中，对于 U 的子集 X 和 Y，如果 X→Y，但 Y 不是 X 的子集，则称 X→Y 是非平凡函数依赖（Nontrivial Function Dependency）；若 Y 是 X 的子集，则称 X→Y 是平凡函数依赖（Trivial Function Dependency）。

对于任一关系模式，平凡函数依赖都是必然成立的，它不反映新的语义。因此，若不特别声明，本书总是讨论非平凡函数依赖。

（2）完全函数依赖与部分函数依赖。

定义 5.3 在关系模式 R(U) 中，如果 X→Y，并且对于 X 的任何一个真子集 X′，都有 X′↛Y，则称 Y 完全函数依赖（Full Functional Dependency）于 X，记作 $X \xrightarrow{F} Y$；若 X→Y，但 Y 不完全函数依赖于 X，则称 Y 部分函数依赖（Partial Functional Dependency）于 X，记作 $X \xrightarrow{P} Y$。

如果 Y 对 X 部分函数依赖，X 中的"部分"就可以确定对 Y 的关联，从数据依赖的观点来看，X 中存在"冗余"属性。

（3）传递函数依赖。

定义 5.4 在关系模式 R(U) 中，如果 X→Y，Y→Z，且 Y↛X，则称 Z 传递函数依赖（Transitive Functional Dependency）于 X，记作 $Z \xrightarrow{T} X$。

传递函数依赖定义中之所以要加上条件 Y↛X，是因为如果 Y→X，则 X←→Y，这实际上是 Z 直接依赖于 X，而不是传递函数依赖了。

按照函数依赖的定义可以知道，如果 Z 传递依赖于 X，则 Z 必然函数依赖于 X，如果 Z 传递依赖于 X，说明 Z 是"间接"依赖于 X，从而表明 X 和 Z 之间的关联较弱，表现出间接的弱数据依赖，因而是产生数据冗余的原因之一。

5.2.3　码的函数依赖表示

前面章节中给出了关系模式的码的非形式化定义，这里使用函数依赖的概念来严格定义关系模式的码。

定义 5.5　设 K 为关系模式 R(U,F) 中的属性或属性集合。若 K→U，则 K 称为 R 的一个超码（Super Key）。

定义 5.6　设 K 为关系模式 R(U,F) 中的属性或属性集合。若 $K \xrightarrow{F} U$，则 K 称为 R 的一个候选码（Candidate Key）。候选码一定是超码，而且是"最小"的超码，即 K 的任意一个真子集都不再是 R 的超码。候选码有时也称为"候选键"或"码"。

若关系模式 R 有多个候选码，则选定其中一个作为主码（Primary Key）。

组成候选码的属性称为主属性（Prime Attribute），不参加任何候选码的属性称为非主属性（Non-key Attribute）。

在关系模式中，最简单的情况是单个属性是码，称为单码（Single Key）；最极端的情况是整个属性组都是码，称为全码（All Key）。

定义 5.7　关系模式 R 中属性或属性组 X 并非 R 的码，但 X 是另一个关系模式的码，则称 X 是 R 的外部码（Foreign Key），也称为外码。

码是关系模式中的一个重要概念。候选码能够唯一地标识关系的元组，是关系模式中一组最重要的属性。另一方面，主码又和外部码一起提供了一个表示关系间联系的手段。

5.2.4　函数依赖和码的唯一性

码是由一个或多个属性组成的可唯一标识元组的最小属性组。码在关系中总是唯一的，即码函数决定关系中的其他属性。因此，一个关系，码值总是唯一的（如果码的值重复，则整个元组都会重复）；否则，违反实体完整性规则。

与码的唯一性不同，在关系中，一个函数依赖的决定因素可能是唯一的，也可能不是唯一的。如果我们知道 A 决定 B，且 A 和 B 在同一关系中，但我们仍无法知道 A 是否能决定除 B 以外的其他所有属性，所以无法知道 A 在关系中是否是唯一的。

【例 5.2】有关系模式：学生成绩（学生号，课程号，成绩，教师，教师办公室）。此关系中包含的 4 种函数依赖为：

（学生号，课程号）→成绩

课程号→教师

课程号→教师办公室

教师→教师办公室

其中，课程号是决定因素，但它不是唯一的。因为它能决定教师和教师办公室，但不能决定属性成绩。但决定因素（学生号，课程号）除了能决定成绩外，当然也能决定教师和教师办公室，所以它是唯一的。关系的码应取（学生号，课程号）。

函数依赖性是一个与数据有关的事务规则的概念。如果属性 B 函数依赖于属性 A，那么，若知道了 A 的值，则完全可以找到 B 的值。这并不是说可以导算出 B 的值，而是逻辑上只能存在一个 B 的值。

例如，在人这个实体中，如果知道某人的唯一标识符，如身份证号，则可以得到此人的性别、身高、职业等信息，所有这些信息都依赖于确认此人的唯一的标识符。通过非主属性如年龄，无法确定此人的身高，从关系数据库的角度来看，身高不依赖于年龄。事实上，这也就意味着码是实体实例的唯一标识符。因此，在以人为实体来讨论依赖性时，如果已经知道是哪个人，则身高、体重等就都知道了。码指示了实体中的某个具体实例。

5.3 函数依赖的公理系统

表 5.5 F 的闭包 F+

A→∅	AB→∅	AC→∅	ABC→∅	B→∅	C→∅
A→A	AB→A	AC→A	ABC→A	B→B	C→C
A→B	AB→B	AC→B	ABC→B	B→C	∅→∅
A→C	AB→C	AC→C	ABC→C	B→BC	
A→AB	AB→AB	AC→AB	ABC→AB	BC→∅	
A→AC	AB→AC	AC→AC	ABC→AC	BC→B	
A→BC	AB→BC	AC→BC	ABC→BC	BC→C	
A→ABC	AB→ABC	AC→ABC	ABC→ABC	BC→BC	

由表 5.5 可见，一个小的具有两个元素函数依赖集 F 常常会有一个大的具有 43 个元素的闭包 F^+，当然 F^+ 中会有许多平凡函数依赖，例如 A→∅、AB→B 等，这些并非都是实际中所需要的。

5.3.1 属性的闭包与 F 逻辑蕴含的充要条件

从理论上讲，对于给定的函数依赖集合 F，只要反复使用 Armstrong 公理系统给出的推理规则，直到不能再产生新的函数依赖为止，就可以算出 F 的闭包 F^+。但在实际应用中，这种方法不仅效率较低，而且还会产生大量"无意义"或者意义不大的函数依赖。由于人们感兴趣的可能只是 F^+ 的某个子集，因此许多实际过程几乎没有必要计算 F 的闭包 F^+ 自身。正是为了解决这样的问题，才引入了属性集闭包的概念。

1. 属性集闭包

设 F 是属性集合 U 上的一个函数依赖集，$X \subseteq U$，称 X_{F+}={A | A∈U，X→A 能由 F 按照 Armstrong 公理系统导出}为属性集 X 关于 F 的闭包。

如果只涉及一个函数依赖集 F，即无需对函数依赖集进行区分，属性集 X 关于 F 的闭包就可简记为 X^+。需要注意的是，上述定义中的 A 是 U 中的单属性子集时，总有 $X \subseteq X^+ \subseteq U$。

【例 5.3】设有关系模式 R(U,F)，其中 U=ABC，F={A→B，B→C}，按照属性集闭包的概念，则有：A^+=ABC，B^+=BC，C^+=C。

2. 求属性集闭包算法

设属性集 X 的闭包为 closure，其计算算法如下：

```
closure = x;
    do {if  F 中存在函数依赖 UV 满足  U  closure
```

　　　　　　then　　closure = closure V;
　　　　　} while (closure 有所改变);

3．F 逻辑蕴含的充要条件

一般而言，给定一个关系模式 R(U,F)，其中函数依赖集 F 的闭包 F^+ 只是 U 上所有函数依赖集的一个子集，那么对于 U 上的一个函数依赖 X→Y，如何判定它是否属于 F^+，即如何判定是否 F 逻辑蕴含 X→Y 呢？一个自然的思路就是将 F^+ 计算出来，然后看 X→Y 是否在集合 F^+ 之中。前面已经说过，由于种种原因，人们一般并不直接计算 F^+。注意到计算一个属性集的闭包通常比计算一个函数依赖集的闭包要简便，因此有必要讨论能否将"X→Y 属于 F^+"的判断问题归结为其中决定因素 X 的闭包 X^+ 的计算问题。下面的例题对此作出了回答。

设 F 是属性集 U 上的函数依赖集，X 和 Y 是 U 的子集，则 X→Y 能由 F 按照 Armstrong 公理系统推出，即 X→Y∈F^+ 的充分必要条件是 Y⊆X^+。

事实上，如果 Y=A1,A2,…,An 并且 Y⊆X^+，则由 X 关于 F 闭包 F^+ 的定义，对于每个 Ai∈Y（i=1,2,…,n）能够关于 F 按照 Armstrong 公理推出，再由全并规则 A4 即可知道 X→Y 能由 F 按照 Armstrong 公理得到。充分性得证。

如果 X→Y 能由 F 按照 Armstrong 公理导出，并且 Y=A1,A2,…,An，按照分解规则 A5 可以得知 X→Ai（i=1,2,…,n），这样由 X+ 的定义就得到 Ai∈X^+（i=1,2,…,n），所以 Y⊆X^+，必要性得证。

5.3.2　最小函数依赖集 F_{min}

设有函数依赖集 F，F 中可能有些函数依赖是平凡的，有些是"多余的"。如果有两个函数依赖集，它们在某种意义上"等价"，而其中一个"较大"些，另一个"较小"些，人们自然会选用"较小"的一个。这个问题的确切提法是：给定一个函数依赖集 F，怎样求得一个与 F"等价"的"最小"的函数依赖集 F_{min}。显然，这是一个有意义的课题。

1．函数依赖集的覆盖与等价

设 F 和 G 是关系模式 R 上的两个函数依赖集，如果所有为 F 所蕴含的函数依赖都为 G 所蕴含，即 F^+ 是 G^+ 的子集：$F^+⊆G^+$，则称 G 是 F 的覆盖。

当 G 是 F 的覆盖时，只要实现了 G 中的函数依赖，就自动实现了 F 中的函数依赖。

如果 G 是 F 的函数覆盖，同时 F 又是 G 的函数覆盖，即 $F^+=G^+$，则称 F 和 G 是相互等价的函数依赖集。

当 F 和 G 等价时，只要实现了其中的一个函数依赖，就自动实现了另一个函数依赖。

2．最小函数依赖集

对于一个函数依赖集 F，称函数依赖集 F_{min} 为 F 的最小函数依赖集，是指 F_{min} 满足下述条件：

（1）F_{min} 与 F 等价：$F^+_{min}=F^+$。

（2）F_{min} 中每个函数依赖 X→Y 的依赖因素 Y 为单元素集，即 Y 只含有一个属性。

（3）F_{min} 中每个函数依赖 X→Y 的决定因素 X 没有冗余，即只要删除 X 中的任何一个属性就会改变 F_{min} 的闭包 F^+_{min}。顺便说一句，一个具有如此性质的函数依赖称为是左边不可约的。

（4）F_{min} 中每个函数依赖都不是冗余的，即删除 F_{min} 中的任何一个函数依赖，F_{min} 就将变为另一个不等价于 F_{min} 的集合。

最小函数依赖集 F_{min} 实际上是函数依赖集 F 的一种没有"冗余"的标准或规范形式，定义中的 1 表明 F 和 F_{min} 具有相同的"功能"；2 表明 F_{min} 中每一个函数依赖都是"标准"的，即其中依赖因素都是单属性子集；3 表明 F_{min} 中每一个函数依赖的决定因素都没有冗余的属性；4 表明 F_{min} 中没有可以从 F 的剩余函数依赖导出的冗余的函数依赖。

3. 最小函数依赖集的算法

任何一个函数依赖集 F 都存在着最小函数依赖集 F_{min}。

事实上，对于函数依赖集 F 来说，由 Armstrong 公理系统中的分解性规则 A5，如果其中的函数依赖中的依赖因素不是单属性集，就可以将其分解为单属性集，不失一般性，可以假定 F 中任意一个函数依赖的依赖因素 Y 都是单属性集合。对于任意函数依赖 X→Y 决定因素 X 中的每个属性 A，如果将 A 去掉而不改变 F 的闭包，就将 A 从 X 中删除，否则将 A 保留；按照同样的方法逐一考察 F 中的其余函数依赖。最后，对所有如此处理过的函数依赖，再逐一讨论如果将其删除，函数依赖集是否改变，不改变就真正删除，否则保留，由此就得到函数依赖集 F 的最小函数依赖集 F_{min}。

需要注意的是，虽然任何一个函数依赖集的最小依赖集都是存在的，但并不唯一。

下面给出上述思路的实现算法：

（1）由分解性规则 A5 得到一个与 F 等价的函数依赖集 G，G 中任意函数依赖的依赖因素都是单属性集合。

（2）在 G 的每一个函数依赖中消除决定因素中的冗余属性。

（3）在 G 中消除冗余的函数依赖。

【例 5.4】设有关系模式 R(U,F)，其中 U=ABC，F={A→{B,C},B→C,A→B,{A,B}→C}，按照上述算法，可以求出 F_{min}。

（1）将 F 中所有函数依赖的依赖因素写成单属性集形式：

G={A→B,A→C,B→C,A→B,{A,B}→C}

这里多出一个 A→B，可以删掉，得到：

G={A→B,A→C,B→C,{A,B}→C}

（2）G 中的 A→C 可以从 A→B 和 B→C 推导出来，A→C 是冗余的，删掉 A→C，可得：

G={A→B,B→C,{A,B}→C}

（3）G 中的{A,B}→C 可以从 B→C 推导出来，是冗余的，删掉{A,B}→C，最后得：

G={A→B,B→C}。

所以 F 的最小函数依赖集 F_{min}={A→B,B→C}。

5.4 关系模式的规范化

关系数据库中的关系必须满足一定的规范化要求，对于不同的规范化程度可用范式来衡量。范式是符合某一种级别的关系模式的集合，是衡量关系模式规范化程度的标准，达到的关系才是规范化的。目前主要有 6 种范式：第一范式、第二范式、第三范式、BC 范式、第四范式和第五范式。满足最低要求的叫第一范式，简称 1NF。在第一范式的基础上进一步满足一些要求的为第二范式，简称 2NF。其余依此类推。显然各种范式之间存在联系：

1NF⊃2NF⊃3NF⊃BCNF⊃4NF⊃5NF

通常把某一关系模式 R 为第 n 范式简记为 R∈nNF。

范式的概念最早是由 E.F.Codd 提出的。在 1971 年到 1972 年期间，他先后提出了 1NF、2NF、3NF 的概念，1974 年他又和 Boyee 共同提出了 BCNF 的概念，1976 年 Fagin 提出了 4NF 的概念，后来又有人提出了 5NF 的概念。在这些范式中，最重要的是 3NF 和 BCNF，它们是进行规范化的主要目标。一个低一级范式的关系模式，通过模式分解可以转换为若干高一级范式的关系模式的集合，这个过程称为规范化。

5.4.1　规范化的含义

关系模式的规范化主要解决的问题是关系中数据冗余及由此产生的操作异常，而从函数依赖的观点来看，即是消除关系模式中产生数据冗余的函数依赖。

定义 5.8　当一个关系中的所有分量都是不可分的数据项时，就称该关系是规范化的。

下述例子（表 5.6 和表 5.7）由于具有组合数据项或多值数据项，因而说它们都不是规范化的关系。

表 5.6　具有组合数据项的非规范化关系

职工号	姓名	工资		
		基本工资	职务工资	工龄工资

表 5.7　具有多值数据项的非规范化关系

职工号	姓名	职称	系名	学历	毕业年份
05103	周斌	教授	计算机	大学 研究生	1983 1992
05306	陈长树	讲师	计算机	大学	1995

5.4.2　第一范式

定义 5.9　如果关系模式 R 中每个属性值都是一个不可分解的数据项，则称该关系模式满足第一范式（First Normal Form，1NF），记为 R∈1NF。

第一范式规定了一个关系中的属性值必须是"原子"的，它排斥了属性值为元组、数组或某种复合数据的可能性，使得关系数据库中所有关系的属性值都是"最简形式"，这样要求的意义在于可能做到起始结构简单，为以后复杂情形的讨论带来方便。一般而言，每一个关系模式都必须满足第一范式，1NF 是对关系模式的起码要求。

非规范化关系转化为 1NF 的方法很简单，当然也不是唯一的，对表 5.5 和表 5.6 分别进行横向和纵向展开，即可转化为如表 5.8 和表 5.9 所示的符合 1NF 的关系。

表 5.8　符合 1NF 的关系

职工号	姓名	基本工资	职务工资	工龄工资

表5.9 符合1NF的关系

职工号	姓名	职称	系名	学历	毕业年份
01103	周向前	教授	计算机	大学	1971
01103	周向前	教授	计算机	研究生	1971
03307	陈长根	讲师	计算机	大学	1993

但是满足第一范式的关系模式并不一定是一个好的关系模式，例如关系模式：

SLC(SNO,DEPT,SLOC,CNO,GRADE)

其中 SLOC 为学生住处，假设每个学生住在同一个地方，SLC 的码为(SNO,CNO)，函数依赖包括：

$$(SNO,CNO) \xrightarrow{F} GRADE$$

$$SNO \rightarrow DEPT$$

$$(SNO,CNO) \xrightarrow{P} DEPT$$

$$SNO \rightarrow SLOC$$

$$(SNO,CNO) \xrightarrow{P} SLOC$$

DEPT→SLOC（因为每个系只住一个地方）

显然，SLC 满足第一范式。这里(SNO,CNO)两个属性一起函数决定 GRADE。(SNO,CNO)也函数决定 DEPT 和 SLOC。但实际上仅 SNO 就函数决定 DEPT 和 SLOC。因此非主属性 DEPT 和 SLOC 部分函数依赖于码(SNO,CNO)。

SLC 关系存在以下 3 个问题：

（1）插入异常。

假若要插入一个 SNO='95102'，DEPT='IS'，SLOC='N'，但还未选课的学生，即这个学生无 CNO，这样的元组不能插入 SLC 中，因为插入时必须给定码值，而此时码值的一部分为空，因而该学生的信息无法插入。

（2）删除异常。

假定某个学生只选修了一门课，如 99022 号学生只选修了 3 号课程，现在连 3 号课程他也选修不了，那么 3 号课程这个数据项就要删除。课程 3 是主属性，删除了课程号 3，整个元组就不能存在了，也必须跟着删除，从而删除了 99022 号学生的其他信息，产生了删除异常，即不应删除的信息也删除了。

（3）数据冗余度大。

如果一个学生选修了 10 门课程，那么他的 DEPT 和 SLOC 值就要重复存储 10 次。并且当某个学生从数学系转到信息系时，这本来只是一件事，只需要修改此学生元组中的 DEPT 值。但因为关系模式 SLC 还含有系的住处 SLOC 属性，学生转系将同时改变住处，因而还必须修改元组中 SLOC 的值。另外如果这个学生选修了 10 门课，由于 DEPT、SLOC 重复存储了 10 次，当数据更新时必须无遗漏地修改 10 个元组中全部的 DEPT、SLOC 信息，这就造成了修改的复杂化，存在破坏数据一致性的隐患。

因此，SLC 不是一个好的关系模式。

5.4.3　第二范式

定义 5.10　如果一个关系模式 R∈1NF，且它的所有非主属性都完全函数依赖于 R 的任一候选码，则 R∈2NF。

关系模式 SLC 出现上述问题的原因是 DEPT 和 SLOC 对码的部分函数依赖。为了消除这些部分函数依赖，可以采用投影分解法把 SLC 分解为两个关系模式：

SC(SNO,CNO,GRADE)

SL(SNO,DEPT,SLOC)

其中 SC 的码为(SNO,CNO)，SL 的码为 SNO。

显然，在分解后的关系模式中，非主属性都完全函数依赖于码了，从而使前述 3 个问题在一定程度上得到了部分解决。

（1）在 SL 关系中可以插入尚未选课的学生。

（2）删除学生选课情况涉及的是 SC 关系，如果一个学生所有的选课记录全部删除了，只是 SC 关系中没有关于该学生的记录了，不会牵涉到 SL 关系中关于该学生的记录。

（3）由于学生选修课程的情况与学生的基本情况是分开存储在两个关系中的，因此不论该学生选修多少门课程，他的 DEPT 和 SLOC 值都只存储了 1 次。这就大大降低了数据冗余程度。

（4）由于学生从数学系转到信息系，只需修改 SL 关系中该学生元组的 DEPT 值和 SLOC 值，由于 DEPT 和 DLOC 并未重复存储，因此简化了修改操作。

2NF 就是不允许关系模式的属性之间有这样的依赖 X→Y，其中 X 是码的真子集，Y 是非主属性。显然，码只包含一个属性的关系模式，如果属于 1NF，那么也一定属于 2NF，因为它不可能存在非主属性对码的部分函数依赖。

上例中的 SC 关系和 SL 关系都属于 2NF。可见，采用投影分解法将一个 1NF 的关系分解为多个 2NF 的关系，可以在一定程度上减轻原 1NF 关系中存在的插入异常、删除异常、数据冗余度大等问题。

但是将一个 1NF 关系分解为多个 2NF 关系，并不能完全消除关系模式中的各种异常情况和数据冗余。也就是说，属于 2NF 的关系模式并不一定是一个好的关系模式。

例如，2NF 关系模式 SL(SNO,DEPT,SLOC)中有下列函数依赖：

SNO→DEPT

DEPT→SLOC

SNO→SLOC

由上可知，SLOC 传递函数依赖于 SNO，即 SL 中存在非主属性对码的传递函数依赖，SL 关系中仍然存在插入异常、删除异常和数据冗余度大的问题。

（1）删除异常：如果某个系的学生全部毕业了，在删除该系学生信息的同时，把这个系的信息也丢掉了。

（2）数据冗余度大：每一个系的学生都住在同一个地方，关于系的住处的信息却重复出现，重复次数与该系学生人数相同。

（3）修改复杂：当学校调整学生住处时，比如信息系的学生全部迁到另一个地方住宿，由于关于每个系的住处信息是重复存储的，修改时必须同时更新该系所有学生的 SLOC 属性值。

所以 SL 仍然存在操作异常问题，仍然不是一个好的关系模式。

5.4.4 第三范式

定义 5.11 如果一个关系模式 $R \in 2NF$，且所有非主属性都不传递函数依赖于任何候选码，则 $R \in 3NF$。

关系模式 SL 出现上述问题的原因是 SLOC 传递函数依赖于 SNO。为了消除该传递函数依赖，可以采用投影分解法把 SL 分解为两个关系模式：

SD(SNO,DEPT)

DL(DEPT,SLOC)

其中 SD 的码为 SNO，DL 的码为 DEPT。

显然，在关系模式中既没有非主属性对码的部分函数依赖也没有非主属性对码的传递函数依赖，这样就基本解决了上述问题。

（1）DL 关系中可以插入无在校学生的信息。

（2）某个系的学生全部毕业了，只是删除 SD 关系中的相应元组，DL 关系中关于该系的信息仍然存在。

（3）关于系的住处的信息只在 DL 关系中存储一次。

（4）当学校调整某个系的学生住处时，只需修改 DL 关系中一个相应元组的 SLOC 属性值。

3NF 就是不允许关系模式的属性之间有这样的非平凡函数依赖 $X \rightarrow Y$，其中 X 不包含码，Y 是非主属性。X 不包含码有两种情况：X 是码的真子集，这也是 2NF 不允许的；X 含有非主属性，这是 3NF 进一步限制的。

上例中的 SD 关系和 DL 关系都属于 3NF。可见，采用投影分解法将一个 2NF 的关系分解为多个 3NF 的关系，可以在一定程度上解决原 2NF 关系中存在的插入异常、删除异常、数据冗余度大、修改复杂等问题。

但是将一个 2NF 关系分解为多个 3NF 的关系后，并不能完全消除关系模式中的各种异常情况和数据冗余。也就是说，属于 3NF 的关系模式虽然消除了大部分异常问题，但解决得并不彻底，仍然存在不足。

例如模型 SC(SNO,SNAME,CNO,GRADE)。

如果姓名是唯一的，模型存在两个候选码：(SNO,CNO)和(SNAME,CNO)。

模型 SC 只有一个非主属性 GRADE，对两个候选码(SNO,CNO)和(SNAME,CNO)都是完全函数依赖，并且不存在对两个候选码的传递函数依赖。因此 $SC \in 3NF$。

如果学生退选了课程，元组被删除会失去学生学号与姓名的对应关系，这样仍然存在删除异常的问题；由于学生选课很多，姓名也将重复存储，造成数据冗余。因此 3NF 虽然已经是比较好的模型，但仍然存在改进的余地。

5.4.5 BCNF 范式

定义 5.12 关系模式 $R \in 1NF$，对任何非平凡的函数依赖 $X \rightarrow Y$（$Y \nsubseteq X$），X 均包含码，则 $R \in BCNF$。

BCNF 是从 1NF 直接定义而成的，可以证明，如果 $R \in BCNF$，则 $R \in 3NF$。

由 BCNF 的定义可以看到，每个 BCNF 的关系模式都具有如下 3 个性质：

（1）所有非主属性都完全函数依赖于每个候选码。

（2）所有主属性都完全函数依赖于每个不包含它的候选码。

（3）没有任何属性完全函数依赖于非码的任何一组属性。

如果关系模式 R∈BCNF，由定义可知，R 中不存在任何属性传递函数依赖于或部分依赖于任何候选码，所以必定有 R∈3NF。但是，如果 R∈3NF，R 却未必属于 BCNF。

3NF 和 BCNF 是以函数依赖为基础的关系模式规范化程度的测度。

如果一个关系数据库中的所有关系模式都属于 BCNF，那么在函数依赖范畴内，它已实现了模式的彻底分解，达到了最高的规范化程度，消除了插入异常和删除异常。

BCNF 是对 3NF 的改进，但是在具体实现时有时是有问题的，例如下面的模型 SJT(U,F) 中：

U=STJ，F={SJ→T,ST→J,T→J}

码是 ST 和 SJ，没有非主属性，所以 STJ∈3NF。

但是非平凡的函数依赖 T→J 中 T 不是码，因此 SJT 不属于 BCNF。

而当用分解的方法提高规范化程度时，将破坏原来模式的函数依赖关系，这对于系统设计来说是有问题的。这个问题涉及模式分解的一系列理论问题，在这里不再进行进一步的探讨。

在信息系统的设计中，普遍采用的是"基于 3NF 的系统设计"方法，就是由于 3NF 是无条件可以达到的，并且基本解决了"异常"的问题，因此这种方法目前在信息系统的设计中仍然被广泛应用。

如果仅考虑函数依赖这一种数据依赖，属于 BCNF 的关系模式就已经很完美了。但如果考虑其他数据依赖，例如多值依赖，则属于 BCNF 的关系模式仍然存在问题，不能算是一个完美的关系模式。

5.5　多值依赖与 4NF

在关系模式中，数据之间是存在一定联系的，而对这种联系处理的适当与否直接关系到模式中数据冗余的情况。函数依赖是一种基本的数据依赖,通过对数据函数依赖的讨论和分解,可以有效地消除模式中的冗余现象。函数依赖实质上反映的是"多对一"联系，在实际应用中还会有"一对多"形式的数据联系，诸如此类的不同于函数依赖的数据联系也会产生数据冗余，从而引发各种数据异常现象。本节就讨论数据依赖中"多对一"现象及其产生的问题。

5.5.1　问题的引入

先来看下面的例子。

【例 5.5】设有一个课程安排关系，如表 5.10 所示。

表 5.10　课程安排关系

课程名称	任课教师	选用教材名称
高等数学	T11 T12 T13	B11 B12

课程名称	任课教师	选用教材名称
数据结构	T21	B21
	T22	B22
	T23	B23

在这里课程安排具有如下语义：

（1）"高等数学"这门课程可以由 3 个教师担任，同时有两本教材可以选用。

（2）"数据结构"这门课程可以由 3 个教师担任，同时有 3 本教材可以选用。

如果分别用 Cn、Tn 和 Bn 表示"课程名称""任课教师"和"教材名称"，上述情形可以表示为如表 5.11 所示的关系 CTB。

表 5.11 关系 CTB

Cn	Tn	Bn
高等数学	T11	B11
高等数学	T11	B12
高等数学	T12	B11
高等数学	T12	B12
高等数学	T13	B11
高等数学	T13	B12
数据结构	T21	B21
数据结构	T21	B22
数据结构	T21	B23
数据结构	T22	B21
数据结构	T22	B22
数据结构	T22	B23
数据结构	T23	B21
数据结构	T23	B22
数据结构	T23	B23

很明显，这个关系表是数据高度冗余的。

通过仔细分析关系 CTB，可以发现它有如下特点：

（1）属性集{Cn}与{Tn}之间存在着数据依赖关系，在属性集{Cn}与{Bn}之间也存在着数据依赖关系，而这两个数据依赖都不是"函数依赖"，当属性集{Cn}的一个值确定之后，另一属性集{Tn}就有一组值与之对应。例如当课程名称 Cn 的一个值"高等数学"确定之后，就有一组任课教师 Tn 的值"T11、T12 和 T13"与之对应。对于 Cn 与 Bn 的数据依赖也是如此，显然，这是一种"一对多"的情形。

（2）属性集{Tn}和{Bn}也有关系，这种关系是通过{Cn}建立起来的间接关系，而且这种关系最值得注意的是，当{Cn}的一个值确定之后，其所对应的一组{Tn}值与 U-{Cn}-{Tn}无关，取定{Cn}的一个值为"高等数学"，则对应{Tn}的一组值"T11、T12 和 T13"与此"高等数学"课程选用的教材即 U-{Cn}-{Tn}值无关。显然，这是"一对多"关系中的一种特殊情况。

如果属性 X 与 Y 之间依赖关系具有上述特征，就不为函数依赖关系所包容，需要引入新的概念予以刻画与描述，这就是多值依赖的概念。

5.5.2　多值依赖的基本概念

1. 多值依赖的概念

定义 5.13　设有关系模式 R(U)，X、Y 是属性集 U 中的两个子集，而 r 是 R(U)中任意给定的一个关系。如果有下述条件成立，则称 Y 多值依赖（Multivalued Dependency）于 X，记作 X→→Y：

（1）对于关系 r 在 X 上的一个确定的值（元组），都有 r 在 Y 中的一组值与之对应。

（2）Y 的这组对应值与 r 在 Z=U–X–Y 中的属性值无关。

此时，如果 X→→Y，但 Z=U–X–Y≠∅，则称为非平凡多值依赖，否则称为平凡多值依赖。平凡多值依赖的一个常见情形是 U=X∪Y，此时 Z=∅，多值依赖定义中关于 X→→Y 的要求总是满足的。

2. 多值依赖概念分析

属性集 Y 多值依赖于属性值 X，即 X→→Y 的定义实际上说明下面几个基本点：

（1）说明 X 与 Y 之间的对应关系是相当宽泛的，即 X 一个值所对应的 Y 值的个数没有作任何强制性规定，Y 值的个数可以是从零到任意多个自然数，是"一对多"的情形。

（2）说明这种"宽泛性"应当受必要的限制，即 X 所对应的 Y 的取值与 U–X–Y 无关，是一种特定的"一对多"情形。确切地说，如果用形式化语言描述，则有：在 R(U)中如果存在 X→→Y，则对 R 中任意一个关系 r，当元组 s 和 t 属于 r，并且在 X 上的投影相等：s[X]=t[X]时，应有：

s=s[X]+s[Y]+s[U–X–Y]和 t=t[X]+t[Y]+t[U–X–Y]

相应的两个新的元组：

u=s[X]+t[Y]+s[U–X–Y]和 v=t[X]+s[Y]+t[U–X–Y]

则 u 和 v 还应当属于 r。

上述情形可以用表 5.12 予以适当解释。

表 5.12　多值依赖的示意

	X	Z=U–X–Y	Y
s	X	Z1	Y1
t	X	Z2	Y2
u	X	Z1	Y2
v	X	Z2	Y1

在例 5.5 的关系 CTB 中，按照上述分析，可以验证 Cn→→Tn，Cn→→Bn。

"（1）"和"（2）"说明考察关系模式 R(U)上多值依赖 X→→Y 是与另一个属性子集

Z=U–X–Y 密切相关的，而 X、Y 和 Z 构成了 U 的一个分割，即 U=X∪Y∪Z，这一观点对于多值依赖概念的推广十分重要。

3. 多值依赖的性质

由定义可以得到多值依赖具有下述基本性质：

（1）在 R(U)中 X→→Y 成立的充分必要条件是 X→→U–X–Y 成立。

必要性可以从上述分析中得到证明。事实上，交换 s 和 t 的 Y 值所得到的元组与交换 s 和 t 中的 Z=U–X–Y 值得到的两个元组是一样的。充分性类似可证。

（2）在 R(U)中如果 X→Y 成立，则必有 X→→Y。

事实上，此时如果 s、t 在 X 上的投影相等，则在 Y 上的投影也必然相等，该投影自然与 s 和 t 在 Z=U–X–Y 上的投影有关。

"（1）"表明多值依赖具有某种"对称性质"：只要知道了 R 上的一个多值依赖 X→→Y，就可以得到另一个多值依赖 X→→Z，而且 X、Y 和 Z 是 U 的分割；"（2）"说明多值依赖是函数依赖的某种推广，函数依赖是多值依赖的特例。

5.5.3　第四范式

定义 5.14　关系模式 R∈1NF，对于 R(U)中的任意两个属性子集 X 和 Y，如果非平凡的多值依赖 X→→Y（Y⊈X），则 X 含有码，则称 R(U)满足第四范式，记作 R(U)∈4NF。

关系模式 R(U)上的函数依赖 X→Y 可以看作多值依赖 X→→Y，如果 R(U)属于第四范式，此时 X 就是超键，所以 X→Y 满足 BCNF。因此，由 4NF 的定义就可以得到下面两点基本结论：

（1）4NF 中可能的多值依赖都是非平凡的多值依赖。

（2）4NF 中所有的函数依赖都满足 BCNF。

因此，可以粗略地说，如果 R(U)满足第四范式，则必满足 BCNF。但是反之是不成立的，所以 BCNF 不一定就是第四范式。

在例 5.5 中，关系模式 CTB(Cn,Tn,Bn)唯一的候选键是{Cn,Tn,Bn}，并且没有非主属性，当然就没有非主属性对候选键的部分函数依赖和传递函数依赖，所以 CTB 满足 BCNF。但在多值依赖 Cn→→Tn 和 Cn→→Bn 中的"Cn"不是键，所以 CTB 不属于 4NF。对 CTB 进行分解，得到关系 CTB1 和 CTB2，如表 5.13 和表 5.14 所示。

表 5.13　关系 CTB1

Cn	Tn
高等数学	T11
高等数学	T12
高等数学	T13
数据结构	T21
数据结构	T22
数据结构	T23

表 5.14　关系 CTB2

Cn	Bn
高等数学	B11
高等数学	B12
数据结构	B21
数据结构	B22
数据结构	B23

在 CTB1 中，有 Cn→→Tn，不存在非平凡多值依赖，所以 CTB1 属于 4NF；同理，CTB2

也属于 4NF。

5.6　关系模式分解

设有关系模式 R(U)，取 U 的一个子集的集合{U1,U2,...,Un}，使得 U=U1∪U2∪...∪Un，如果用一个关系模式的集合 ρ={R1(U1),R2(U2), ...,Rn(Un)}代替 R(U)，就称 ρ 是关系模式 R(U) 的一个分解。

在 R(U)分解为 ρ 的过程中，需要考虑以下两个问题：

（1）分解前的模式 R 和分解后的 ρ 是否表示同样的数据，即 R 和 ρ 是否等价的问题。

（2）分解前的模式 R 和分解后的 ρ 是否保持相同的函数依赖，即在模式 R 上有函数依赖集 F，在其上的每一个模式 Ri 上有一个函数依赖集 Fi，则{F1,F2,...,Fn}是否与 F 等价。

如果这两个问题不解决，分解前后的模式不一致，就会失去模式分解的意义。

上述第一点考虑了分解后关系中的信息是否保持的问题，由此又引入了保持依赖的概念。

5.6.1　无损分解

1. 无损分解的概念

设 R 是一个关系模式，F 是 R 上的一个依赖集，R 分解为关系模式的集合 ρ={R1(U1),R2(U2), ...,Rn(Un)}。如果对于 R 中满足 F 的每一个关系 r，都有

$$r=\prod R1(r) \bowtie \prod R2(r) \bowtie ... \bowtie \prod Rn(r)$$

则称分解相对于 F 是无损连接分解（Lossingless Join Decomposition），简称无损分解，否则就称为有损分解（Lossy Decomposition）。

【例 5.6】设有关系模式 R(U)，其中 U={A,B,C}，将其分解为关系模式集合 ρ={R1{A,B}, R2{A,C}}，如图 5.1 所示。

A	B	C
1	1	1
1	2	1

（a）关系 r

A	B
1	1
1	2

（b）关系 r1

A	C
1	1

（c）关系 r2

图 5.1　无损分解

在图 5.1 中，（a）是 R 上的一个关系，（b）和（c）是 r 在模式 R1({A,B})和 R2({A,C})上的投影 r1 和 r2。此时不难得到 r1⋈r2=r，也就是说，在 r 投影和连接之后仍然能够恢复为 r，即没有丢失任何信息，这种模式分解就是无损分解。

如图 5.2 所示是 R(U)的有损分解。

在图 5.2 中，（a）是 R 上的一个关系 r，（b）和（c）是 r 在关系模式 R1({A,B})和 R2({A,C}) 上的投影，（d）是 r1⋈r2，此时，r 在投影和连接之后比原来 r 的元组还要多（增加了噪声），同时将原有的信息丢失了。此时的分解就是有损分解。

2. 无损分解测试算法

如果一个关系模式的分解不是无损分解，则分解后的关系通过自然连接运算就无法恢复

到分解前的关系。如何保证关系模式分解具有无损分解性呢？这需要在对关系模式分解时必须利用属性间的依赖性质，并且通过适当的方法判定其分解是否为无损分解。为达到此目的，人们提出了一种"追踪"过程。

A	B	C
1	1	4
1	2	3

（a）r

A	B
1	1
1	2

（b）r1

A	C
1	4
1	3

（c）r2

A	B	C
1	1	4
1	1	3
1	2	4
1	2	3

（d）r1 ⋈ r2

图 5.2　有损分解

输入：

（1）关系模式 R(U)，其中 U={A1,A2,...,An}。

（2）R(U)上成立的函数依赖集 F。

（3）R(U)的一个分解 ρ={R1(U1),R2(U2), ...,Rn(Uk)}，而 U=U1∪U2∪…∪Uk。

输出：

ρ 相对于 F 的具有或不具有无损分解性的判断。

计算步骤如下：

（1）构造一个 k 行 n 列的表格，每列对应一个属性 Aj（j=1,2,...,n），每行对应一个模式 Ri(Ui)（i=1,2,...,k）的属性集合。如果 Aj 在 Ui 中，那么在表格的第 i 行第 j 列处添上记号 aj，否则添上记号 bij。

（2）重复检查 F 的每一个函数依赖，并且修改表格中的元素，直到表格不能修改为止。

取 F 中的函数依赖 X→Y，如果表格总有两行在 X 上分量相等，在 Y 分量上不相等，则修改 Y 分量的值，使这两行在 Y 分量上相等，实际修改分为两种情况：

①如果 Y 分量中有一个是 aj，另一个也修改成 aj。

②如果 Y 分量中没有 aj，就用标号较小的那个 bij 替换另一个符号。

（3）修改结束后的表格中有一行全是 a，即 a1,a2,...,an，则 ρ 相对于 F 是无损分解，否则不是无损分解。

【例 5.7】设有关系模式 R(U,F)，其中 U={A,B,C,D,E}，F={A→C,B→C,C→D,{D,E}→C,{C,E}→A}。R(U,F)的一个模式分解 ρ={R1(A,D),R2(A,B),R3(B,E),R4(C,D,E),R5(A,E)}。下面使用"追踪"法判断其分解是否为无损分解。

（1）构造初始表格，如表 5.15 所示。

（2）重复检查 F 中的函数依赖，修改表格元素。

表 5.15　初始表格

	A	B	C	D	E
{A,D}	a1	b12	b13	a4	b15
{A,B}	a1	a2	b23	b24	b25
{B,E}	b31	a2	b33	b34	a5
{C,D,E}	b41	b42	a3	a4	a5
{A,E}	a1	b52	b53	b54	a5

①根据 A→C，对表 5.15 行处理，由于第 1、2 和 5 行在 A 分量（列）上的值为 a1（相同），在 C 分量上的值不相同，则属性 C 列的第 1、2 和 5 行上的值 b13、b23 和 b53 必为同一符号 b13，结果如表 5.16 所示。

表 5.16　第①次修改结果

	A	B	C	D	E
{A,D}	a1	b12	b13	a4	b15
{A,B}	a1	a2	b13	b24	b25
{B,E}	b31	a2	b33	b34	a5
{C,D,E}	b41	b42	a3	a4	a5
{A,E}	a1	b52	b13	b54	a5

②根据 B→C，考察表 5.16 由于第 2 行和第 3 行在 B 列上相等，在 C 列上不相等，将属性 C 列的第 2 行和第 3 行中的 b13 和 b33 改为同一符号 b13，结果如表 5.17 所示。

表 5.17　第②次修改结果

	A	B	C	D	E
{A,D}	a1	b12	b13	a4	b15
{A,B}	a1	a2	b13	b24	b25
{B,E}	b31	a2	b13	b34	a5
{C,D,E}	b41	b42	a3	a4	a5
{A,E}	a1	b52	b13	b54	a5

③根据 C→D，考察表 5.17 由于第 1、2、3 和 5 行在 C 列上的值为 b13（相等），在 D 列上的值不相等，将 D 列的第 1、2、3 和 5 行上的元素 a4、b24、b34、b54 都改为 a4，结果如表 5.18 所示。

表 5.18　第③次修改结果

	A	B	C	D	E
{A,D}	a1	b12	b13	a4	b15
{A,B}	a1	a2	b13	a4	b25
{B,E}	b31	a2	B13	a4	a5
{C,D,E}	b41	b42	a3	a4	a5
{A,E}	a1	b52	B13	a4	a5

④根据{D,E}→C，考察表 5.18 由于第 3、4 和 5 行在 D 和 E 列上的值为 a4 和 a5，即相等，在 C 列上的值不相等，将 C 列的第 3、4 和 5 行上的元素都改为 a3，结果如表 5.19 所示。

表 5.19 第④次修改结果

	A	B	C	D	E
{A,D}	a1	b12	b13	a4	b15
{A,B}	a1	a2	b13	a4	b25
{B,E}	b31	a2	a3	a4	a5
{C,D,E}	b41	b42	a3	a4	a5
{A,E}	a1	b52	a3	a4	a5

⑤根据{C,E}→A，考察表 5.19 将 A 列的第 3、4 和 5 行的元素都改成 a1，结果如表 5.20 所示。

表 5.20 第⑤次修改结果

	A	B	C	D	E
{A,D}	a1	b12	b13	a4	b15
{A,B}	a1	a2	b13	a4	b25
{B,E}	a1	a2	a3	a4	a5
{C,D,E}	a1	b42	a3	a4	a5
{A,E}	a1	b52	a3	a4	a5

由于 F 中的所有函数依赖已经检查完毕，所以表 5.20 是全 a 行，所以关系模式 R(U)的分解 ρ 是无损分解。

5.6.2 保持函数依赖

1. 保持函数依赖的概念

设 F 是属性集 U 上的函数依赖集，Z 是 U 的一个子集，F 在 Z 上的一个投影用 $\prod_Z(F)$ 表示，定义为 $\prod_Z(F)=\{X{\to}Y|(X{\to}Y)\in F^+, XY{\subseteq}Z\}$。

设有关系模式 R(U)的一个分解 ρ={R1(U1),R2(U2),…,Rn(Un)}，F 是 R(U)上的函数依赖集，如果 $F^+=(\cup\prod_{Ui}(F))^+$，则称分解保持函数依赖集 F，简称 ρ 保持函数依赖。

【例 5.8】设有关系模式 R(U,F)，其中 U={C#,Cn,TEXTn}，C#表示课程号，Cn 表示课程名称，TEXTn 表示教材名称，而 F={C#→Cn,Cn→TEXTn}。在这里，我们规定，每一个 C#表示一门课程，但一门课程可以有多个课程号（表示开设了多个班级），每门课程只允许采用一种教材。

将 R 分解为 ρ={R1(U1,F1),R2(U2,F2)}，这里，U1={C#,Cn}，F1={C#→Cn}，U2={C#,TEXTn}，F2={C#→TEXTn}，不难证明，模式分解 ρ 是无损分解。但是，由 R1 上的函数依赖 C#→Cn 和 R2 上的函数依赖 C#→TEXTn 得不到在 R 上成立的函数依赖 Cn→TEXTn，因此，分解 ρ 丢失了 Cn →TEXTn，即 ρ 不保持函数依赖 F。分解结果如图 5.3 所示。

图 5.3 中的（a）和（b）分别表示满足 F1 和 F2 的关系 r1 和 r2，（c）表示 r1 ⋈ r2，但 r1 ⋈ r2

违反了 Cn →TEXTn。

C#	Cn
C2	数据库
C4	数据库
C6	数据结构

（a）r_1

C#	TEXTn
C2	数据库原理
C4	高级数据库
C6	数据结构教程

（b）r_2

C#	Cn	TEXTn
C2	数据库	数据库原理
C4	数据库	高级数据库
C6	数据结构	数据结构教程

（c）r1 ⋈ r2

图 5.3　不保持函数依赖的分解

2. 保持函数依赖测试算法

由保持函数依赖的概念可知，检验一个分解是否保持函数依赖，其实就是检验函数依赖集 $G=\cup\prod_{Ui}(F)$ 与 F^+ 是否相等，也就是检验一个函数依赖 $X\rightarrow Y\in F^+$ 是否可以由 G 根据 Armstrong 公理导出，即是否有 $Y\subseteq X_G^+$。

按照上述分析，可以得到保持函数依赖的测试方法。

输入：

（1）关系模式 R(U)。

（2）关系模式集合 $\rho=\{R(U1),R(U2),...,R(Un)\}$。

输出：

ρ 是否保持函数依赖。

计算步骤如下：

（1）令 $G=\cup\prod_{Ui}(F)$，F=F–G，Result=TRUE。

（2）对于 F 中的第一个函数依赖 $X\rightarrow Y$，计算 X_G^+，并令 F=F-$\{X\rightarrow Y\}$。

（3）若 $Y\not\subset X_G^+$，则令 Result=False，转向（4）；若 $F\neq\varnothing$，转向（2），否则转向（4）。

（4）若 Result=TRUE，则 ρ 保持函数依赖，否则 ρ 不保持函数依赖。

【例 5.9】设有关系模式 R(U,F)，其中 U=ABCD，$F=\{A\rightarrow B,B\rightarrow C,C\rightarrow D,D\rightarrow A\}$。R(U,F) 的一个模式分解 $\rho=\{R1(U1,F1),R2(U2,F2),R3(U3,F3)\}$，其中 U1={A,B}，U2={B,C}，U3={C,D}，F1=$\prod$U1={A→B}，F2=$\prod$U2={B→C}，F3=$\prod$U3={C→D}。按照上述算法：

（1）G={A→B, B→A,B→C,C→B,C→D,D→C}，F=F–G={D→A}，Result=TRUE。

（2）对于函数依赖 D→A，令 X={D}，有 X→Y，F={X→Y}=F－{D→A}=Φ。经过计算可以得到 X_G^+={A,B,C,D}。

（3）由于 Y={A}$\subseteq X_G^+$={A,B,C,D}，转向（4）。

（4）由于 Result=TRUE，所以模式分解 ρ 保持函数依赖。

5.7 连接依赖与5NF

前面的模式分解问题都是将原来的模型无损分解为两个模型来代替它，以提高规范化程度，并且可以达到 4NF。然而，有些关系不能无损分解为两个投影却能无损分解为 3 个（或更多个）投影，由此产生了连接依赖的问题。

5.7.1 连接依赖

先看一个实际的例子。

【例 5.10】设关系模式 SPJ(SNO,PNO,JNO)，它显然达到了 4NF。

图 5.4 所示是模式 SPJ 的一个实例。

SNO	PNO	JNO
S1	P1	J1
S1	P1	J2
S1	P2	J1
S2	P1	J1

图 5.4　SPJ 实例

图 5.5 所示是 SPJ 分别在 SP、PJ、SJ 上的投影。

SP

SNO	PNO
S1	P1
S1	P2
S2	P1

PJ

PNO	JNO
P1	J1
P1	J2
P2	J1

SJ

SNO	JNO
S1	J1
S1	J2
S2	J1

图 5.5　SPJ 在每两个属性上的投影

图 5.6（1）所示是 SP 与 PJ 自然连接的结果，图 5.6（2）所示是 PJ 与 SJ 自然连接的结果，图 5.6（3）所示是 SP 与 SJ 自然连接的结果。

SP 与 PJ 连接

SNO	PNO	JNO
S1	P1	J1
S1	P1	J2
S1	P2	J1
S2	P1	J1
S2	P1	J2

（1）

PJ 与 SJ 连接

SNO	PNO	JNO
S1	P1	J1
S1	P1	J2
S1	P2	J1
S2	P1	J1
S2	P2	J1

（2）

SP 与 SJ 连接

SNO	PNO	JNO
S1	P1	J1
S1	P1	J2
S1	P2	J1
S1	P2	J2
S2	P1	J1

（3）

图 5.6　图 5.5 两两自然连接的结果

从这个实例可以看出，图 5.4 中的关系 SPJ 分解为其中两个属性的关系后如图 5.5 所示，从图 5.6 中就可以看到，无论哪两个投影自然连接后都不是原来的关系，因此不是无损连接。但是我们却发现，对于图 5.6 中的关系，如果再与第三个关系连接（例如图 5.6（1）与 SJ 连接），又能够得到原来的 SPJ，从而达到无损连接。

在这个问题中 SPJ 依赖于 3 个投影 SP、PJ、SJ 的连接，这种依赖称为连接依赖。

定义 5.15　关系模式 R(U)中，U 是全体属性集，X,Y,...,Z 是 U 的子集，当且仅当 R 是由其在 X,Y,...,Z 上投影的自然连接组成时，称 R 满足对 X,Y,...,Z 的连接依赖，记作 JD(X,Y,...,Z)。

连接依赖是为实现关系模式无损连接的一种语义约束。

例如，图 5.7 所示是模式 SPJ 的一个实例，图 5.8 所示是插入一个新元组<S2,P1,J1>。

SPJ

SNO	PNO	JNO
S1	P1	J2
S1	P2	J1
S2	P1	J1

图 5.7　SPJ 实例

SPJ

SNO	PNO	JNO
S1	P1	J2
S1	P2	J1

图 5.8　插入一个新元组

图 5.9 所示是分别在 SP、PJ、SJ 上的投影。

SP

SNO	PNO
S1	P1
S1	P2
S2	P1

PJ

PNO	JNO
P1	J1
P1	J2
P2	J1

SJ

SNO	JNO
S1	J1
S1	J2
S2	J1

图 5.9　插入新元组后的投影

保持无损连接，必须插入元组<S1,P1,J1>，才得到图 5.10 所示的关系。

SPJ

SNO	PNO	JNO
S1	P1	J1
S1	P1	J2
S1	P2	J1
S2	P1	J1

图 5.10　合理的关系

同样，如果删除元组<S1,P1,J1>，为达到无损连接，必须同时删除元组<S1,P1,J2>和<S1,P2,J1>。因此模型中存在插入、删除操作中的"异常"问题，所以虽然模型已经达到了 4NF，但是还需要进一步分解，这就是 5NF 的问题。

从连接依赖的概念考虑，多值依赖是连接依赖的特例，连接依赖是多值依赖的推广。

5.7.2 第五范式——5NF

首先确定一个概念：对于关系 R，在连接时其连接属性都是 R 的候选码，称 R 中每个连接依赖均为 R 的候选码蕴含。从这个概念出发，有下面关于 5NF 的定义。

定义 5.16 关于模式 R，当且仅当 R 中每个连接依赖均为 R 的候选码所蕴含时，称 R 属于 5NF。

上面例子 SPJ 的候选码是(SNO,PNO,JNO)，显然不是它的投影 SP、PJ、SJ 自然连接的公共属性，因此 SPJ 不属于 5NF，而 SP、PJ、SJ 均属于 5NF。

因为多值依赖是连接依赖的特例，因此属于 5NF 的模式一定属于 4NF。

判断一个关系模式是否属于 5NF，若能够确定它的候选码和所有的连接依赖，就可以判断其是否属于 5NF。然而找出所有连接依赖是比较困难的，因此确定一个关系模式是否属于 5NF 的问题比判断其是否属于 4NF 的难度要大得多。

在关系模式的规范化理论研究中，涉及多值依赖、连接依赖的问题也有一系列的理论（如公理系统、推导规则、最小依赖集等），因为将涉及更多的基础知识，在这里就不再深入探讨了。

5.8 关系模式规范化的步骤

规范化程度过低的关系不一定能够很好地描述现实世界，可能会存在插入异常、删除异常、修改复杂、数据冗余等问题，解决方法就是对其进行规范化，转换成高级范式。

规范化的基本思想是逐步消除数据依赖中不合适的部分，使模式中的各关系模式达到某种程度的"分离"，即采用"一事一地"的模式设计原则，让一个关系描述一个概念、一个实体或实体间的一种联系。若多于一个概念就把它"分离"出去。因此所谓规范化实质上是概念的单一化。

关系模式规范化的基本步骤如图 5.11 所示。

（1）对 1NF 关系进行投影，消除原关系中非主属性对码的函数依赖，将 1NF 关系转换成为若干 2NF 关系。

（2）对 2NF 关系进行投影，消除原关系中非主属性对码的传递函数依赖，从而产生一组 3NF。

（3）对 3NF 关系进行投影，消除原关系中非主属性对码的部分函数依赖和传递函数依赖（也就是说，使决定属性都成为投影的候选码），得到一组 BCNF 关系。

以上三步也可以合并为一步：对原关系进行投影，消除决定属性不是候选码的任何函数依赖。

（4）对 BCNF 关系进行投影，消除原关系中非平凡且非函数依赖的多值依赖，从而产生一组 4NF 关系。

（5）对 4NF 关系进行投影，消除原关系中不是由候选码所蕴含的连接依赖，即可得到一组 5NF 关系。

5NF 是最终范式。

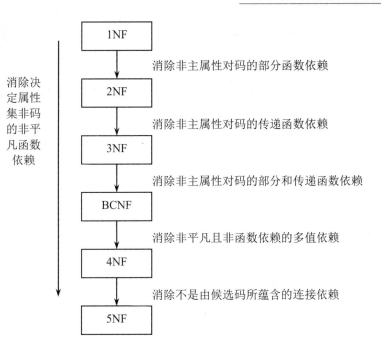

图 5.11　规范化的步骤

规范化程度过低的关系可能会存在插入异常、删除异常、修改复杂、数据冗余等问题，需要对其进行规范化，转换成高级范式。但这并不意味着规范化程度越高的关系模式就越好。在设计数据库模式结构时，必须以现实世界的实际情况和用户应用需求进行进一步分析，确定一个合适的、能够反映现实世界的模式。即上面的规范化步骤可以在其中任何一步终止。

习题五

5.1　名词解释：函数依赖、部分函数依赖、完全函数依赖、传递函数依赖、候选关键字、主关键字、全关键字、1NF、2NF、3NF、BCNF、多值依赖、4NF、连接依赖、5NF、最小函数依赖集、无损分解。

5.2　现要建立关于系、学生、班级、学会等信息的一个关系数据库。语义为：一个系有若干专业，每个专业每年只招一个班，每个班有若干学生，一个系的学生住在同一个宿舍区，每个学生可参加若干学会，每个学会有若干学生。

描述学生的属性有：学号、姓名、出生日期、系名、班号、宿舍区。

描述班级的属性有：班号、专业名、系名、人数、入校年份。

描述系的属性有：系名、系号、系办公室地点、人数。

描述学会的属性有：学会名、成立年份、地点、人数、学生参加某会的入会年份。

（1）请写出关系模式。

（2）写出每个关系模式的最小函数依赖集，指出是否存在传递依赖，在函数依赖左部是多属性的情况下，讨论函数依赖是完全依赖还是部分依赖。

（3）指出各个关系模式的候选关键字、外部关键字，有没有全关键字？

5.3 设有关系模式 R(A,B,C,D)，函数依赖集 F={A→C,C→A,B→AC,D→AC,BD→A}。

（1）求出 R 的候选码。

（2）求出 F 的最小函数依赖集。

（3）将 R 分解为 3NF，使其既具有无损连接性又具有函数依赖保持性。

5.4 设有关系模式 R(A,B,C,D,E,F)，函数依赖集 F={AB→E,BC→D,BE→C,CD→B,CE→AF,CF→BD,C→A,D→EF}，求 F 的最小函数依赖集。

5.5 判断下面的关系模式是不是 BCNF，为什么：

（1）任何一个二元关系。

（2）关系模式选课(学号,课程号,成绩)，函数依赖集 F={(学号,课程号)→成绩}。

（3）关系模式 R(A,B,C,D,E,F)，函数依赖集 F={A→BC,BC→A,BCD→EF,E→C}。

5.6 设有关系模式 R(B,O,I,S,Q,D)，函数依赖集 F={S→D,I→S,IS→Q,B→Q}。

（1）求出 R 的主码。

（2）把 R 分解为 BCNF 且具有无损连接性。

5.7 设有关系模式 R(A,B,C)，函数依赖集 F={AB→C,C→→A}，问 R 属于第几范式？为什么？

5.8 设有关系模式 R(A,B,C,D)，函数依赖集 F={A→B,B→A,AC→D,BC→D,AD→C,BD→C,A→→CD,B→→CD}。

（1）求 R 的主码。

（2）R 是否为 4NF？为什么？

（3）R 是否为 BCNF？为什么？

（4）R 是否为 3NF，为什么？

5.9 设有关系模式 R(U,F)的属性集 U={A,B,C}，函数依赖集 F={A→B,B→C}，试求属性闭包 A^+。

5.10 设有关系模式 R(A,B,C,D,E)，F={A→BC,CD→E,B→D,E→A}，ρ_1、ρ_2 是 R 的两个分解：

ρ_1={R1(A,B,C),R2(A,D,E)}

ρ_2={R1(A,B,C),R2(C,D,E)}

试验证 ρ_1、ρ_2 是否具有无损连接性。

5.11 设有关系模式 R(A,B,C,D,E)，F={A→C,B→D,C→E,DE→C,CE→A}，试问分解 ρ={R1(A,D),R2(A,B),R3(B,E),R4(C,D,E),R5(A,E)}是否是 R 的一个无损连接分解。

5.12 设有关系模式 R(A,B,C)，F={A→B,C→B}，分解 ρ_1={R1(A,B),R2(A,C)}，ρ_2={R1(A,B),R2(B,C)}是否具有依赖保持性？

第6章 数据库的安全性与完整性

- **了解**：可能破坏数据库的因素。
- **理解**：数据库管理系统提供的安全措施。
- **掌握**：数据库完整性约束的分类、定义、验证以及 SQL Server 中的完整性约束机制。

6.1 问题的提出

由于数据库在各种信息系统中得到广泛的应用，数据在信息系统中的价值越来越重要，因此数据库系统的安全与保护成为一个越来越值得重点关注的方面。

数据库系统中的数据由 DBMS 统一管理与控制，为了保证数据库中数据的安全、完整、正确和有效，要求对数据库实施保护，使其免受某些因素对其中数据造成的破坏。

一般来说，对数据库的破坏来自以下 4 个方面：

（1）非法用户。

非法用户是指那些未经授权而恶意访问、修改甚至破坏数据库的用户，包括那些超越权限来访问数据库的用户。一般来说，非法用户对数据库的危害是相当严重的。

（2）非法数据。

非法数据是指那些不符合规定或语义要求的数据，一般由用户的误操作引起。

（3）各种故障。

各种故障是指各种硬件故障（如磁盘介质）、系统软件与应用软件的错误、用户的失误等。

（4）多用户的并发访问。

数据库是共享资源，允许多个用户并发访问，由此会出现多个用户同时存取同一个数据的情况。如果对这种并发访问不加以控制，各个用户就可能存取到不正确的数据，从而破坏数据库的一致性。

针对以上 4 种对数据库破坏的可能情况，数据库管理系统（DBMS）核心已采取相应措施对数据库实施保护，具体如下：

（1）利用权限机制，只允许有合法权限的用户存取所允许的数据，这是 6.2 节"数据库的安全性"应解决的问题。

（2）利用完整性约束，防止非法数据进入数据库，这是 6.3 节"数据库的完整性"应解决的问题。

（3）提供故障恢复能力，以保证在各种故障发生后，能将数据库中的数据从错误状态恢复到一致状态。

（4）提供并发控制机制，控制多个用户对同一数据的并发操作，以保证多个用户并发访问的顺利进行。

6.2　数据库的安全性

6.2.1　数据库安全性问题的概述

1. 数据库安全问题的产生

数据库的安全性是指在信息系统的不同层次保护数据库，防止未授权的数据访问，避免数据的泄漏、不合法的修改或对数据的破坏。安全性问题不是数据库系统所独有的，它来自各个方面，其中既有数据库本身的安全机制，如用户认证、存取权限、视图隔离、审计、数据加密、数据完整性控制、数据访问的并发控制、数据库的备份和恢复等方面，也涉及计算机硬件系统、计算机网络系统、操作系统、组件、Web 服务、客户端应用程序、网络浏览器等。只是在数据库系统中大量数据集中存放，而且为许多最终用户直接共享，从而使安全性问题变得更为突出，每一个方面产生的安全问题都可能导致数据库数据的泄露、意外修改、丢失等后果。

例如，操作系统漏洞导致数据库数据泄漏。微软公司发布的安全公告声明了一个缓冲区溢出漏洞，Windows NT、Windows 2000、Windows 2003 等操作系统都受到影响。有人针对该漏洞开发出了溢出程序，通过计算机网络可以对存在该漏洞的计算机进行攻击，并得到操作系统管理员权限。如果该计算机运行了数据库系统，攻击者则可轻易获取数据库系统数据。特别是 MS SQL Server 的用户认证是和 Windows 集成的，更容易导致数据泄漏或更严重的问题。

又如，没有进行有效的用户权限控制引起的数据泄露。在 Browser/Server 结构的网络环境下的数据库或其他两层或三层结构的数据库应用系统中，一些客户端应用程序总是使用数据库管理员权限与数据库服务器进行连接（如 MS SQL Server 的管理员 sa），在客户端功能控制不合理的情况下，可能使操作人员访问到超出其访问权限的数据。

在安全问题上，DBMS 应与操作系统达成某种意向，理清关系，分工协作，以加强 DBMS 的安全性。数据库系统安全保护措施是否有效是数据库系统的主要指标之一。

为了保护数据库、防止恶意的滥用，可以在从低到高的五个级别上设置各种安全措施。

（1）环境级：对计算机系统的机房和设备应加以保护，防止有人进行物理破坏。

（2）职员级：工作人员应清正廉洁，正确授予用户访问数据库的权限。

（3）OS 级：应防止未经授权的用户从 OS 处着手访问数据库。

（4）网络级：由于大多数 DBS 都允许用户通过网络进行远程访问，因此网络软件内部的安全性至关重要。

（5）DBS 级：DBS 的职责是检查用户的身份是否合法及使用数据库的权限是否正确。

本章只讨论与数据库系统中的数据保护密切相关的内容。

2. 数据库的安全标准

目前，国际上及我国均颁布了有关数据库安全的等级标准。最早的标准是美国国防部（DOD）于 1985 年颁布的《可信计算机系统评估标准》（Trusted Computer System Evaluation Criteria，TCSEC）。1991 年美国国家计算机安全中心（NCSC）颁布了《可信计算机系统评估标准关于可信数据库系统的解释》（Trusted Database Interpretation，TDI），将 TCSEC 扩展到数据库管理系统。1996 年国际标准化组织（ISO）又颁布了《信息技术安全技术——信息技术安全性评估准则》（Information Technology Security Techniques—Evaluation Criteria For IT Secruity）。我国于 1999 年颁布了《计算机信息系统评估准则》。目前国际上广泛采用的是美国标准 TCSEC（TDI），在此标准中将数据库安全划分为 4 个等级，由低到高依次为 D、C、B、A。其中 C 级由低到高分为 C1 和 C2，B 级由低到高分为 B1、B2 和 B3。每级都包括其下级的所有特性，各级指标如下：

（1）D 级标准：为无安全保护的系统。

（2）C1 级标准：只提供非常初级的自主安全保护。能实现对用户和数据的分离，进行自主存取控制（DAC），保护或限制用户权限的传播。

（3）C2 级标准：提供受控的存取保护，即将 C1 级的 DAC 进一步细化，以个人身份注册负责，并实施审计和资源隔离。很多商业产品已得到该级别的认证。

（4）B1 级标准：标记安全保护。对系统的数据加以标记，并对标记的主体和客体实施强制存取控制（MAC）以及审计等安全机制。一个数据库系统符合 B1 级标准，则称为安全数据库系统或可信数据库系统。

（5）B2 级标准：结构化保护。建立形式化的安全策略模型并对系统内的所有主体和客体实施 DAC 和 MAC。

（6）B3 级标准：安全域。满足访问监控器的要求，审计能力更强，并提供系统恢复过程。

（7）A 级标准：验证设计，即提供 B3 级保护的同时给出系统的形式化设计说明和验证，以确信各安全保护真正实现。

我国国家标准的基本结构与 TCSEC 相似。我国标准分为 5 级，依次与 TCSEC 标准的 C 级（C1、C2）及 B 级（B1、B2、B3）一致。

6.2.2　数据库的安全性机制

在一般计算机系统中，安全措施是一级一级层层设置的，如图 6.1 所示。

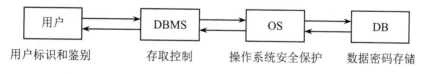

图 6.1　安全模型

在安全模型中，当用户要进入计算机系统时，系统根据输入的用户标识进行用户身份鉴定，只有合法的用户才准许进入计算机系统。对已经进入系统的用户，DBMS 要进行存取控制，只允许用户执行合法操作。操作系统也会有自己的保护措施。数据最后还可以以密码形式存储在数据库中。本节主要对数据库的一些逻辑安全机制进行介绍，包括用户认证、存取控制、视图隔离、数据加密、审计等。

1. 用户认证

数据库系统不允许一个未经授权的用户对数据库进行操作。用户标识与鉴别，即用户认证，是系统提供的最外层安全保护措施。其方法是由系统提供一定的方式让用户标识自己的名字或身份，每次用户要求进入系统时，由系统进行核对，通过鉴定后才提供机器使用权。当获得上机权的用户要使用数据库时，数据库管理系统还要进行用户标识和鉴定。

用户标识和鉴定的方法有很多种，而且在一个系统中往往多种方法并用，以得到更强的安全性。常用的方法是用户名和口令。

通过用户名和口令来鉴定用户的方法简单易行，但其可靠程度极差，容易被他人猜出或测得。因此，该方法对安全强度要求比较高的系统不适用。近年来，一些更加有效的身份认证技术迅速发展起来。例如，某种计算机过程和函数、智能卡技术、物理特征（指纹、声音、手图等）认证技术等具有高强度的身份认证技术日益成熟，并取得了很多应用成果，为将来达到更高的安全强度要求打下坚实的理论基础。

2. 存取控制

数据库安全性关心的主要是 DBMS 的存取控制机制。数据库安全性最重要的一点就是确保只授权给有资格的用户访问数据库的权限，同时令所有未被授权的人员无法接近数据，这主要通过数据库系统的存取控制机制实现。存取控制是数据库系统内部对已经进入系统的用户的访问控制，是保护数据的前沿屏障，是数据库安全系统中的核心技术，也是最有效的安全手段。

在存取控制机制中，DBMS 所管理的全体实体分为主体和客体两类。主体（Subject）是系统中的活动实体，既包括 DBMS 所管理的实际用户，也包括代表用户的各种进程。客体（Object）是存储信息的被动实体，是受主体操作的，包括文件、基本表、索引和视图等。

数据库存取控制机制包括以下两个部分：

（1）定义用户权限，并将用户权限登记到数据字典中。用户权限是指不同的用户对不同的数据对象允许执行的操作权限。系统必须提供适当的语言定义用户权限，这些定义经过编译后存放在数据字典中，被称为系统的安全规则或授权规则。

（2）合法性权限检查。当用户发出存取数据库的操作请求后（请求一般应包括操作类型、操作对象、操作用户等信息），数据库管理系统查找数据字典，根据安全规则进行合法性权限检查，若用户的操作请求超出了定义权限，系统将拒绝执行此操作。

存取控制包括自主存取控制（DAC）和强制存取控制（MAC）两种类型。

（1）自主存取控制（Discretionary Access Control，DAC）。

自主存取控制是用户访问数据库的一种常用安全控制方法，较为适用于单机方式下的安全控制，大型数据库管理系统几乎都支持自主存取控制。在自主存取控制中，用户对于不同的数据对象有不同的存取权限，不同的用户对同一对象也有不同的存取权限，而且用户还可将其拥有的存取权限转授给其他用户。用户权限由数据对象和操作类型这两个因素决定。定义一个用户的存取权限就是要定义这个用户在哪些数据对象上进行哪些类型的操作。在数据库系统中，定义存取权限称为授权。

自主存取控制的安全控制机制是一种存取矩阵的模型，此模型由主体、客体与存/取操作构成，矩阵的列表示主体，矩阵的行表示客体，而矩阵中的元素表示存/取操作（如读、写、修改和删除等），如表 6.1 所示。

在这种存取控制模型中，系统根据对用户的授权构成授权存取矩阵，每个用户对每个信息资源对象都要给定某个级别的存取权限，例如读、写等。当用户申请以某种方式存取某个资源时，系统就根据用户的请求与系统授权存取矩阵进行匹配比较，通过则允许满足该用户的请求，提供可靠的数据存取方式，否则拒绝该用户的访问请求。

表 6.1 授权存/取矩阵模型

客体＼主体	主体 1	主体 2	……	主体 n
客体 1	write	delete	……	update
客体 2	delete	read	……	Write/read
……	……	……	……	……
客体 m	update	read	……	update

　　目前的 SQL 标准也对自主存取控制提供支持，主要通过 SQL 的 GRANT 语句和 REVOKE 语句来实现权限的授予和回收，这部分内容将在下节中进行详细介绍。

　　自主存取控制能够通过授权机制有效地控制其他用户对敏感数据的存取，但是由于用户对数据的存取权限是"自主"的，用户可以自由地决定将数据的存取权限授予其他用户，而无需系统的确认。这样，系统的授权存取矩阵就可以被直接或间接地修改，可能导致数据的"无意泄漏"，给数据库系统造成不安全因素。要解决这一问题，就需要对系统控制下的所有主体、客体实施强制存取控制策略。

　　（2）强制存取控制（Mandatory Access Control，MAC）。

　　所谓 MAC 是指系统为保证更高程度的安全性，按照 TCSEC（TDI）标准中安全策略的要求所采取的强制存取检查手段，不但较为适用于网络环境，而且对网络中的数据库安全实体进行统一的、强制性的访问管理。

　　强制存取控制系统主要通过对主体和客体的已分配的安全属性进行匹配判断，决定主体是否有权对客体进行进一步的访问操作。对于主体和客体，DBMS 为它们的每个实例指派一个敏感度标记（Label）。敏感度标记被分成若干级别，例如绝密、机密、可信、公开等。主体的敏感度标记称为许可证级别，客体的敏感度标记称为密级。在强制存取控制下，每一个数据对象被标以一定的密级，每一个用户也被授予某一个级别的许可证。对于任意一个对象，只有具有合法许可证的用户才可以存取。而且，该授权状态在一般情况下不能被改变，这是强制存取控制模型与自主存取控制模型实质性的区别。一般用户或程序不能修改系统安全授权状态，只有特定的系统权限管理员才能根据系统实际的需要来有效地修改系统的授权状态，以保证数据库系统的安全性能。

　　强制存取控制策略基于以下两个规则：

● 仅当主体的许可证级别大于或等于客体的密级时，主体对客体具有读权限。

● 仅当客体的密级大于或等于主体的许可证级别时，主体对客体具有写权限。

　　这两种规则的共同点在于它们均禁止了拥有高许可证级别的主体更新低密级的数据对象，从而防止了敏感数据的泄漏。

　　强制安全存取控制模型的不足之处是可能给用户使用自己的数据带来诸多不便，其原因是这些限制过于严格，但是对于任何一个严肃的安全系统而言，强制安全存取控制是必要的，可以避免和防止大多数有意无意对数据库的侵害。

　　较高安全性级别提供的安全保护要包含较低级别的所有保护，因此在实现强制存取控制时要首先实现自主存取控制，即自主存取控制与强制存取控制共同构成 DBMS 的安全机制。系统首先进行自主存取控制检查，对通过检查的允许存取的主体与客体再由系统进行强制存取控制的检查，只有通过检查的数据对象方可进行存取。

3. 视图隔离

视图是数据库系统提供给用户以多种角度观察数据库中数据的重要机制，是从一个或几个基本表（或视图）导出的表，它与基本表不同，是一个虚表。数据库中只存放视图的定义，而不存放视图对应的数据，这些数据仍存放在原来的基本表中。

从某种意义上讲，视图就像一个窗口，通过它可以看到数据库中自己感兴趣的数据及其变化。进行存取权限控制时，可以为不同的用户定义不同的视图，把访问数据的对象限制在一定的范围内，也就是说，通过视图机制把要保密的数据对无权存取的用户隐藏起来，从而对数据提供一定程度的安全保护。

需要指出的是，视图机制最主要的功能在于提供数据独立性，在实际应用中，常常将视图机制与存取控制机制结合起来使用，首先用视图机制屏蔽一部分保密数据，再在视图上进一步定义存取权限。通过定义不同的视图及有选择地授予视图上的权限，可以将用户、组或角色限制在不同的数据子集内。

4. 数据加密

前面介绍的几种数据库安全措施，都是防止从数据库系统中窃取保密数据。但数据存储在存盘、磁带等介质上，还常常通过通信线路进行传输，为了防止数据在这些过程中被窃取，较好的方法是对数据进行加密。对于高度敏感性数据，例如财务数据、军事数据、国家机密，就可以采用数据加密技术。

加密的基本思想是根据一定的算法将原始数据（术语为明文）变换为不可直接识别的格式（术语为密文），从而使得不知道解密算法的人无法获知数据的内容。数据解密是加密的逆过程，即将密文数据转变成可见的明文数据。

一个密码系统包含明文集合、密文集合、密钥集合和算法，其中密钥和算法构成了密码系统的基本单元。算法是一些公式、法则或程序，它规定了明文与密文之间的变换方法，密钥可以看作算法中的参数，如图 6.2 所示。

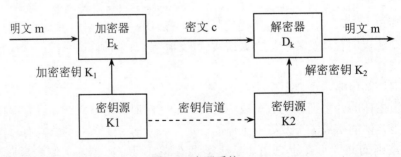

图 6.2　密码系统

加密方法可以分为对称加密与非对称加密两种。

所谓对称加密，其加密所用的密钥与解密所用的密钥相同。典型代表是 DES（Data Encryption Standard，数据加密标准）。所谓非对称加密，其加密所用的密钥与解密所用的密钥不相同，其中加密的密钥可以公开，而解密的密钥不可以公开。

数据加密和解密是相当费时的操作，其运行程序会占用大量系统资源，因此数据加密功能通常是可选特征，允许用户自由选择，一般只对机密数据加密。

5. 审计

审计功能是 DBMS 达到 C2 级以上安全级别必不可少的指标，也是数据库系统的最后一道安全防线。

审计功能把用户对数据库的所有操作自动记录下来，存放在日志文件中。DBA 可以利用审计跟踪的信息重现导致数据库现有状况的一系列事件，找出非法访问数据库的人、时间、地点以及所有访问数据库的对象和所执行的操作。

审计方式有两种，即用户审计和系统审计。

（1）用户审计：DBMS 的审计系统记下所有对表或视图进行访问的企图（包括成功的和不成功的）及每次操作的用户名、时间、操作代码等信息。这些信息一般都被记录在数据字典（系统表）之中，利用这些信息用户可以进行审计分析。

（2）系统审计：由系统管理员进行，其审计内容主要是系统一级的命令及数据库客体的使用情况。

审计通常是很费时间和空间的，所以 DBMS 往往将其作为可选特征，一般主要用于安全性要求较高的部门。

6.2.3　SQL Server 的安全性策略

如果一个用户要访问 SQL Server 数据库中的数据，就必须经过三个认证过程。第一个认证过程是身份验证，需要通过登录账户来标识用户。身份验证只验证用户是否具有连接到 SQL Server 数据库服务器的资格。第二个认证过程是用户访问数据库时必须具有对具体数据库的访问权，即验证用户是否是数据库的合法用户。第三个认证过程是用户操作数据库中的数据对象时必须具有相应的操作权，即验证用户是否具有操作权限。

SQL Server 的安全性管理包括了用户认证、存取控制、视图隔离、数据加密、审计等几个方面，下面分别进行简要介绍。

1. 用户认证

SQL Server 的用户有以下两种类型：

- Windows 授权用户：来自 Windows 的用户或组。
- SQL 授权用户：来自非 Windows 的用户，称其为 SQL 用户。

MS SQL Server 为不同的用户类型提供了不同的安全认证模式。

（1）Windows 身份验证模式。

Windows 身份验证模式使用户得以通过 Microsoft Windows NT 4.0 或 Windows 2000 用户账户进行连接 SQL Server。用户必须首先登录到 Windows 中，然后再登录到 SQL Server。用户登录到 SQL Server 时，只需选择 Windows 身份验证模式，无需再提供登录账户和密码，系统会从用户登录到 Windows 时提供的用户名和密码中查找用户的登录信息，以判断其是否为 SQL Server 的合法用户。

对于 SQL Server 来说，一般推荐使用 Windows 身份验证模式，因为这种安全模式能够与 Windows 操作系统的安全系统集成在一起。用户的网络安全特性在网络登录时建立，并通过

Windows 域控制器进行验证，从而提供更多的安全功能。但 Windows 身份验证模式只能用在
Windows NT 4.0 或 Windows 2000（服务器版）操作系统的服务器上，在 Windows 98 等个人操
作系统上不能使用 Windows 身份验证模式，只能使用混合验证模式。

（2）混合验证模式。

混合验证模式表示 SQL Server 接受 Windows 授权用户和 SQL 授权用户。如果不是
Windows 操作系统的用户或者是 Windows 98 操作系统的用户使用 SQL Server，则应该选择混
合验证模式。

如果在混合验证模式下选择使用 SQL 授权用户登录 SQL Server，则用户必须提供登录账
户和密码，SQL Server 使用这两部分内容来验证用户。SQL Server 通过检查是否已设置 SQL
Server 登录账户，以及指定的密码是否与记录的密码匹配，进行身份验证。由于在 Windows 98
上不支持 Windows 身份验证模式，因此 SQL Server 在 Windows 98 上运行时应使用混合验证
模式，且只支持 SQL Server 身份验证。

SQL Server 在安装时会自动创建一个 DB 服务器的登录用户 sa，即系统管理员，用以创建
其他登录用户和授权。

数据库服务器登录用户的创建可利用存储过程来进行，命令如下：

> sp_addlogin[@*loginame*=] '登录账户'
>
> > [,[@*passwd*=] '密码']
> >
> > [,[@*defdb*=] '默认数据库名']

SQL Server 在安装时自动创建了一个默认数据库用户，即 guest。一个登录用户在被设定
为某个数据库用户之前，可以用 guest 用户身份访问数据库，只不过其权限非常有限。

SQL Server 可用以下命令授权登录用户成为数据库用户，该命令必须在所要访问的数据库
下执行：

> sp_adduser [@*loginame*=] '登录账户'
>
> > [,[@*name_in_db*=] '访问数据库时用的名字']

2．存取控制

当用户成为数据库中的合法用户后，他除了可以查询系统表之外，并不具有操作数据库
中对象的任何权限，因此需要给数据库中的用户授予操作数据库对象的权限。

SQL Server 对权限的管理包含以下三项内容：

- 授予权限：允许用户或角色具有某种操作权。
- 回收权限：删除以前在当前数据库内的用户上授予或拒绝的权限。
- 拒绝权限：拒绝给当前数据库内的安全账户授予权限并防止安全账户通过其组或角色
  成员继承权限。

表 6.2 给出了所有的权限及其描述，以及可应用这些权限的相应可保护对象。

表 6.2　权限及相应的可获得资源

权限	适用范围	说明
SELECT	表+列，同义词，视图+列，表值函数	提供选择（读取）行的能力。可以通过列出列的名称来把权限约束到一列或多个列上（如果没有列出这些名称，那么可以选择表中所有的列）
INSERT	表+列，同义词，视图+列	提供插入行的能力

权限	适用范围	说明
UPDATE	表+列，同义词，视图+列	提供修改列中数据的能力。可以通过列出列的名称来把权限约束到列或多个列上（如果没有列出这些名称，那么可以修改表中所有的列）
DELETE	表+列，同义词，视图+列	提供删除行的能力
REFERENCES	用户自定义函数（SQL 和 CLR），表+列，同义词，视图+列	当用户对被引用表没有 SELECT 权限时，提供对引用表外键所在列的引用权限
EXECUTE	存储过程（SQL 和 CLR），用户自定义函数（SQL 和 CLR），同义词	提供执行特定的存储过程或用户自定义函数的能力
CONTROL	存储过程（SQL 和 CLR），用户自定义函数（SQL 和 CLR），同义词	该权限把所属关系的能力赋予被授予人，被授予人对可保护对象可以有效地拥有定义的所有权限。被授予 CONTROL 权限的主体也能够把权限授予可保护对象。在某个特定范围内的 CONTROL 权限隐式地包括了在该范围内对所有可保护对象的 CONTROL 权限
ALTER	存储过程（SQL 和 CLR），用户自定义函数（SQL 和 CLR），表，视图	ALTER 权限授予用户对某个特定可保护对象的属性（除了从属关系之外）进行修改的能力。如果是在某个范围内授予该权限，那么它也同时赋予了对该范围内所包含的可保护对象进行 ALTER、CREATE 或 DROP 的能力

在 SQL Server 中，权限分为对象权限、语句权限和隐含权限。

（1）对象权限。

对象权限是指用户对数据库中的表、视图等对象的操作权，相当于数据操纵语言的语句权限，例如是否运行查询、增加和修改数据等。

表、视图的权限包括 SELECT、INSERT、DELETE、UPDATE，列的权限包括 SELECT 和 UPDATE，存储过程的权限包括 EXECUTE。

1）授权语句。

```
GRANT  对象权限名[,…权限]
    ON  {表名 | 视图名 | 存储过程名}
    TO  {数据库用户名 | 用户角色名}[,…角色]
    [WITH  GRANT  OPTION]
```

可选项[WITH GRANT OPTION]表示获得权限的用户还能获得传递权限，把获得的权限传授给其他用户。

【例 6.1】把对 Student 表的查询权和插入权授予用户 user1，user1 同时获得将这些权限转授给其他用户的权限。

```
GRANT SELECT, INSERT
    ON  student
    TO  user1
    WITH  GRANT  OPTION
```

【例 6.2】把对 Student 表的姓名属性的修改权授予用户 user1。

```
GRANT  UPDATE(sno, sname)
```

ON   student

TO   user1

【例 6.3】把执行 T-SQL 语句 CREATE TABLE 和 CREATE PROCEDURE 的权限授予用户 peter、paul 和 mary。

GRANT CREATE TABLE, CREATE PROCEDURE

TO peter,paul,mary

从该示例中可以看出，含有 CREATE 权限的 GRANT 语句并没有包含 ON 选项。

【例 6.4】允许用户 mary 在示例数据库中创建用户自定义函数。

GRANT CREATE FUNCTION

TO mary

【例 6.5】用户 mary 可以使用示例数据库中所有允许的 T-SQL 语句。

GRANT ALL

TO mary

2）回收权限语句。

REVOKE   对象权限名[,…权限]

ON   {表名 | 视图名 | 存储过程名}

FROM   {数据库用户名|用户角色名}[,…角色]

[RESTRICT | CASCADE]

可选项[RESTRICT | CASCADE]中，CASCADE 表示回收权限时要引起连锁回收，即从用户 Ui 回收权限时，要把用户 Ui 转授出去的权限同时回收。RESTRICT 表示，当不存在连锁回收时才能回收权限，否则系统拒绝回收。

【例 6.6】从用户 user1 处回收对 student 表的插入权，若 user1 已把获得的对 student 表的插入权转授给其他用户，则连锁回收。

REVOKE   INSERT

ON student

FROM   user1

CASCADE

【例 6.7】若 user1 已把获得的对 Student 表的插入权转授给其他用户，则上述回收语句执行失败，否则回收成功。

REVOKE   INSERT

ON Student

FROM   user1

RESTRICT

3）拒绝权限语句。

DENY   对象权限名[,…权限]

ON {表名 | 视图名 | 存储过程名}

TO   {数据库用户名|用户角色名}[,…角色]

【例 6.8】拒绝用户 user1 对 student 表进行修改。

DENY   UPDATE

ON   student

TO   user1

（2）语句权限。

语句权限是指创建数据库或数据库中的项目的权限，相当于数据定义语言的语句权限。

语句权限包括 CREATE DATABASE、CREATE TABLE、CREATE VIEW、CREATE

DEFAULT、CREATE RULE、CREATE FUNCTION、CREATE PROCEDURE、BACKUP DATABASE、BACKUP LOG。

1）授予权限语句。

```
GRANT    语句权限名[,…权限]
    TO    {数据库用户名|用户角色名}[,…角色]
```

【例6.9】授予用户 user1 创建数据库表的权限。

```
GRANT    CREATE    TABLE
    TO    user1
```

2）回收权限语句。

```
REVOKE    语句权限名[,…权限]
    FROM    {数据库用户名|用户角色名}[,…角色]
```

【例6.10】回收用户 user1 创建数据库表的权限。

```
REVOKE    CREATE    TABLE
    FROM    user1
```

3）拒绝权限语句。

```
DENY    语句权限名[,…权限]
    TO    {数据库用户名|用户角色名}[,…角色]
```

【例6.11】拒绝用户 user1 创建视图的权限。

```
DENY    CREATE    VIEW
    TO    user1
```

（3）隐含权限。

隐含权限是指由 SQL Server 预定义的服务器角色、数据库角色、数据库拥有者和数据库对象拥有者所具有的权限。隐含权限是由系统预先定义好的，相当于内置权限，不需要再明确地授予这些权限。例如，数据库拥有者自动拥有对数据库进行一切操作的权限。

在数据库中，为了便于管理用户及权限，可以将一组具有相同权限的用户组织在一起，这一组具有相同权限的用户称为角色（Role）。在 SQL Server 2000 中，角色分为系统角色和用户自定义角色，系统角色又分为服务器级系统角色和数据库级系统角色。服务器级系统角色是为整个服务器设置的，数据库级系统角色是为具体的数据库设置的。服务器级系统角色包括 sysadmin（系统管理）、securityadmin（安全管理）、serveradmin（服务器管理）、setupadmin（启动管理）、processadmin（进程管理）、diskadmin（磁盘管理）、dbcreator（数据库创建）、bulkadmin（备份管理）。数据库级系统角色包括 public 和 dbo。public 角色只具备最基本的访问数据库的权限。dbo 为数据库拥有者，即创建该数据库的用户，拥有对该数据库或对象的所有操作权限。

用户自定义角色也属于数据库一级的角色。用户可以根据实际情况定义自己的一系列角色，并给每个角色授予合适的权限，对角色权限的管理同数据库用户相同。有了角色，就不用直接管理每个具体的数据库用户的权限，而只需将数据库用户放置到合适的角色中即可。当工作职能发生变化时，只要更改角色的权限即可，而无需更改角色中的成员的权限。只要权限没有被拒绝过，角色中的成员的权限就是角色的权限加上它们自己所具有的权限。如果某个权限在角色中是被拒绝的，则角色中的成员就不能再拥有此权限，即使为此成员授予了此权限。

用户角色的创建，可利用存储过程来进行：

```
sp_addrole[@rolename=]    '新角色名'
        [,[@ownername=]    '该角色所有者']
```

SQL Server 的安全体系结构中包括了几个含有特定隐含权限的角色。除了数据库拥有者创建的角色之外，还有两类预定义的角色。这些可以创建的角色分为以下几类：固定服务器、固定数据库、用户自定义。下面分别简要介绍。

（1）固定服务器角色。

由于固定服务器角色是在服务器层次上定义的，因此它们位于从属于数据库服务器的数据库外面。表 6.3 中列出了现有的固定服务器角色。

表 6.3　固定服务器角色

固定服务器角色	说明
sysadmin	其成员被赋予了 SQL Server 系统中所有可能的权限。sa 登录一直都是固定服务器角色中的成员，并且不能从该角色中删除
serveradmin	配置服务器设置，向该服务器角色中添加其他登录
setupadmin	安装复制和管理扩展过程
securityadmin	管理登录和 CREATE DATABASE 的权限以及阅读审计
processadmin	管理 SQL Server 进程
dbcreator	创建和修改数据库
diskadmin	管理磁盘文件

系统过程 sp_addsrvrolemember 和 sp_dropsrvrolemember 用来添加或删除固定服务器角色成员。

（2）固定数据库角色。

固定数据库角色在数据库层次上进行定义，因此它们存在于属于数据库服务器的每个数据库中。表 6.4 中列出了现有的固定数据库角色。

表 6.4　固定数据库角色

固定数据库角色	说明
db_owner	可以执行数据库技术中所有动作的用户
db_accessadmin	可以添加、删除用户的用户
db_datareader	可以查看所有数据库中用户表内数据的用户
db_datawriter	可以添加、修改或删除所有数据库中用户表内数据的用户
db_ddladmin	可以在数据库中执行所有 DDL 操作的用户
db_securityadmin	可以管理数据库中与安全权限有关的所有动作的用户
db_backoperator	可以备份数据库的用户（可以发布 DBCC 和 CHECKPOINT 语句，这两个语句一般在备份前都会被执行）
db_denydatareader	不能看到数据库中任何数据的用户
db_denydatawriter	不能改变数据库中任何数据的用户

除了表 6.4 中列出的固定数据库角色之外，还有一种特殊的固定数据库角色，名为 public，这里将首先介绍这一角色。

public 角色是一种特殊的固定数据库角色，数据库的每个合法用户都属于该角色。它为数据库中的用户提供了所有默认权限。这样就提供了一种机制，即给予那些没有适当权限的所有用户以一定的（通常是有限的）权限。public 角色为数据库中的所有用户都保留了默认的权限，因此是不能被删除的。

一般情况下，public 角色允许用户进行如下操作：

● 使用某些系统过程查看并显示 master 数据库中的信息。

● 执行一些不需要一些权限的语句，例如 PRINT。

（3）用户自定义数据库角色。

一般来说，在一组数据库用户需要在数据库中执行一套常用操作并且不存在可用的 Windows 用户组的情况下，才可能用到用户自定义数据库角色。这些角色通过 T-SQL 语句或 SQL Server 系统过程进行管理。接下来将讨论 T-SQL 语句，然后介绍相应的系统过程。

CREATE ROLE 语句可以在当前数据库中创建一个新的数据库角色。该语句的语法格式如下：

    CREATE ROLE *role_name*[AUTHORIZATION *owner_name*]

其中 *role_name* 是创建的用户自定义角色的名称，*owner_name* 指定了即将拥有这个新角色的数据库用户或角色。如果没有指定用户，那么该角色将由执行 CREATE ROLE 语句的用户所拥有。

CREATE ROLE 语句可以修改用户自定义数据库角色的名称。类似地，DROP ROLE 语句可以从数据库中删除角色，但拥有数据库对象（可保护对象）的角色不能从数据库中删除。要想删除这类角色，必须先转换那些对象的从属关系。DROP ROLE 语句的语法格式如下：

    DROP ROLE *role_name*

3. 视图

SQL Server 广泛使用视图机制进行安全性控制，限制用户的访问范围与访问权限。通过定义不同的视图及有选择地授予视图上的权限，可以将用户、组或角色限制在不同的数据子集内。无论在基本表（一个或多个）上的权限集合有多大，都必须授予、拒绝或回收访问视图中数据子集的权限。

【例 6.12】用户 user1 只能检索 student 表中商学院学生的信息，可以先建立视图 CS_student，再给 user1 授予对 CS_student 的查询权。

    CREATE　VIEW　CS_student
    AS
    SELECT　*　FROM　student　WHERE　depart='商学院'
    GRANT　SELECT　ON　CS_Student　TO　user1

4. 数据加密

MS SQL Server 的加密机制可以对 SQL Server 中存储的登录和应用程序角色密码、作为网络数据包而在客户端和服务器端之间发送的数据、存储过程定义、函数定义、视图定义、触发器定义、默认值定义、规则定义等数据库对象进行加密。

SQL Server 系统表中存储的登录和应用程序角色密码总是被加密的，这样可防止用户（包括系统管理员）查看任何密码，包括自己的密码。此外，在网络上发送应用程序角色密码之前，当应用程序角色激活时，就可以对其进行加密。

SQL Server 允许对客户端和服务器端之间发送的数据进行加密，这样可确保任何在网络上截取数据包的应用程序或用户无法查看保密或敏感数据。SQL Server 可以使用安全套接字层

（SSL）加密在应用程序计算机与 SQL Server 实例之间传输的所有数据。SSL 加密在超级套接字 Net-Library（Dbnetlib.dll 和 Ssnetlib.dll）内执行并应用于 SQL Server 所支持的所有计算机间协议。启用加密会降低 Net-Library 的性能。

5. 审计

MS SQL Server 2000 不但提供审计功能，用以跟踪和记录在每个 SQL Server 实例上已发生的活动（如成功和失败的记录），而且提供管理审计记录的接口，即 SQL 事件探查器。只有 sysadmin 固定安全角色的成员才能启用或修改审计，而且审计的每次修改都是可审核的事件。

可以通过 SQL 事件探查器审核导致事件发生的用户、发出请求的计算机名、事件的时间、类型、所访问的数据库对象、SQL 语句的文本、事件的成功与否等信息。

6.3　数据库的完整性

在第 2 章中，读者已对关系模型上的完整性约束有了一个全面、完整的了解。本节将从较高层次来对数据库完整性的分类、定义和验证进行一般性的讲解，这对进一步掌握关系模型的完整性约束具有指导性作用。

6.3.1　数据库完整性的概述

数据库的安全性和完整性是数据库安全保护的两个不同的方面。数据库的安全性保护数据库以防止不合法用户故意造成的破坏，数据库的完整性保护数据库以防止合法用户无意中造成的破坏。从数据库的安全保护角度来讲，完整性和安全性是密切相关的。

数据库完整性的基本含义是指数据库中数据的正确性、有效性和相容性，其主要目的是防止错误的数据进入数据库。正确性是指数据的合法性，例如数值型数据只能含有数字而不能含有字母。有效性是指数据是否属于所定义域的有效范围。相容性是指表示同一事实的两个数据应当一致，不一致即是不相容。

数据库系统是对现实系统的模拟，现实系统中存在各种各样的规章制度，以保证系统正常、有序地运行。许多规章制度可转化为对数据的约束，例如单位人事制度中对职工的退休年龄会有规定、一个部门的主管不能在其他部门任职、职工工资只能涨不能降等。对数据库中的数据设置某些约束机制，这些添加在数据上的语义约束条件称为数据库完整性约束条件，简称"数据库的完整性"，系统将其作为模式的一部分"定义"于 DBMS 中。DBMS 必须提供一种机制来检查数据库中数据的完整性，看其是否满足语义规定的条件，这种机制称为完整性检查。为此，数据库管理系统的完整性控制机制应具有三个方面的功能，来防止合法用户在使用数据库时向数据库中注入不合法或不合语义的数据：

- 定义功能。提供定义完整性约束条件的机制。
- 验证功能。检查用户发出的操作请求是否违背了完整性约束条件。
- 处理功能。如果发现用户的操作请求使数据违背了完整性约束条件，则采取一定的动作来保证数据的完整性。

本节将讨论数据库完整性约束的分类、定义、验证以及 SQL Server 中的完整性约束机制。

6.3.2　数据库完整性的分类

数据完整性检查是围绕完整性约束条件进行的，因此完整性约束条件是完整性控制机制的核心。

数据库完整性约束分为两种：静态完整性约束和动态完整性约束。完整性约束条件涉及三类作用对象，即属性级、元组级和关系级。这三类对象的状态可以是静态的，也可以是动态的。结合这两种状态，一般将这些约束条件分为静态属性级约束、静态元组级约束、静态关系级约束、动态属性级约束、动态元组级约束、动态关系级约束 6 种。

1. 静态完整性约束（状态约束）

静态完整性约束（Static Integrity Constraints）简称静态约束，是指数据库每一确定状态时的数据对象所应满足的约束条件，它是反映数据库状态合理性的约束，是最重要的一类完整性约束，也称"状态约束"。

在某一时刻，数据库中的所有数据实例构成了数据库的一个状态，数据库的任何一个状态都必须满足静态约束。每当数据库被修改时，DBMS 都要进行静态约束的检查，以保证静态约束始终被满足。

静态约束又分为 3 种类型：隐式约束、固有约束和显式约束。

（1）隐式约束。

隐式约束（Implicit Constraints）是指隐含于数据模型中的完整性约束，由数据模型上的完整性约束完成约束的定义和验证。隐式约束一般由数据库的数据定义语言（DDL）语句说明，并存在数据目录中，例如实体完整性约束、参照完整性约束和用户定义完整性约束，其具体内容已在 3.6 节作了详细介绍。

（2）固有约束。

固有约束（Inherent Constraints）是指数据模型固有的约束。例如，关系的属性是原子的，满足第一范式的约束。固有约束在 DBMS 实现时已经考虑，因此不必特别说明。

（3）显式约束。

隐式约束和固有约束是最基本的约束，但概括不了所有的约束。数据完整性约束是多种多样的，且依赖于数据的语义和应用，需要根据应用需求显式地定义或说明，这种约束称为数据库完整性的"显式约束"（Explicit Constraints）。

隐式约束、固有约束和显式约束作用于关系数据模型中的属性、元组、关系，相应有静态属性级约束、静态元组级约束和静态关系级约束。

（1）静态属性级约束。

静态属性级约束是对属性值域的说明，是最常用也是最容易实现的一类完整性约束，包括以下几个方面：

- 对数据类型的约束（包括数据的类型、长度、单位、精度等）。例如，学号必须为字符型，长度为 8。
- 对数据格式的约束。例如，规定学号的前两位表示入学年份，中间两位表示系的编号，后四位表示顺序编号；出生日期的格式为 YY.MM.DD。
- 对取值范围或取值集合的约束。例如，规定学生的成绩取值范围为 0～100，性别的取值集合为[男,女]，大学本科学生年龄的取值范围为 14～29。

- 对空值的约束。空值表示未定义或未知的值，它与零值和空格不同。有的属性允许空值，有的不允许取空值。例如学生学号不能取空值，成绩可以为空值。
- 其他约束。例如关于列的排序说明、组合列等。

（2）静态元组级约束。

一个元组是由若干列值组成的，静态元组级约束是对元组中各个属性值之间关系的约束。例如订货关系中包含订货量与发货量这两个属性，其中发货量不得超出订货量；又如教师关系中包含职称、工资等属性，规定教授的工资不低于 1000 元。

（3）静态关系级约束。

静态关系级约束是一个关系中各个元组之间或者若干关系之间常常存在的各种联系的约束。常见的静态关系级约束有：

- 实体完整性约束。
- 参照完整性约束。
- 函数依赖约束。大部分函数依赖约束都在关系模式中定义。
- 统计依赖约束。统计依赖约束指的是字段值与关系中多个元组的统计值之间的约束关系，如规定总经理的工资不得高于职工平均工资的 4 倍，不得低于职工平均工资的 3 倍，其中职工的平均工资是一个统计值。

实体完整性约束和参照完整性约束是关系模型的两个极其重要的约束，称为关系的两个不变性。

2. 动态完整性约束（变迁约束）

动态完整性约束（Dynamic Integrity Constraints），简称动态约束，不是对数据库状态的约束，而是指数据库从一个正确状态向另一个正确状态的转化过程中新旧值之间所应满足的约束条件，是反映数据库状态变迁的约束，故也称"变迁约束"。例如在更新职工表时，工资、工龄这些属性值一般只会增加，不会减少，该约束表示任何修改工资、工龄的操作只有新值大于旧值时才被接受，该约束既不作用于修改前的状态，也不作用于修改后的状态，而是规定了状态变迁时必须遵循的约束。动态约束一般也是显式说明的。

动态约束作用于关系数据模型的属性、元组、关系，相应有动态属性级约束、动态元组级约束和动态关系级约束。

（1）动态属性级约束。

动态属性级约束是修改定义或属性值时应该满足的约束条件，其中包括：

- 修改定义时的约束。例如，将原来允许空值的属性修改为不允许空值时，如果该属性当前已经存在空值，则规定拒绝修改。
- 修改属性值时的约束。修改属性值有时需要参考该属性的原有值，并且新值和原有值之间需要满足某种约束条件。例如，职工工资调整不得低于其原有工资、学生年龄只能增长等。

（2）动态元组级约束。

动态元组级约束是指修改某个元组的值时要参照该元组的原有值，并且新值和原有值间应当满足某种约束条件。例如，职工工资调整不得低于其原有工资+工龄×动态元组。

（3）动态关系级约束。

动态关系级约束就是加在关系变化前后状态上的限制条件。例如，事务的一致性、原子性等约束。动态关系级约束实现起来开销较大。

6.3.3　数据库完整性的定义与验证

如前所述，要实现由现实系统转换而来的数据库的完整性约束，需要先定义约束并存储于 DBMS 的约束库中，一旦数据库中的数据要发生变化，则 DBMS 将根据约束库中的约束对数据库的完整性进行"验证"。

1. 固有约束与隐式约束

固有约束是数据模型所固有的，在 DBMS 实现时已经考虑，不必额外进行说明和定义，只需在数据库设计时遵从这一约束即可。固有约束的验证由 DBMS 自动完成。例如，对关系模型来说，数据库设计时要使关系的属性不可再分，满足原子性。

隐式约束需要利用数据库的数据定义语言（DDL）显式定义说明，将约束存储在约束库中，当数据库被更新时，由数据库管理系统进行完整性约束验证。例如，对关系模型来说，利用 SQL 定义语言定义相应的实体完整性约束、参照完整性约束、CHECK 约束、唯一约束等。

2. 显式约束

显式约束的定义方法有过程化定义、断言定义方法、触发器定义方法等，过程化与触发器的定义已在第 3 章中进行介绍，下面进行简单小结。

过程化定义方法利用过程（或函数）来定义和验证约束。由程序员将约束编写成过程，加入到每个更新数据库的事务中，用以检验数据库更新是否有违反规定的约束，如果违反约束条件，则相应的数据更新事务将被异常终止。例如，要定义和验证完整性约束"雇员的工资不能高于其部门经理的工资"，可以在每个有关的数据库更新事务（如修改雇员工资、任命部门经理、修改部门经理的工资）中增加验证"雇员工资不能高于其部门经理工资"的过程，用该过程判断数据库的更新是否违反该约束条件，如果违反约束条件，则相应的数据库更新事务将被回滚。

过程化定义的约束，DBMS 只提供定义途径，不负责约束的验证，过程的定义和验证由程序员在一个过程中通过通用程序设计语言编制。这种方法虽然为程序员编制高效率的完整性验证程序提供了有利的条件，但也给程序员带来了很大的负担。

断言定义方法使用一种约束定义语言来定义显式约束，是一种形式化方法。一个断言就是一个谓词，表达了数据库在任何时候都应该满足的一个条件。约束递归语言通常是关系演算语言的变种。显式约束的断言定义方法把约束集合和完整性验证子系统严格分开。约束集合存储在约束库中，完整性验证子系统存取约束库中的约束，将其应用到相应的数据库更新事务中，验证该事务是否违背完整性约束。如果发现更新事务违反约束，即回滚该事务；否则，允许更新事务的进行。

创建断言的语句格式如下：

CREAT ASSERTION ＜约束名＞ CHECK (＜条件表达式＞)

要删除断言，用 DROP ASSERTION 语句来实现，语法如下：

DROP ASSERTION ＜约束名＞

触发器是当特定的事件（如对一个表的插入、删除、修改）发生时，对规则的条件进行检查，如果条件成立，执行规则中的动作，否则不执行该动作。其验证由数据库管理系统负责。

3. 动态约束的定义

动态约束的定义可以利用 DBMS 为显式约束定义提供的过程化定义方法和触发器定义方法，开发人员通过比较变化前后的数据决定是否允许数据状态的改变。动态约束的验证过程遵循显式约束的验证过程。

例如，对于"员工的工资只能增加"这类约束，开发人员通过比较变化前后的工资额来验证是否违反了该动态约束。

6.3.4　SQL Server 的完整性策略

上面介绍了完整性控制的一般方法，不同的数据库产品对完整性的支持策略和支持程度不同，在实际的数据库应用开发时，一定要查阅所用的数据库管理系统在关于数据库完整性方面的支持情况。SQL Server 的完整性控制策略如表 6.5 所示。

表 6.5　SQL Server 对数据库完整性的支持情况

完整性约束		定义方式		SQL Server 的支持情况
静态约束	固有约束	数据模型固有		属性原子性
	隐式约束	数据库定义语言（DDL）	表本身的完整性约束	实体完整性约束、唯一约束、CHECK 约束、非空约束、默认约束
			表间的约束	参照完整性约束、触发器
	显式约束	过程化定义		存储过程、函数
		断言		不支持
		触发器		支持
动态约束		过程化定义		存储过程、函数
		触发器		支持

习题 6

6.1　造成数据库的数据不正确或被破坏的主要原因有哪些？

6.2　什么是数据库的安全性？有哪些安全措施？

6.3　对银行的 DBS 应采取哪些安全措施？分别属于哪一级？

6.4　什么是"权限"？用户访问数据库可以有哪些权限？对数据库模式有哪些修改权限？

6.5　试解释权限的转授与回收。

6.6　SQL 中的视图机制有哪些优点？

6.7　数据加密法有哪些优点？如何实现？

6.8　数据库有哪几种完整性约束条件？

6.9　什么是数据库的完整性保护？目前的 DBMS 通常提供哪些完整性保护措施？

6.10　为学生信息表 student 定义完整性规则，要求学号在 100000～999999 之间，年龄小于 29，性别只能为"男"或"女"，姓名非空值。

第 7 章　事务与并发控制

- **了解**：事务的概念及特点。
- **理解**：DBMS 中为什么要保证并发控制。
- **掌握**：封锁协议如何解决三种并发问题，以及并发调度的可串行化问题。

7.1　事务概述

数据库是一个共享资源，可以供多个用户使用。这些用户程序可以一个一个地串行执行，每个时刻只有一个用户程序运行，执行对数据库的存取，而其他用户程序必须等到这个用户程序结束以后方能对数据库存取。如果一个用户程序涉及大量数据的输入/输出交换，则数据库系统的大部分时间处于闲置状态。因此，为了充分利用数据库资源，发挥数据库共享资源的特点，应该允许多个用户并行地存取数据库。但这样就会产生多个用户程序并发存取同一数据的情况，若对并发操作不加以控制就可能会存取不正确的数据，破坏数据库的一致性，所以数据库管理系统必须提供并发控制机制。并发控制机制的好坏是衡量一个数据库管理系统性能好坏的重要标志之一。事务控制与并发处理为此类问题的解决提供了一种有效的途径。事务是数据库并发控制技术涉及的基本概念，是并发控制的基本单位。

7.1.1　事务的特性

事务是数据库的逻辑工作单位，是用户定义的一组操作序列。一个事务可以是一条 SQL 语句、一组 SQL 语句或整个程序。事务的开始和结束都可以由用户显式地控制，如果用户没有显式地定义事务，则由数据库系统按默认规定自动划分事务。

事务应该具有 4 种属性：原子性、一致性、隔离性和持久性。

（1）原子性。

事务的原子性保证事务包含的一组更新操作是原子不可分的，也就是说这些操作是一个整体，对数据库而言全做或者全不做，不能部分地完成。这一性质即使在系统崩溃之后仍能得到保证，在系统崩溃之后将进行数据库恢复，用来恢复和撤消系统崩溃之后处于活动状态的事务对数据库的影响，从而保证事务的原子性。系统对磁盘上的任何实际数据进行修改之前都会将修改操作信息本身的信息记录到磁盘上。当发生崩溃时，系统能根据这些操作记录当时该事务处于何种状态，以此确定是撤消该事务所做出的所有修改操作，还是将修改的操作重新执行。

（2）一致性。

一致性要求事务执行完成后，将数据库从一个一致状态转变到另一个一致状态。它是一种以一致性规则为基础的逻辑属性，例如在转账的操作中，各账户金额必须平衡，这一条规则对于程序员而言是一个强制的规定，由此可见，一致性与原子性是密切相关的。事务的一致性属性要求事务在并发执行的情况下事务的一致性仍然满足。它在逻辑上不是独立的，由事务的隔离性来表示。

（3）隔离性。

隔离性意味着一个事务的执行不能被其他事务干扰。即一个事务内部的操作及使用的数据对并发的其他事务是隔离的，并发执行的各个事务之间不能互相干扰。它要求即使有多个事务并发执行，也要看上去每个成功事务按串行调度执行一样。这一性质的另一种叫法是可串行性，也就是说系统允许的任何交错操作调度等价于一个串行调度。串行调度的意思是每次调度一个事务，在一个事务的所有操作没有结束之前，另外的事务操作不能开始。由于性能原因，我们需要进行交错操作的调度，但我们也希望这些交错操作的调度的效果和某一个串行调度是一致的。DM 实现该机制是通过对事务的数据访问对象加适当的锁，从而排斥其他的事务对同一数据库对象的并发操作。

（4）持久性。

系统提供的持久性保证要求一旦事务提交，那么对数据库所做的修改将是持久的，无论发生何种机器和系统故障都不应该对其有任何影响。例如，自动柜员机（ATM）在向客户支付一笔钱时，就不用担心丢失客户的取款记录。事务的持久性保证事务对数据库的影响是持久的，即使系统崩溃。正如在讲原子性时所提到的那样，系统通过做记录来提供这一保证。

7.1.2 事务的类型

1. 根据系统的设置分类

根据系统的设置，事务分为两种类型：系统提供的事务和用户定义的事务，分别简称为系统事务和用户定义事务。

（1）系统事务。

系统提供的事务是指在执行某些语句时，一条语句就是一个事务。但是要明确，一条语句的对象既可能是表中的一行数据，也可能是表中的多行数据，甚至是表中的全部数据。

因此，只有一条语句构成的事务也可能包含了多行数据的处理。

系统提供的事务语句有：ALTER TABLE 、CREATE、DELETE、DROP、FETCH、GRANT、INSERT、OPEN、REBOKE、SELECT、UPDATE、TRUNCATE TABLE。

这些语句本身就构成了一个事务。

（2）用户定义事务。

在实际应用中，大多数的事务处理采用了用户定义的事务来处理。在开发应用程序时，可以使用 BEGIN TRANSACTION 语句来定义明确的用户定义事务。在使用用户定义事务时，一定要注意事务必须用明确的结束语句来结束。如果不使用明确的结束语句来结束，那么系统可能把从事务开始到用户关闭连接之间的全部操作都作为一个事务来对待。事务的明确结束可以使用以下两个语句：COMMIT 语句或 ROLLBACK 语句。COMMIT 语句是提交语句，将全部完成的语句明确地提交到数据库中。ROLLBACK 语句是取消语句，该语句将事务的操作全部取消，即表示事务操作失败。

还有一种特殊的用户定义事务，这就是分布式事务。如果一个比较复杂的环境可能有多台服务器，那么要保证在多台服务器环境中事务的完整性和一致性，就必须定义一个分布式事务。在这个分布式事务中，所有的操作都可以涉及对多个服务器的操作，当这些操作都成功时，那么所有这些操作都提交到相应服务器的数据库中，如果这些操作中有一个操作失败，那么这个分布式事务中的全部操作都将被取消。

2. 根据运行模式分类

根据运行模式，事务分为 4 种类型：自动提交事务、显式事务、隐式事务和批处理级事务。

（1）自动提交事务。

自动提交事务是指每条单独的语句都是一个事务。

在自动事务模式下，当一个语句被成功执行后，它被自动提交，而当它执行过程中产生错误时，被自动回滚。自动事务模式是 SQL Server 的默认事务管理模式，当与 SQL Server 建立连接后，直接进入自动事务模式，直到使用 BEGIN TRANSACTION 语句开始一个显式事务，或者打开 IMPLICIT_TRANSACTIONS 连接选项进入隐式事务模式为止。而当显式事务被提交或 IMPLICIT_TRANSACTIONS 被关闭后，SQL Server 又进入自动事务管理模式。

（2）显式事务。

显式事务是指由用户执行 T-SQL 事务语句而定义的事务，这类事务又称为用户定义事务。用户定义事务的语句包括：

- BEGIN TRANSACTION：标识一个事务的开始，即启动事务。
- COMMIT TRANSACTION、COMMIT WORK：标识一个事务的结束，事务内所修改的数据被永久保存到数据库中。
- ROLLBACK TRANSACTION、ROLLBACK WORK：标识一个事务的结束，说明事务执行过程中遇到错误，事务内所修改的数据被回滚到事务执行前的状态。

（3）隐式事务。

在隐式事务模式下，在当前事务提交或回滚后，SQL Server 自动开始下一个事务。所以，隐式事务不需要使用 BEGIN TRANSACTION 语句启动事务，而只需要用户使用 ROLLBACK TRANSACTION、ROLLBACK WORK、COMMIT TRANSACTION、COMMIT WORK 等语句提交或回滚事务。在提交或回滚后，SQL Server 自动开始下一个事务。

- 执行 SET IMPLICIT_TRANSACTIONS ON 语句可使 SQL Server 进入隐式事务模式。
- 在隐式事务模式下，当执行下面任意一个语句时，可使 SQL Server 重新启动一个事务：所有 CREATE 语句、ALTER TABLE、所有 DROP 语句、TRUNCATE TABLE、GRANT、REVOKE、INSERT、UPDATE、DELETE、SELECT、OPEN、FETCH。
- 需要关闭隐式事务模式时，调用 SET 语句关闭 IMPLICIT_TRANSACTIONS OFF 连接选项即可。

（4）批处理级事务。

该事务只能应用于多个活动结果集（MARS），在 MARS 会话中启动的 T-SQL 显式或隐式事务变为批处理级事务。当批处理完成时，没有提交或回滚的批处理级事务自动由 SQL Server 语句集合分组后形成单个的逻辑工作单元。

7.2 事务的控制

事务是一个数据库操作序列，由若干语句组成。SQL Server 有关事务的处理语句如表 7.1 所示。

表 7.1　T-SQL 有关事务的处理语句

命令名	作用	格式
BEGIN TRANSACTION	说明一个事务开始	BEGIN TRANSACTION [<事务名>]
COMMIT TRANSACTION	说明一个事务结束，作用是提交或确认事务已经完成	COMMIT TRANSACTION [<事务名>]
SAVE TRANSACTION	用于在事务中设置一个保存点，目的是在撤消事务时可以只撤消部分事务，以提高系统的效率	SAVE TRANSACTION <保存点>
ROLLBACK TRANSACTION	说明要撤消事务，即撤消在该事务中对数据库所做的更新操作，使数据库回滚到 BEGIN TRANSACTION 或保存点之前的状态	ROLLBACK TRANSACTION [<事务名>|<保存点>]

7.2.1　启动事务

在 SQL Server 中，启动事务的方式有 3 种：显式启动、自动提交和隐式启动。

（1）显式启动。

显式启动是以 BEGIN TRANSACTION 命令开始的，当执行该语句时，SQL Server 将认为这是一个事务的起点。

BEGIN TRANSATION 的语法如下：

```
BEGIN {TRAN | TRANSACTION}
    [{TRANSACTION_NAME | @TRAN_NAME_VARIABLE}
        [WITH MARK ['description']]
    ]
    [;]
```

其中各参数的含义如下：

①RANSACTION_NAME | @TRAN_NAME_VARIABLE：指定事务的名称，可以用变量提供名称。该项是可选项。

②[WITH MARK ['description']]：指定在日志中标记事务。description 是描述该标记的字符串。如果使用了 WITH REMARK，则必须指定事务名。WITH REMARK 允许将事务日志还原到命名标记。

（2）自动提交。

自动提交是指用户每发出一条 SQL 语句，SQL Server 都会自动启动一个事务，在语句执行完了以后，SQL Server 自动执行提交操作来提交该事务。

（3）隐式启动。

当将 IMPLICIT_TRANSACTIONS 设置为 ON 时，表示将隐式事务模式设置为打开，设置语句如下：

```
SET IMPLICIT_TRANSACTIONS ON
```

在隐式事务模式下，任何 DML 语句（DELETE、UPDATE、INSERT）都自动启动一个事务。隐式启动的事务通常称为隐式事务。

7.2.2　终止事务

终止方法有两种。一种是使用 COMMIT 命令（提交命令），另一种是使用 ROLLBACK 命令（回滚命令）。但这两种方法有本质上的区别：当执行 COMMIT 命令时，会将语句执行结果保存到数据库中，并终止事务；当执行 ROLLBACK 命令时，数据库将返回到事务开始时的初始状态，并终止事务。

1. COMMIT TRANSACTION 提交事务

执行 COMMIT TRANSACTION 语句时，将终止隐式启动或显式启动的事务。如果 @@TRANCOUNT 为 1，则 COMMIT TRANSACTION 使得自从事务开始以来的所有数据修改成为数据库的永久部分，释放事务所占用的资源，并将@@TRANCOUNT 设置为 0。如果 @@TRANCOUNT 大于 1，则 COMMIT TRANSACTION 使@@TRANCOUNT 按 1 递减并且事务将保持活动状态。提交事务的语句如下：

```
COMMIT {TRAN| TRANSCATION} [transaction_name | @tran_name_variable][;]
```

【例 7.1】实现银行账号转账功能的事务。

```
BEGIN TRANSACTION virement
DECLARE @    balance float, @x float;        --显式启动事务
SET @x = 200;                                --当转出金额小于 x 时，取消操作
SELECT (@balance = balance FROM UserTable WHERE account = '20000000xxxxxxx1';
If (@balance < @x) return;
UPDATE UserTable SET balance = balance - @x where account = '20000000xxxxxxx1';
UPDATE UserTable SET balance = balance + @x where account = '20000000xxxxxxx2';
GO
COMMIT TRANSACTION virement;              --提交事务，事务终止
```

如果在一个事务中，既有成功执行的 DML 语句，也有因为内部错误而导致失败执行的 DML 语句，该事务会回滚吗？一般 SQL Server 只回滚产生错误的语句，而不会回滚整个事务。如果希望遇到错误时，事务能够自动回滚整个事务，则将 SET XACT_ABORT 选项设置为 ON。

```
SET XACT_ABORT ON;
```

2. ROLLBACK TRANSACTION 回滚事务

它可以将显式事务或隐式事务回滚到事务的起点或事务内部的某个保存点。回滚事务的语句如下：

```
ROLLBACK {TRAN | TRANSACTION}
        [transaction_name | @tran_name_variable | savepoint_name ] [;]
```

根据是否有保存点可以将回滚分为全部回滚和部分回滚。

在事务中设置一个保存点，目的是在撤消事务时可以只撤消部分事务，以提高系统的效率，设置保存点的语句如下：

```
SAVE TRANSACTION save1;
```

用户可以在事务内设置保存点或标记。保存点定义如果有条件地取消事务的一部分，事务可以返回的位置。如果将事务回滚到保存点，则必须（如果需要，就使用更多的 T-SQL 语句和 COMMIT TRANSACTION 语句）继续完成事务，或者必须（通过将事务回滚到其起始点）完全取消事务。若要取消整个事务，请使用 ROLLBACK TRANSACTION transaction_name 格式，这将撤消事务的所有语句和过程。

在由 BEGIN DISTRIBUTED TRANSACTION 显式启动或从本地事务升级而来的分布式事务中，不支持 SAVE TRANSACTION。

当事务开始时，将一直控制事务中所使用的资源直到事务完成（也就是锁定）。当事务的一部分回滚到保存点时，将继续控制资源直到事务完成（或者回滚全部事务）。

【例 7.2】SAVE TRANSACTION 示例：更改分给 *The Gourmet Microwave* 的两位作者的版税。数据库将会在两个更新间不一致，因此必须将它们分组为用户定义事务。

```
BEGIN TRANSACTION royaltychange
    UPDATE titleauthor SET royaltyper = 65
        FROM titleauthor, titles
            WHERE royaltyper = 75
                AND titleauthor.title_id = titles.title_id
                AND title = 'The Gourmet Microwave'
    UPDATE titleauthor SET royaltyper = 35
        FROM titleauthor, titles
            WHERE royaltyper = 25
                AND titleauthor.title_id = titles.title_id
                AND title = 'The Gourmet Microwave'
SAVE TRANSACTION percentchanged
    UPDATE titles
        SET price = price * 1.1
            WHERE title = 'The Gourmet Microwave'
            SELECT (price * royalty * ytd_sales) * royaltyper
                FROM titles, titleauthor
                    WHERE title = 'The Gourmet Microwave'
                        AND titles.title_id = titleauthor.title_id
ROLLBACK TRANSACTION percentchanged
COMMIT TRANSACTION
```

ROLLBACK TRANSACTION percentchanged 语句让事务回滚到保存点 percentchanged。

7.2.3　事务控制语句的使用

用两个事务管理的全局变量@@error 和@@rowcount 来判断事务执行状况。

- @@error：给出最近一次执行的出错语句引发的错误号，@@error 为 0 表示未出错。
- @@rowcount：给出受事务中已执行语句所影响的数据行数。

事务控制语句的使用方法如下：

```
BEGIN TRAN
    /*A 组语句序列*/
SAVE TRAN    save_point
    /*B 组语句序列*/
if  @error<>0
    ROLLBACK   TRAN   save_point
    /*仅回滚 B 组语句序列*/
COMMIT TRAN
    /*提交 A 组语句，且若未回滚 B 组语句则提交 B 组语句*/
```

【例 7.3】使用事务向表 book 中插入数据。

```
BEGIN TRAN tran_examp
    INSERT INTO book( book_id , book_name , publish_company)
        VALUES    ( 's006_01', 'VFP 程序设计', '南京大学出版社' )
    SAVE TRAN int_point
    INSERT INTO book( book_id , book_name , publish_company )
        VALUES( 's006_02', 'VFP 实验指导书', '东南大学出版社' );
INSERT INTO book(book_id , book_name)
        VALUES('s006_03', 'VFP 课程设计指导书')
    IF @@error<>0
ROLLBACK TRAN int_point
COMMIT TRAN tran_examp
```

如果编号为 s006_02 和 s006_03 的两本书的记录插入出错，则回滚到 int_point 点，仅提交编号为 s006_01 的记录，否则全部提交。

7.2.4　事务和批的差别

编程时，一定要区分事务和批的差别：

（1）批是一组整体编译的 SQL 语句，事务是一组作为单个逻辑工作单元执行的 SQL 语句。

（2）批语句的组合发生在编译时，事务中语句的组合发生在执行时。

（3）在编译时，批中某个语句存在语法错误，系统将取消整个批中所有语句的执行，而在运行时，如果事务中某个数据修改违反约束、规则等，系统默认只回滚到产生该错误的语句。

（4）如果批中产生一个运行时错误，系统默认只回滚到产生该错误的语句。但当设置 XACT_ABORT 选项为 ON 时，系统可以自动回滚产生该错误的当前事务。一个事务中可以拥有多个批，一个批里可以有多个 SQL 语句组成的事务，事务内批的多少不影响事务的提交或回滚操作。

指定当 T-SQL 语句产生运行时错误时，MS SQL Server 是否自动回滚当前事务，语法如下：

```
SET XACT_ABORT { ON | OFF }
```

当 SET XACT_ABORT 为 ON 时，如果 T-SQL 语句产生运行时错误，则整个事务将终止并回滚。当 SET XACT_ABORT 为 OFF 时，只回滚产生错误的 T-SQL 语句，而事务将继续进行处理。编译错误（如语法错误）不受 SET XACT_ABORT 的影响。

对于大多数 OLE DB 提供程序（包括 SQL Server），隐式或显式事务中的数据修改语句必须将 XACT_ABORT 设置为 ON。唯一不需要该选项的情况是提供程序支持嵌套事务时。

【例 7.4】本例导致在含有其他 T-SQL 语句的事务中发生违反外键错误。在第一个语句集中产生错误，但其他语句均成功执行且事务成功提交。在第二个语句集中，SET XACT_ABORT 设置为 ON。这导致语句错误使批处理终止并使事务回滚。

```
CREATE TABLE t1 (a int PRIMARY KEY)
CREATE TABLE t2 (a int REFERENCES t1(a))
GO
INSERT INTO t1 VALUES (1)
INSERT INTO t1 VALUES (3)
```

```
INSERT INTO t1 VALUES (4)
INSERT INTO t1 VALUES (6)
GO
SET XACT_ABORT OFF
GO
BEGIN TRAN
INSERT INTO t2 VALUES (1)
INSERT INTO t2 VALUES (2) /* Foreign key error */
INSERT INTO t2 VALUES (3)
COMMIT TRAN
GO
SET XACT_ABORT ON
GO
BEGIN TRAN
INSERT INTO t2 VALUES (4)
INSERT INTO t2 VALUES (5) /* Foreign key error */
INSERT INTO t2 VALUES (6)
COMMIT TRAN
GO
/* Select shows only keys 1 and 3 added. Key 2 insert failed and was rolled back, but XACT_ABORT
was OFF and rest of transaction succeeded. Key 5 insert error with XACT_ABORT ON caused all of the
second transaction to roll back. */
SELECT *
FROM t2
GO
DROP TABLE t2
DROP TABLE t1
GO
```

7.3 事务处理实例分析

【例 7.5】使用事务的三种模式进行表的处理，分批执行，观察执行的过程。

```
USE student
GO
SELECT times=0, * FROM student        --检查当前表中的结果
GO
    --SQL Server 首先处于自动事务管理模式
INSERT student VALUES ('20090201','关汉青','男','1989-3-17','中国山东滨州',2)
SELECT times=1, * FROM student        --显示'20090201'被插入
GO
INSERT student VALUES ('20090201','关汉青','男','1989-3-17','中国山东滨州',2)
--服务器: 消息 2627，级别 14，状态 1，行 1
--违反了 PRIMARY KEY 约束'PK__Student__75A278F5'，不能在对象'Student' 中插入重复键
```

```
--语句已终止
SELECT times=2, * FROM student            --显示数据没有变化
GO
BEGIN TRANSACTION                         --进入显式事务模式
INSERT student VALUES ('20090202','关汉青','男','1989-3-17','中国山东滨州',2)
SELECT times=3,* FROM student             --显示'20090202'被插入
ROLLBACK TRANSACTION
GO
SELECT times=4,* FROM student             --因为执行了回滚，插入的'20090202'被撤消
GO
SET IMPLICIT_TRANSACTIONS ON              --进入隐式事务模式
INSERT student VALUES ('20090203','关汉青','男','1989-3-17','中国山东滨州',2)
SELECT times=5,* FROM student             --显示'20090203'被插入
ROLLBACK
GO
SELECT times=6,* FROM student             --因为执行了回滚，插入的'20090203'被撤消
GO
DELETE FROM student WHERE  学号='20090201'        --删除第 1 个插入
SELECT times=7,* FROM student             --显示'20090201'不存在
ROLLBACK
GO
SELECT times=8,* FROM student --因为回滚，使删除作废，所以'20090201'又重新显示存在
GO
SET IMPLICIT_TRANSACTIONS OFF        --隐式事务模式结束，又进入自动模式
DELETE FROM student WHERE  学号='20090201' --删除第 1 个插入
SELECT times=9,* FROM student
       --自动模式执行成功被自动提交，显示'20090201'被删除不存在
```

【例 7.6】定义事务，使事务回滚到指定的保存点，分批执行，观察执行的过程。

```
USE student
GO
SELECT times=0, * FROM student            --检查当前表中的结果
GO
BEGIN TRANSACTION demo
INSERT student VALUES ('20090201','关汉青','男','1989-3-17','中国山东滨州',2)
SAVE TRANSACTION save_demo
INSERT student VALUES ('20090202','关汉青','男','1989-3-17','中国山东滨州',2)
SELECT times=1, * FROM student            --显示'20090201'和'20090202'都被插入
GO
ROLLBACK TRANSACTION save_demo    --回滚部分事务
SELECT times=2, * FROM student            --显示'20090202'被撤消不存在
GO
ROLLBACK TRANSACTION                      --回滚整个事务
SELECT times=3, * FROM student            --显示'20090201'被撤消不存在
```

【例 7.7】创建数据表 stu_test3，生成三个级别的嵌套事务并提交该嵌套事务，观察变量 @@TRANCOUNT 的值的变化。

```
        USE student                            --选择数据库必须单独在一个批中
        GO
        SELECT @@TRANCOUNT                     --变量@@TRANCOUNT 的值为
        BEGIN TRANSACTION inside1
        SELECT @@TRANCOUNT                     --变量@@TRANCOUNT 的值为
        INSERT student VALUES ('20090201','关汉青','男','1989-3-17','中国山东滨州',2)
        GO
        BEGIN TRANSACTION inside2
        SELECT @@TRANCOUNT                     --变量@@TRANCOUNT 的值为
        INSERT student VALUES ('20090202','关汉青','男','1989-3-17','中国山东滨州',2)
        GO
        BEGIN TRANSACTION inside3
        SELECT @@TRANCOUNT                     --变量@@TRANCOUNT 的值为
        INSERT student VALUES ('20090203','关汉青','男','1989-3-17','中国山东滨州',2)
        GO
        COMMIT TRANSACTION inside3
        SELECT @@TRANCOUNT                     --变量@@TRANCOUNT 的值减为
        GO
        COMMIT TRANSACTION inside2
        SELECT @@TRANCOUNT                     --变量@@TRANCOUNT 的值减为
        GO
        COMMIT TRANSACTION inside1
        SELECT @@TRANCOUNT                     --变量@@TRANCOUNT 的值减为
        GO
```

【例 7.8】在教学管理数据库的 student 表中先删除一条记录，然后再插入一条记录，通过测试错误值来确定提交还是回滚。

```
        USE student
        GO
        DECLARE @del_error int, @ins_error int
        --开始一个事务
        BEGIN TRAN
        --删除一个学生
        DELETE FROM student WHERE  学号='20090201'
        --为删除语句设置一个接收错误数值的变量
        SELECT @del_error = @@ERROR
        --再执行插入语句
        INSERT student VALUES ('20090201','关汉青','男','1989-3-17','中国山东滨州',2)
        --为插入语句设置一个接收错误数值的变量
        SELECT @ins_error = @@ERROR
        --测试错误变量中的值
        IF @del_error = 0 AND @ins_error = 0
            BEGIN
                print '成功，提交事务'
                COMMIT TRAN
            END
        ELSE
```

```
BEGIN
    print '有错误发生，回滚事务'
  IF @del_error <> 0
    PRINT '错误发生在删除语句'
  IF @ins_error <> 0
    PRINT '错误发生在插入语句'
  ROLLBACK TRAN
END
GO
```

7.4　并发控制

7.4.1　并发控制概述

数据库系统一般分为单用户系统和多用户系统。在任何时刻只允许一个用户使用的数据库系统称为单用户系统；在任何时刻允许多个用户使用的数据库系统称为多用户系统。数据库的目的之一是实现数据共享，所以目前大部分数据库系统都是多用户数据库系统。例如订票系统、银行系统、网购系统等。当在多个处理机系统下，每个事务可能分开在不同的处理机上运行，从而做到真正的并行。而当系统中只有一个处理机时，每个事务分时轮转使用处理机运行，这称为并发。当多个用户并发地访问数据库时，就会造成多个事务同时操作同一个数据对象，若对并发操作不加以控制就可能会导致数据库中数据的不一致问题。因此 DBMS 必须对并发操作进行控制，这也是衡量 DBMS 性能的指标之一。

下面通过实例来了解事务在并发时可能导致的问题。

（1）丢失修改。

【例 7.9】两个事务 T_1 和 T_2 同时对数据 A 的值进行操作。A 的初始值为 200，T_1 将 A 加上 50，T_2 将 A 翻倍。按表 7.2 的并发调度，得最终结果 A 为 400。这个结果肯定是错误的，因为 T_1 对 A 的修改丢失了。

表 7.2　丢失修改

时间	T_1	A 值	T_2
t_0		200	
t_1	READ(A)=200		
t_2			READ(A)=200
t_3	A=A+50		
t_4			A=A*2
t_5	WRITE(A)	250	
t_6		400	WRITE(A)

（2）"脏"读。

【例 7.10】两个事务 T_1 和 T_2 同时对数据 A 的值进行操作。A 的初始值为 200，T_1 将 A

加上 50，T_2 只是读 A。按表 7.3 的并发调度，由于某种原因 T_1 撤消操作执行回滚回到初始值，而 T_2 读到的仍然是修改后的 A 值，这种称为"脏"读，即读到不正确的数据。

表 7.3 "脏"读

时间	T_1	A 值	T_2
t_0		200	
t_1	READ(A)=200		
t_2	A=A+50		
t_3	WRITE(A)	250	
t_4			READ(A)=250
t_5	ROLLBACK	200	

（3）不可重复读。

【例 7.11】两个事务 T_1 和 T_2 同时对数据 A、B 的值进行操作。A 的初始值为 200，B 的初始值为 50，T_1 将 A 加上 B，T_2 将 B 翻倍，T_1 重复操作，将 A 加上 B。按表 7.4 的并发调度，T_1 在 T_2 对 B 的修改前后执行相同操作却得到不同的结果，这种称为不可重复读。

表 7.4 不可重复读

时间	T_1	A 值	B 值	T_2
t_0		200	50	
t_1	READ(A)=200 READ(B)=50			
t_2	A+B=250			
t_3				READ(B)=50
t_4				B=B*2
t_5			100	WRITE(B)
t_6	READ(A)=200 READ(B)=100			
t_7	A+B=300			

以上 3 种错误正是由于事务在并发操作时未加以控制才导致的。并发控制就是要用正确的方式调度并发操作，使并发执行的用户事务不相互干扰，从而避免造成数据的不一致性。并发控制的主要技术就是封锁机制。

7.4.2 封锁协议

- 排他锁（X 锁）：又称写锁。如果事务 T 对某个数据 A 加 X 锁，则只允许 T 读取和修改 A，其他事务都不能再对 A 加任何类型的锁，直到 T 释放对 A 加的 X 锁。
- 共享锁（S 锁）：又称读锁。如果事务 T 对某个数据 A 加 S 锁，则允许 T 读取 A，但不能修改 A，允许其他事务再对 A 加 S 锁，但不能加 X 锁，直到 T 释放对 A 加的 S 锁。

X 锁和 S 锁的相容性如表 7.5 所示。

表 7.5　X 锁和 S 锁的相容性

T₁ ＼ T₂	X	S
X	N	N
S	N	Y

注：Y：YES，表示相容；N：NO，表示不相容。

封锁协议是在运用 X 锁和 S 锁对数据加锁时约定的一些规则。针对上节中并发操作导致的 3 种问题分别采用 3 种不同级别的封锁协议，即三级封锁协议。三级封锁协议分别在不同程度上解决了 3 种问题，即丢失修改、"脏"读及不可重复读。

1．一级封锁协议

内容：事务 T 在更新某数据对象之前必须先对其加 X 锁，直到事务结束才释放。一级封锁协议可以防止丢失修改。对例 7.9 应用一级封锁协议，如表 7.6 所示。

表 7.6　一级封锁协议应用

时间	T₁	A 值	T₂
t₀		200	
t₁	XLOCK(A)		
t₂	READ(A)=200		XLOCK(A)
t₃			WAIT
t₄	A=A+50		WAIT
t₅	WRITE(A)		WAIT
t₆	COMMIT	250	WAIT
t₇	UNLOCK(A)		WAIT
t₈			获得 XLOCK(A)
t₉			READ(A)=250
t₁₀			A=A*2
t₁₁		500	WRITE(A)
t₁₂			COMMIT
t₁₃			UNLOCK(A)

2．二级封锁协议

内容：在一级封锁协议的基础上，加上事务 T 在读取某个数据对象之前必须先对其加 S 锁，读完后立即释放。二级封锁协议不仅能够防止丢失修改，还可进一步防止"脏"读。对例 7.10 应用二级封锁协议，如表 7.7 所示。

3．三级封锁协议

内容：在一级封锁协议的基础上，加上事务 T 在读取某个数据对象之前必须先对其加 S

锁，直到事务结束才释放。三级封锁协议除了能够防止丢失修改、"脏"读，还可进一步防止不可重复读。对例 7.11 应用三级封锁协议，如表 7.8 所示。

表 7.7 二级封锁协议应用

时间	T_1	A 值	T_2
t_0		200	
t_1	XLOCK(A)		
t_2	READ(A)=200		
t_3	A=A+50	250	SLOCK(A)
t_4	WRITE(A)		WAIT
t_5	ROLLBACK	200	WAIT
t_6	UNLOCK(A)		WAIT
t_7			获得 SLOCK(A)
t_8			READ(A)=200
t_9			UNLOCK(A)

表 7.8 三级封锁协议应用

时间	T_1	A 值	B 值	T_2
t_0		200	50	
t_1	SLOCK(A)			
t_2	SLOCK(B)			
t_3	READ(A)=200			
t_4	READ(B)=50			XLOCK(B)
t_5	A+B=250			WAIT
t_6				WAIT
t_7	READ(A)=200			WAIT
t_8	READ(B)=50			WAIT
t_9	A+B=250			WAIT
t_{10}	COMMIT			WAIT
t_{11}	UNLOCK(A)			WAIT
t_{12}	UNLOCK(B)			WAIT
t_{13}				获得 XLOCK(B)
t_{14}				READ(B)=50
t_{15}				B=B*2
t_{16}			100	WRITE(B)
t_{17}				COMMIT
t_{18}				UNLOCK(B)

7.4.3　活锁和死锁

封锁协议可以避免并发操作引起的数据错误问题，但又可能产生新的问题，如死锁和活锁。

- 活锁：某个事务永远处于等待状态而得不到封锁的机会，这种现象称为活锁（Live Lock）。解决活锁的一种简单方法就是采用"先来先服务"的策略，也就是排队。
- 死锁：有时可能两个或两个以上的事务都处于等待状态，每个事务都在等待另一个事务解除封锁才能继续执行下去，结果任何一个事务都无法继续执行只能等待，这种现象称为死锁（Dead Lock）。DBMS 中有一个死锁测试程序，每隔一段时间检查并发的事务之间是否发生死锁。如果发现死锁，那么抽取某个事务做回滚操作，撤消所有执行的操作回到起点。这样就解除了对数据对象的封锁，可供其他事务封锁以继续执行，从而解决了死锁现象。

7.4.4　并发调度的可串行性

计算机系统对并发事务中并发操作的调度是随机的，而不同的调度可能会产生不同的结果，那么哪个结果是正确的，哪个是不正确的呢？

如果一个事务运行过程中没有其他事务同时运行，也就是说它没有受到其他事务的干扰，那么就可以认为该事务的运行结果是正常的或者预想的。因此将所有事务串行起来的调度策略一定是正确的调度策略。虽然以不同的顺序串行执行事务可能会产生不同的结果，但由于不会将数据库置于不一致状态，所以都是正确的。

多个事务的并发执行是正确的，当且仅当其结果与按某一次序串行地执行它们的结果相同。我们称这种调度策略为可串行化（Serializable）的调度。

可串行性（Serializability）是并发事务正确性的准则。按这个准则规定，一个给定的并发调度，当且仅当它是可串行化的，才认为是正确调度。

【例 7.12】现有两个事务 T_1 和 T_2，操作序列如下：

T_1：READ(B)；A=B+2；WRITE(A)。

T_2：READ(A)；B=A+2；WRITE(B)。

假设 A、B 初始值为 3。分别给出 4 种调度策略如表 7.9 和表 7.10 所示。

表 7.9　串行调度

T_1	T_2	T_1	T_2
SLOCK(B)			SLOCK(A)
Y=B=3			X=A=3
UNLOCK(B)			UNLOCK(A)
XLOCK(A)			XLOCK(B)
A=Y+2			B=X+2
WRITE(A)=5			WRITE(B)=5
UNLOCK(A)			UNLOCK(B)
	SLOCK(A)	SLOCK(B)	

T₁	T₂	T₁	T₂
	X=A=5	Y=B=5	
	UNLOCK(A)	UNLOCK(B)	
	XLOCK(B)	XLOCK(A)	
	B=X+2	A=Y+2	
	WRITE(B)=7	WRITE(A)=7	
	UNLOCK(B)	UNLOCK(A)	

表 7.10 并发调度

T₁	T₂	T₁	T₂
SLOCK(B)		SLOCK(B)	
Y=B=3		Y=B=3	
	SLOCK(A)	UNLOCK(B)	
	X=A=3	XLOCK(A)	
UNLOCK(B)			SLOCK(A)
	UNLOCK(A)	A=Y+2	WAIT
XLOCK(A)		WRITE(A)=5	WAIT
A=Y+2		UNLOCK(A)	WAIT
WRITE(A)=5			X=A=5
	XLOCK(B)		UNLOCK(A)
	B=X+2		XLOCK(B)
	WRITE(B)=5		B=X+2
UNLOCK(A)			WRITE(B)=7
	UNLOCK(B)		UNLOCK(B)

表 7.9 中两种调度策略都是串行调度，互不干扰，其结果都是正确的，即先 T₁ 再 T2，结果是 A=5，B=7；先 T₂ 再 T1，结果是 A=7，B=5。

表 7.10 中两种调度策略都是并发调度。左侧执行结果为 A=5，B=5。它与表 7.9 中两种调度策略的结果都不同，所以不是正确的，称该调度是不可串行的。右侧执行结果为 A=5，B=7。它与表 7.9 中左侧的结果都相同，所以是正确的，称该调度是可串行的。

为了保证并发操作的正确性，DBMS 的并发控制机制必须提供一定的手段来保证调度是可串行化的。目前 DBMS 普遍采用封锁方法实现并发操作调度的可串行性，从而保证调度的正确性。两段锁协议就是保证并发调度可串行性的封锁协议。除此之外还有其他一些方法，如时标方法、乐观方法等来保证调度的正确性。

7.4.5 两段锁协议

两段锁协议（Two-Phase Locking，2PL）是指所有事务对数据项的封锁策略必须分为两个阶段：前一个阶段获得封锁，后一个阶段释放封锁，即：

（1）在对任何数据进行读写操作前必须申请对该数据的封锁。

（2）在释放一个封锁后，事务不再申请获得任何封锁。

可以证明，如果并发执行的所有事务都遵守两段锁协议，则对这些事务的任何并发调度策略都是可串行化的。注意，两段锁协议是可串行化的充分条件而非必要条件。也就是说，如果存在事务不遵守两段锁协议，那么它们的并发调度可能是串行化的，也可能不是。

【例 7.13】设有 3 个事务 T_1：A=B+1，T_2：B=C+1，T_3：B=A+1。A、B、C 的初始值为 0，并发操作如表 7.11 和表 7.12 所示。

表 7.11　调度可串行

时间	T_1	A、B、C 值	T_2
t_0		0，0，0	
t_1	SLOCK(B)		
t_2	READ(B)=0		SLOCK(C)
t_3	ATEMP=B		READ(C)=0
t_4	UNLOCK(B)		XLOCK(B)
t_5			B=C+1
		0，1，0	WRITE(B)
t_6			COMMIT
t_7			UNLOCK(B)
t_8	XLOCK(A)		UNLOCK(C)
t_9	A=ATEMP+1		
t_{10}	WRITE(A)	1，1，0	
t_{11}	COMMIT		
t_{12}	UNLOCK(A)		

T_1 和 T_2 的并发调度是可串行的，但 T_1 没有遵守两段锁协议，不是两段式事务。

表 7.12　调度不可串行

时间	T_1	A、B、C 值	T_3
t_0		0，0，0	
t_1	SLOCK(B)		
t_2	READ(B)=0		SLOCK(A)
t_3	ATEMP=B		READ(A)=0
t_4	UNLOCK(B)		XLOCK(B)
t_5			B=A+1
		0，1，0	WRITE(B)
t_6			COMMIT
t_7			UNLOCK(B)

续表

时间	T_1	A、B、C 值	T_3
t_8	XLOCK(A)		UNLOCK(A)
t_9	A=ATEMP+1		
t_{10}	WRITE(A)	1，1，0	
t_{11}	COMMIT		
t_{12}	UNLOCK(A)		

T_1 和 T_3 的并发调度是不可串行的，T_1 不是两段式事务。

7.4.6 基于时标的并发控制

1. 时标

为了区别事务开始执行的先后，每个事务在开始执行时都由系统赋予一个唯一的、随时间增长的整数，称为时标。如果两个事务 T1 和 T2 的时标分别为 TS(T1) 和 TS(T2)，并且 TS(T1)<TS(T2)，那么称 T1 是年长的事务，T2 是年轻的事务。

为了保证事务正确地并发执行，对于每个数据项 R，系统记录两个时标值：

● WT(R)：成功执行 WRITE(R)操作的最年轻事务的时标。

● RT(R)：成功执行 READ(R)操作的最年轻事务的时标。

随着 READ、WRITE 操作的进行，WT(R)、RT(R)两个时标值在不断变化。

2. 时标协议

基于时标的并发控制思想是，以时标的顺序处理冲突，使一组事务的交叉执行等价于一个由时标确定的串行序列，目的是保证冲突的读写操作按时间先后来执行。

基于时标的协议内容如下：

（1）事务执行 READ(R)操作时，如果 TS(T)<WT(R)，那么读操作被拒绝，并用新的时标重新启动该事务；如果 TS(T)≥WT(R)，那么执行读操作，并且取 MAX(TS(T),RT(R))赋予 RT(R)。

（2）事务执行 WRITE(R)操作时，如果 TS(T)<RT(R)或 TS(T)<WT(R)，那么写操作被拒绝，并用新的时标重新启动该事务；否则执行写操作，并且将 TS(T)赋予 WT(R)。

重新启动是指给事务赋予新的时标，重新执行。

【例 7.14】T_1：READ(A)，A=A+50，WRITE(A)；T_2：READ(A)，A=A*2，WRITE(A)。TS(T_1)>TS(T_2)，即 T_1 比 T_2 年轻。时标并发控制如表 7.13 所示。

表 7.13 时标控制

时间	T_1	T_2	RT(A)	WT(A)
TS(T_2)		START	0	0
TS(T_1)	START			
t_1	READ(A)		TS(T_1)	
t_2		READ(A)	TS(T_1)	

时间	T_1	T_2	RT(A)	WT(A)
t_3	A=A+50			
t_4		A=A*2		
t_5	WRITE(A)			TS(T_1)
t_6		WRITE(A)		
t_7		RESTART		

习题 7

7.1 什么是事务？事务具有哪几个性质？由 DBMS 的哪些子系统来保证？

7.2 事务并发执行时可能带来哪些问题？分别举例说明。

7.3 SQL Server 中有哪几种锁？各自的作用是什么？在什么情况下，系统进入死锁状态，SQL Server 如何处理死锁？

7.4 什么是两段锁协议？怎样实现两段锁协议？

7.5 什么是活锁？如何防止活锁？

7.6 封锁会引起什么麻烦？如何解决？

7.7 试述"串行调试"和"可串行化调度"有什么区别？

7.8 简述排他锁含义及其作用。

7.9 简述在应用程序中定义事务的方法。

7.10 用户定义事务的语句有哪几条？它们各自有什么作用？

7.11 简述时标和封锁技术之间的基本区别。

第 8 章 SQL 查询优化与系统调优

- **了解**：数据库优化的目的。
- **理解**：各种数据库系统调优策略。
- **掌握**：SQL 查询处理优化方法：索引优化和语句优化。

8.1 概述

现实中许多数据库开发人员在利用一些前端数据库开发工具开发数据库应用程序时，只注重用户界面的华丽，并不注重查询效率，导致所开发出来的应用系统中查询时间长、响应速度慢，甚至查询结果不够准确等，系统工作效率低下，资源浪费严重。究其原因，一方面是硬件设备（如 CPU、磁盘）的存取速度跟不上，内存容量不够大；另一方面是数据查询方法不适当，亦或是没有进行数据查询优化。

一个好的查询计划往往可以使程序性能提高数十倍，而将查询优化的任务完全交给系统去完成是不现实的。查询的效率主要取决于所给定的查询语句，而 SQL 语句独立于程序设计逻辑，相对于对程序源代码的优化，对 SQL 语句的优化在时间成本和风险上的代价都很低。所以应找出 DBMS 的优化规律，以写出适合 DBMS 自动优化的查询语句。对于 DBMS 不能优化的查询需要重写查询语句，进行手工调整以优化性能。而且影响查询效率的一些因素（如索引设计、系统性能、硬件配置等）都是可能实现改进的。因此很有必要在系统优化之外进行一些额外的优化措施。

8.2 关系数据库查询处理

8.2.1 查询处理步骤

RDBMS 查询处理过程可以分为 4 个阶段：查询分析、查询检查、查询优化和查询执行，如图 8.1 所示。

1. 查询分析

查询分析是查询处理的第一个阶段，主要任务是对查询语句进行扫描、词法分析和语法分析。从查询语句中识别出语言符号、SQL 关键字、属性名和关系名等，并且进行语法检查和语法分析，即判断查询语句是否符合 SQL 语法规则。

2. 查询检查

查询检查是根据数据字典对合法的 SQL 查询语句进行语义检查，即检查语句中的数据库对象（如属性名、关系名）是否存在和是否有效等。除此之外，根据数据字典中的用户权限和完整性约束对用户的存取权限进行检查。如果该用户没有相应的访问权限或违反了完整性约束，就拒绝执行该查询操作。检查通过后，便把 SQL 查询语句转换成等价的关系代数表达式。

RDBMS 一般都用查询树（Query Tree）来表示扩展的关系代数表达式。这个过程中要把数据库对象的外部名称转换为内部表示。

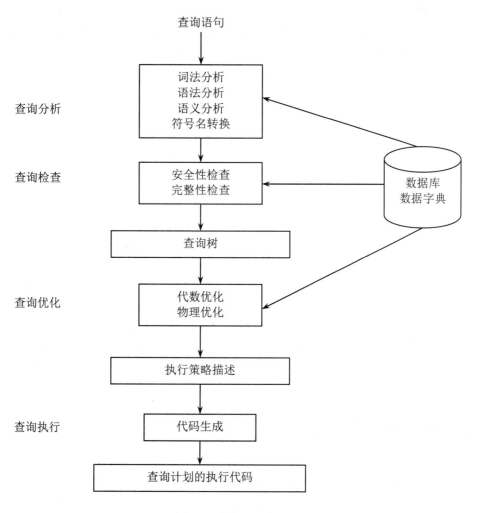

图 8.1　查询处理步骤

3. 查询优化

每个查询语句都会有很多可供选择的执行策略和操作算法，查询优化（Query Optimization）就是选择一个高效的查询处理策略。查询优化有许多种方法，按照优化的层次一般可以分为代数优化和物理优化。代数优化是指关系代数表达式的优化，即按照一定的规则改变代数表达式中操作的次序和组合，使查询执行更高效；物理优化则是指存取路径和底层操作算法的选择，选择的依据可以是基于规则的，也可以是基于代价的，还可以是基于语义的。

实际 RDBMS 中的查询优化器都综合运用了这些优化技术，以获得最好的查询优化效果。

4. 查询执行

查询执行就是依据优化器得到的执行策略生成查询计划，由代码生成器（Code Generator）生成执行这个查询计划的代码。

8.2.2 实现查询操作的算法示例

1. 选择操作的实现

众所周知 SELECT 语句功能十分强大，有许多选项，因此实现的算法和优化策略也很复杂。下面以简单的选择操作为例讲述典型的实现方法。

【例 8.1】SELECT * FROM student WHERE<条件表达式>;。

考虑<条件表达式>的几种情况：

C1：无条件

C2：sno='22015874144'

C3：age>20

C4：depart='001' AND age>20

（1）简单的全表扫描方法。

对查询的基本表顺序扫描，逐一检查每个元组是否满足选择条件，把满足条件的元组作为结果输出。对于小表，这种方法简单有效；对于大表，顺序扫描十分费时，效率很低。

（2）索引（或散列）扫描方法。

如果选择条件中的属性上有索引（例如 B+树索引或 Hash 索引），可以用索引扫描方法。通过索引先找到满足条件的元组主码或元组指针，再通过元组主码或元组指针直接在要查询的基本表中找到元组。

【例 8.2】以 C2 为例，sno='22015874144'，并且 sno 上有索引，则可以通过使用索引得到 sno 为'22015874144'元组的指针，然后通过元组指针在 student 表中检索找到该学生。

【例 8.3】以 C3 为例，age>20，并且 age 上有 B+树索引，则可以使用 B+树索引找到 age=20 的索引项，以此为入口在 B+树的顺序集上得到 age>20 的所有元组指针，然后通过这些元组指针到 student 表中检索所有年龄大于 20 的学生。

【例 8.4】以 C4 为例，depart ='001' AND age>20，如果 depart 和 age 上都有索引，一种算法是分别用上面的两种方法找到 depart ='001'的一组元组指针和 age>20 的另一组元组指针，求这两组指针的交集，再到 student 表中检索，就得到信息工程学院年龄大于 20 的学生。另一种算法是找到 depart ='001'的一组元组指针，通过这些元组指针到 student 表中检索，并对得到的元组检查另一些选择条件是否满足，把满足条件的元组作为结果输出。

2. 连接操作的实现

连接操作是查询处理中最耗时的操作之一。不失一般性，这里只讨论等值连接最常用的实现算法。

【例 8.5】SELECT * FROM student，score WHERE student.sno=score.sno

（1）嵌套循环方法。

这是最简单可行的算法。对外层循环（student）的每一个元组（s），检索内层循环（score）中的每一个元组（sc），并检查这两个元组在连接属性（sno）上是否相等。如果满足连接条件，则连接后作为结果输出，直到外层循环表中的元组处理完为止。

（2）排序合并连接方法。

这也是最常用的算法，尤其适合连接的诸表已经排好序的情况。

用排序合并连接方法的步骤如下：

1）如果连接的表没有排好序，就对 student 表和 score 表按连接属性 sno 排序。

2）取 student 表中的第一个 sno，依次扫描 score 表中具有相同 sno 的元组，把它们连接起来；

3）当扫描到 sno 不相同的第一个 score 元组时，返回 student 表扫描它的下一个元组，再扫描 score 表中具有相同 sno 的元组，把它们连接起来。

4）重复上述步骤直到 student 表扫描完。

这样 student 表和 score 表都只要扫描一遍。当然，如果两个表原来无序，则执行时间要加上对两个表的排序时间。即使这样，对于两个大表，先排序后使用排序合并连接方法执行连接，总的时间一般仍会大大减少。

（3）索引连接方法。

用索引连接方法的步骤如下：

1）在 score 表上建立属性 sno 的索引，如果原来没有的话。

2）对 student 表中的每一个元组，由 sno 值通过 score 表的索引查找相应的 score 元组。

3）把这些 score 元组和 student 表中的元组连接起来。

4）循环执行 2）和 3），直到 student 表中的元组处理完为止。

（4）hash join 方法。

属性作为 hash 码，用同一个 hash 函数把 R 和 S 中的元组散列到同一个 hash 文件中。第一步，划分阶段，对包含较少元组的表进行一遍处理，把它的元组按 hash 函数分散到 hash 表的桶中；第二步，试探阶段，也称为连接阶段，对另一表（S）进行一遍处理，把 S 的元组散列到适当的 hash 桶中，并把元组与桶中所有来自 R 并与之相匹配的元组连接起来。

3. 查询及其存在的问题

从大多数系统的应用实例来看，查询操作在各种数据库操作中所占据的比重最大，如查阅新闻、查看文件、查询统计信息等。在要求查询结果正确无误的同时，人们越来越关心查询的效率问题。查询操作的效率是影响一个应用系统响应时间的关键因素。但令人不满意的是，某些查询耗时长，响应速度慢。查询速度慢的原因很多，常见的有以下几种：

（1）没有索引或者没有用到索引。

（2）查询语句不好，查询不能优化。

（3）进行全表扫描后，返回了不必要的行和列。

（4）要查询的数据表过大或查询出的数据量过大。

（5）处理器速度跟不上、内存容量不足、I/O 吞吐量小，形成瓶颈效应。

（6）数据库系统设计存在缺陷。

随着一个应用系统中数据的动态增长，数据量变大，当积累到一定的程度时，如一个银行的账户数据库表信息积累到上百万甚至上千万条记录，全表扫描一次往往需要数十分钟，甚至数小时。数据库查询效率就会有所降低，系统的响应速度也随之减慢。因此很有必要通过对影响查询效率的因素加以改进或优化来实现系统的快速响应，这就是要进行查询优化。

8.3 SQL 查询处理优化方法

8.3.1 基于索引的优化

1. 索引概述

索引（Index）是数据库中重要的数据结构，是提高查询速度的最重要的工具。当根据索引值搜索数据时，会提供对数据的快速访问。事实上，没有索引，数据库也能根据 SELECT 语句成功地检索到结果，但随着表变得越来越大，使用索引的效果会越来越明显。因此，建立"适当"的索引是实现查询优化的首要前提。

2. 建立"适当"的索引

对数据表进行访问一般采用以下两种方式：①索引扫描，通过索引访问数据；②表扫描，读表中的所有页。当对一个表进行查询时，如果返回的行数占全表总行数的 10%～15%，使用索引可以极大地优化查询的性能。但如果查询涉及全表 40%以上的行，表扫描的效率比使用索引扫描的效率高。但通过表扫描读得的块在数据块缓存中不会保持很长时间，表扫描可能会降低命中率。合理的索引设计要建立在对各种查询的分析和预测上。在具体使用的过程中，要结合实际的数据库和用户的需求来确定要不要索引以及在什么字段上建立什么样的索引。其使用原则如下：

（1）在经常进行连接但没有指定为外键的列、在频繁进行排序或分组（即 GROUP BY 或 ORDER BY 操作）的列、在查询频率较高字段和用于连接的列（主健/外健）以及在条件表达式中经常用到的不同值较多的列上建立索引。如果某列存在空值，即使对该列建立索引也不会提高性能。如果索引列里面有 NULL 值，优化器将无法优化。

（2）如果待排序的列有多个，或经常同时存取多列且每列都含有重复值，则可以在这些列上建立组合索引（COMPOUND INDEX）。组合索引要尽量使关键查询形成索引覆盖，其前导列一定是使用最频繁的列。其建立的顺序要按照使用的频度来确定。

（3）为了降低 I/O 竞争，索引要建立在与用户表空间不在同一磁盘上的索引空间里。另外，当数据库表更新大量数据后，删除并重建索引可以提高查询速度。

（4）在一些数据库服务器上，索引可能失效或者因为频繁操作而使得读取效率降低。如果一个使用索引的查询不明不白地慢下来，可以试着用系统工具检查索引的完整性，必要时进行修复。

3. 聚集索引

在聚集索引中，表中各行的物理顺序与键值的逻辑（索引）顺序相同。使用它的最大好处就是能够根据查询要求迅速缩小查询范围，从而避免全表扫描。聚集索引比非聚集索引有更快的数据访问速度。以下是建立聚集索引的一些方法。

在有大量重复值且经常有范围查询（BETWEEN、>、<、>=、<=）和 ORDER BY、GROUP BY 发生的列，在大规模查询的字段，在最频繁使用的、用以缩小查询范围的字段与最频繁使用的、需要排序的字段上建立聚集索引。而对于频繁修改的列或者返回小数目不同值的情况，应避免建立聚集索引。

需要特别指出的是，主键不一定是聚集索引。通常，我们会在每个表中都建立一个 ID 列，并且这个列是自动增大的，步长一般为 1。如果将这个列设为主键，系统会将此列默认为聚集索引。这样做意义不大，因为在实际应用中，ID 号是自动生成的，我们并不知道每条记录的 ID 号，所以很难用 ID 号来进行查询。这就让 ID 号这个主键作为聚集索引成为一种资源浪费。所以正确方法是，首先选择合适字段建立聚集索引，再使用 ID 号建立主键。

4．注意事项

索引虽然有助于提高检索性能，但是过多或不当的索引也会导致系统低效。因为在表中每加进一个索引，数据库就要做更多的工作，而过多的索引甚至会导致索引碎片。因此，要建立一个"适当"的索引体系，特别是对聚集索引的创建应精益求精。在实践中，要多测试一些方案，找出哪种方案效率最高、最为有效。

8.3.2　SQL 语句优化

使用索引可以有效地提高查询速度，但是 SQL 语句是对数据库操作的唯一途径，程序的执行最终都归结为 SQL 语句的执行，所以 SQL 语句的执行效率对数据库系统的性能起了决定性的作用。所以我们不但要会写 SQL 语句，还要写出性能优良的 SQL 语句。

1．WHERE 子句优化

在 WHERE 子句中优化 SQL 语句是 SQL 语句优化的重要部分，它包括很多内容，这里只介绍几种常用的优化原则。

（1）应尽量避免在 WHERE 子句中对字段进行 NULL 值判断，否则将导致引擎放弃使用索引而进行全表扫描，例如：

　　　SELECT grade FROM score WHERE grade IS NULL

可以在 grade 字段上设置默认值 0，确保表中 grade 列没有 NULL 值，然后这样查询：

　　　SELECT grade FROM score WHERE grade =0

（2）应尽量避免在 WHERE 子句中使用!=或<>操作符，否则引擎将放弃使用索引而进行全表扫描，优化器将无法通过索引来确定将要命中的行数，因此需要搜索该表的所有行。

（3）应尽量避免在 WHERE 子句中使用 OR 来连接条件，否则将导致引擎放弃使用索引而进行全表扫描，例如：

　　　SELECT sno FROM student WHERE depart ='001' OR depart ='002'

可以这样查询：

　　　SELECT sno FROM student WHERE depart ='001'
　　　UNION ALL
　　　SELECT sno FROM student WHERE depart ='002'

（4）IN 和 NOT IN 也要慎用，因为 IN 会使系统无法使用索引，而只能直接搜索表中的数据，例如：

　　　SELECT id FROM t WHERE num IN (1,2,3)

对于连续的数值，能用 BETWEEN 就不要用 IN，例如：

　　　SELECT id FROM t WHERE num between 1 and 3

（5）应尽量避免在 WHERE 子句中对字段进行表达式操作，否则将导致引擎放弃使用索引而进行全表扫描，例如：

　　　SELECT * FROM T1 WHERE F1/2=100

应改为：

```
SELECT * FROM T1 WHERE F1=100*2
```

```
SELECT * FROM RECORD WHERE SUBSTRING(CARD_NO,1,4)='5378'
```

应改为：

```
SELECT * FROM RECORD WHERE CARD_NO LIKE '5378%'
```

```
SELECT member_number, first_name, last_name FROM members
WHERE DATEDIFF(yy,dateofbirth,GETDATE()) > 21
```

应改为：

```
SELECT member_number, first_name, last_name FROM members
WHERE dateofbirth < DATEADD(yy,-21,GETDATE())
```

任何对列的操作都将导致表扫描，它包括数据库函数、计算表达式等，查询时要尽可能将操作移至等号右边。

（6）应尽量避免在 WHERE 子句中对字段进行函数操作，否将导致引擎放弃使用索引而进行全表扫描，例如：

```
SELECT id FROM t WHERE substring(name,1,3)='abc'          --name 以 abc 开头的 id
SELECT id FROM t WHERE datediff(day,createdate,'2005-11-30')=0   --'2005-11-30'生成的 id
```

应改为：

```
SELECT id FROM t WHERE name like 'abc%'
SELECT id FROM t WHERE createdate>='2005-11-30' and createdate<'2005-12-1'
```

（7）不要在 WHERE 子句中的"="左边进行函数、算术运算或其他表达式运算，否则系统将可能无法正确使用索引。

（8）在使用索引字段作为条件时，如果该索引是复合索引，那么必须使用该索引中的第一个字段作为条件时才能保证系统使用该索引，否则该索引将不会被使用，并且应尽可能地让字段顺序与索引顺序相一致。

（9）避免使用 LIKE、EXISTS、IN 等标准表达式，它们会使字段上的索引无效，引起全表扫描。

LIKE 关键字支持通配符匹配，这种匹配特别耗费时间。例如：SELECT * FROM customer WHERE zipcode LIKE '98___' 即使在 zipcode 字段上建立了索引，在这种情况下也还是采用顺序扫描的方式。如果把语句改为 SELECT * FROM customer WHERE zipcode >'98000'，在执行查询时就会利用索引来查询，提高了速度。

在 LIKE 模式的开头不要使用通配符。有些字符串搜索使用 WHERE 子句：WHERE name LIKE '%string%'。如果希望找到那些出现在数据列的任何位置的字符串，这个语句就是对的。但是不要因为习惯而简单地把%放在字符串的两边。如果是查找出现在数据列开头的字符串，就删掉前面的%。

2．避免相关子查询

如果在主查询和 WHERE 子句的查询中同时出现了一个列的标签，就会使主查询的列值改变后子查询也必须重新进行一次查询。因为查询的嵌套层次越多，查询的效率就越低，所以我们应当避免子查询。如果无法避免，就要在查询的过程中过滤掉尽可能多的子查询。

【例 8.6】首先使用子查询实现查询要求（查询开销为 87%）：

```
SELECT sname
FROM student
```

```
WHERE EXISTS(
    SELECT *
    FROM score
    WHERE sno=sco.sno AND grade>70)
```

然后不使用子查询实现查询要求（查询开销为 13%）：

```
SELECT sname
FROM student
JOIN score ON student.sno=score.sno
WHERE grade>70
```

3. 优化表的连接条件

在某种情况下，两个表之间可能有不只一个连接条件，这时在 WHERE 子句中充分使用连接条件有可能会大大提高查询速度。

【例 8.7】

（1）
```
SELECT SUM(A.AMOUNT)
FROM ACCOUNT A,CARD B
WHERE A.CARD_NO = B.CARD_NO
```

（2）
```
SELECT SUM(A.AMOUNT)
FROM ACCOUNT A,CARD B
WHERE A.CARD_NO = B.CARD_NO AND A.ACCOUNT_NO=B.ACCOUNT_NO
```

第二句将比第一句执行快得多。

4. 大表的查询

数据库中有些表的增长是非常快的，记录量很大。对这种表进行访问时，索引的优势就体现不出来了，通常用下面的方法来进行大表的访问。

（1）应当简化或避免对大型表进行重复的排序。为了避免不必要的排序，就要正确地增建索引，合理地合并数据库表。如果排序不可避免，那么应当试图简化它，如缩小排序的列的范围等。

（2）建分区表。将一个大表分开放置在几个逻辑分区中或者将一个大表按某种特性分成几张小表，即可以单独对这些小表进行查询。这样在查询某特定的数据时只访问小表就可以了，需要时也可进行联合查询。

（3）进行水平分片。用户访问数据库一般要求得到的是最近的数据，因此可以按照时间对数据库中的数据进行水平分片，把最近一段时间的数据呈现给用户。当用户需要查找"过期"数据时再把相应的块调进来。由于这种情况极少发生，在一定的情况下，可以有效减少数据量，缩小数据查找范围。用这种方法要注意分区数据的维护，因此一定要在权衡维护和查询代价的基础上确定是否要使用分片。如果经常要访问全库数据进行综合对比的话，这种方法就不适用。

（4）使用临时表。如果要对一个大型表的某一部分或某几部分子表反复多次执行查询操作，则可以创建一个临时文件并将这些子表放入其中，然后按特定次序进行排序，这样频繁的查询操作就可在临时表中进行。这有助于避免多重排序操作，能加速查询，而且在其他方面还能简化优化器的工作。因为临时表中的行要比主表中的行少，而且物理顺序就是所要求的顺序，减少了磁盘 I/O，查询工作量可以大幅减少。如果临时表较多，还可以为其创建索引。但临时表创建后不会反映主表的修改。在主表中数据频繁修改的情况下，注意不要丢失数据。

5. 其他 SQL 语句优化

除了上面几种比较典型的方法外，还有几种优化方法也能发挥提高查询效率的作用。

（1）字段提取要按照"需多少、提多少"的原则，避免使用"SELECT *"格式。每少提取一个字段，数据的提取速度就会有相应的提升。提升的速度取决于舍弃的字段的大小。

（2）能用 DISTINCT 的就不用 GROUP BY。

```
SELECT OrderID FROM Details WHERE UnitPrice > 10 GROUP BY OrderID
```

可改为：

```
SELECT DISTINCT OrderID FROM Details WHERE UnitPrice > 10
```

（3）能用 UNION ALL 的就不要用 UNION，UNION ALL 不执行 SELECT DISTINCT 函数，这样就会减少很多不必要的资源。

（4）尽量不要用 SELECT INTO 语句，SELECTINTO 语句会导致表锁定，阻止其他用户访问该表。

（5）IN、OR 子句常会使用工作表，使索引失效，进行全表扫描。如果不产生大量重复值，可以考虑把子句拆开，拆开的子句中应该包含索引。在 IN 后面值的列表中，将出现最频繁的值放在最前面，出现得最少的放在最后面，以减少判断的次数。

（6）SET SHOW PLAN_ALL ON 查看执行方案。DBCC 检查数据库数据完整性。

DBCC（DataBase Consistency Checker）是一组用于验证 SQL Server 数据库完整性的程序。

（7）慎用游标。在某些必须使用游标的场合，可考虑将符合条件的数据行转入临时表中，再对临时表定义游标并进行操作，这样可使性能得到明显提升。

上面我们讲述的是一些基本的提高查询速度的方法，但是在更多的情况下，往往需要反复试验比较不同的语句以得到最佳方案。最好的方法当然是测试，看实现相同功能的 SQL 语句哪个执行时间最少，但是如果数据库中数据量很少，比较不出来，这时可以用查看执行计划，即把实现相同功能的多条 SQL 语句复制到查询分析器，按 Ctrl+L 组合键查看所利用的索引以及表扫描次数（这两个对性能影响最大），总体上看成本百分比即可。

（8）应使 ORDER BY 按聚集索引列排序。磁盘存取臂的来回移动使得非顺序磁盘存取变成了最慢的操作。但是在 SQL 语句中这个现象被隐藏了，这样就使得查询中进行了大量的非顺序查询，降低了查询速度。对于这个现象还没有很好的解决方法，只能依赖于数据库的排序能力来替代非顺序的存取。有些时候，用数据库的排序能力来替代非顺序的存取能改进查询效率。

（9）避免或简化排序。应当简化或避免对大型表进行重复的排序。当能够利用索引自动以适当的次序产生输出时，优化器就避免了排序的步骤。以下是一些影响因素：

● 索引中不包括一个或几个待排序的列。

● GROUP BY 或 ORDER BY 子句中列的次序与索引的次序不一样。

● 排序的列来自不同的表。

为了避免不必要的排序，就要正确地增减索引，合理地合并数据库表（尽管有时可能影响表的规范化，但相对于效率的提高是值得的）。如果排序不可避免，那么应当试图简化它，如缩小排序的列的范围等。

【例 8.8】基于索引优化实验。

```
select getdate()
```

```
select * from Company,House where Company.Company_ID=House.Company_ID
select getdate()
```

比较在 Company_ID 列上建立索引和尚未建立索引的执行效率。

【例 8.9】嵌套优化。

由第 3 章的理论研究可知，当查询语句中包括嵌套查询时，会降低查询效率。本实验分别用嵌套的 SQL 语句和没有嵌套的 SQL 语句来实现相同的功能，比较这两者的执行时间。

1）用 in 的嵌套 SQL 语句查询，SQL 语句如下：

```
select getdate()
select * from Company,House where Company.Company_ID in
（select　House.Company_ID from House）
select getdate()
```

2）没有嵌套的 SQL 语句查询，SQL 语句如下：

```
select getdate()
select * from Company,House where Company.Company_ID=House.Company_ID
select getdate()
```

比较有查询嵌套和没有嵌套的执行效率。

【例 8.10】表达式优化。

由第 3 章可知在 where 子句中对字段进行表达式操作会降低查询性能，本实验分别在 where 子句中进行表达式操作和不进行表达式操作，比较两者的执行时间。

1）在 where 子句中未进行表达式操作，SQL 语句如下：

```
select getdate()
select * from Sale,House where Sale.Sale_Area>1500 And
House.House_Id=Sale. House_Id
select getdate()
```

2）在 where 子句中进行表达式操作，SQL 语句如下：

```
select getdate()
select * from Sale,House where Sale.Sale_Area*2>3000 And
House.House_Id=Sale. House_Id
select getdate()
```

在 where 子句中进行表达式操作时，SQL 语句执行时间约为 0.193s，而不在 where 子句中进行表达式操作时，系统的执行时间为 0.140s。由此可见，不在 where 子句中进行表达式操作时可以提高查询性能，因为表达式会使系统无法使用索引，只能对表中的数据全部搜索，这将导致系统效率降低。

8.4　其他优化方法

数据库的查询优化方法除了索引和优化 SQL 语句外还有其他方法，其他方法的合理使用同样也能很好地对数据库查询起到优化作用。下面就来列举几种简单实用的方法。

1. 使用临时表

临时表中的行比主表中的行要少，而且物理顺序就是所要求的顺序，减少了磁盘的 I/O 操作，查询工作量可以大幅减少。

在表的一个子集中进行排序并创建临时表，也能实现加速查询。在一些情况下，这样可以避免多重排序操作。但所创建的临时表的行要比主表的行少，其物理顺序就是所要求的顺序，这样就减少了输入和输出，降低了查询的工作量，提高了效率，而且临时表的创建并不会反映主表的修改。

但是对临时表的使用也要有一些规则，如下：

（1）尽量使用表变量来代替临时表。如果表变量包含大量数据，请注意索引非常有限（只有主键索引）。

（2）避免频繁创建和删除临时表，以减少系统表资源的消耗。

（3）临时表并不是不可使用，适当地使用它们可以使某些例程更有效。例如，需要重复引用大型表或常用表中的某个数据集时。但是，对于一次性事件，最好使用导出表。

（4）在新建临时表时，如果一次性插入数据量很大，那么可以使用 SELECT INTO 代替 CREATE TABLE，避免造成大量 LOG，以提高速度；如果数据量不大，为了缓和系统表的资源，应先 CREATE TABLE，然后 INSERT。

（5）如果使用到了临时表，在存储过程的最后务必将所有的临时表显式删除，先 TRUNCATE TABLE，然后 DROP TABLE，这样可以避免系统表的较长时间锁定。

2. 使用存储过程

存储过程是编译好、优化过且存储在数据库中的 SQL 语句和控制流语言的集合，创建后转换为可执行代码，作为数据库的一个对象存储在数据库中。其代码驻留在服务器端，因而执行时不需要将应用程序代码向服务器端传送，可以大大缩短系统响应时间。同时存储过程不需要每次执行时进行分析和优化，从而会减少预处理所花费的时间，提高系统效率。

建议将频繁使用的 SQL 语句存储为存储过程，即把经常用到的查询动作编写成一个存储过程。存储过程尽量使用 SQL 自带的返回参数，而非自定义的返回参数；减少不必要的参数，避免数据冗余。

3. 基本表设计优化

（1）选取最适用的字段属性。

最好使用固定长度的数据列，在可以使用短数据列时就不要用长的。在创建表时，为了获得更好的性能，可以将表中字段的宽度设得尽可能小。如果有一个固定长度的 char 数据列，就不要让它的长度超出实际需要。如果能够提供足够的空间，那么固定长度的数据行被处理的速度比可变长度的数据行要快一些。例如，用 char 类型代替 varchar 类型，会发现处理速度更快。用 mediumint 代替 bigint，数据表就小一些（磁盘 I/O 少一些），在计算过程中，值的处理速度也会更快。如果数据列被索引了，那么使用较短的值带来的性能提高会更加显著，而且短的索引值比长的索引值处理起来要快。

此外，把数据列定义成不能为空（NOT NULL）会使处理速度更快，需要的存储空间更少。有时还会简化查询，因为在某些情况下不需要检查值的 NULL 属性。对于某些文本字段，例如"省份"或者"性别"，可以将它们定义为 enum 类型。enum 类型被当作数值型数据来处理，而数值型数据处理起来的速度要比文本类型快得多。

对表中数据最好使用兼容的数据类型，因为数据类型的不兼容可能使优化器无法执行一些本来可以进行的优化操作。例如 float 和 int、char 和 varchar、binary 和 varbinary 是不兼容的。下面用一个例子来阐述，如：

SELECT name FROM employee WHERE salary > 60000

在这条语句中，salary 字段是 money 型的，则优化器很难对其进行优化，因为 60000 是个整型数。我们应当在编程时将整型转化为钱币型，而不要等到运行时再转化。

（2）满足第三范式。

在基于表驱动的信息管理系统中，基本表的设计规范是第三范式。第三范式的基本特征是非主键属性只依赖于主键属性。基于第三范式的数据库表设计具有很多优点：①能消除冗余数据、节省磁盘存储空间；②有良好的数据完整性限制（基于主外键的参照完整限制和基于主键的实体完整性限制），使得数据容易维护、移植和更新；③数据的可逆性好，在做连接查询或者合并表时不遗漏、不重复；④消除了冗余数据（这里主要指冗余列），使得查询时每个数据页存储的数据行增多，这样就有效地减少了逻辑 I/O，同时也减少了物理 I/O；⑤对大多数事务而言，运行性能好；⑥物理设计的机动性较大，能满足日益增长的用户需求。

基于第三范式设计的数据库表虽然有其优越性，然而在实际应用中有时不利于系统运行性能的优化。例如需要部分数据时要扫描整表，许多过程同时竞争同一数据，反复用相同行计算相同的结果，过程从多表获取数据时引发大量的连接操作，当数据来源于多表时的连接操作，这都消耗了磁盘 I/O 和 CPU 时间。特别需要提出的是，在遇到下述情形时，我们要对基本表进行扩展设计优化：许多过程要频繁访问一个表、子集数据访问、重复计算和冗余数据，有时用户要求一些过程优先或低的响应时间，为避免以上不利因素，我们通常根据访问的频繁程度对相关表进行分割处理、存储冗余数据、存储衍生列、合并相关表处理，这些都是克服不利因素和优化系统运行的有效途径。

1）分割表。

分割表可分为水平分割表和垂直分割表两种：水平分割是按照行将一个表分割为多个表，这可以提高每个表的查询速度，但是由于造成了多表连接，所以应该在同时查询或更新不同分割表中的列比较少的情况下使用；垂直分割是对于一个列很多的表，若某些列的访问频率远远高于其他列，在不破坏第三范式的前提下将主键和这些列作为一个表，将主键和其他列作为另外一个表。一种是当多个过程频繁访问表的不同列时，可将表垂直分成几个表，减少磁盘 I/O。通过减少列的宽度，增加了每个数据页的行数，一次 I/O 就可以扫描更多的行，从而提高了访问每一个表的速度。垂直分割表可以达到最大化利用 Cache 的目的。分割表的缺点是要在插入或删除数据时考虑数据的完整性，用存储过程维护。

2）存储衍生数据。

对一些要做大量重复性计算的过程而言，若重复计算过程得到的结果相同，或计算牵扯多行数据需额外的磁盘 I/O 开销，或计算复杂需要大量的 CPU 时间，就考虑存储计算结果。

若在一行或多行进行重复性计算，就在表内增加列存储结果，但若参与计算的列被更新时，必须要用触发器或存储过程更新这个新列。总之，存储冗余数据有利于加快访问速度，但违反了第三范式，这会加大维护数据完整性的代价，必须用触发器立即更新或存储过程更新，以维护数据的完整性。

4. 尽量少用视图

对视图操作比直接对表操作慢，可以用 stored procedure 来代替。特别是不要用视图嵌套，嵌套视图增加了寻找原始资料的难度。对单个表检索数据时，不要使用指向多个表的视图，而要直接从表检索或者仅包含这个表的视图上读，否则增加了不必要的开销，查询受到干扰。

5. 尽量减少对数据库的访问次数

通过搜索参数，尽量减少对表的访问行数，最小化结果集，从而减轻系统负担；能够分开的操作尽量分开处理，提高每次的响应速度；算法的结构要尽量简单。

6. 索引使用的注意问题

（1）当在比较操作中使用索引数据列的时候，要使用数据类型相同的列。相同的数据类型比不同类型的性能要高一些。如果所比较的数据列类型不同，那么可以用 ALTER TABLE 来修改其中一个，使它们的类型相匹配。

（2）尽可能地让索引列在比较表达式中独立。如果在函数调用或者更复杂的算术表达式条件中使用了某个数据列，系统就不会使用索引，因为它必须计算出每个数据行的表达式值。有时候这种情况无法避免，但可以重新编写一个查询让索引列独立地出现。

（3）索引列不要使用函数，由于索引列一旦使用函数，索引就会无效。也不要对索引列进行计算，如果对索引列进行计算，索引也会无效，导致速度变慢。任何对列的操作都将导致表扫描。查询时要尽可能将操作移至等号右边。

7. 事务处理调优

数据库的日常运行过程中可能面临多个用户同时对数据库的并发操作带来的数据不一致的问题，如丢失更新、脏读和不可重复读等。并发控制的主要方法是封锁，锁就是在一段时间内禁止用户做某些操作以避免产生数据不一致。

数据库应用程序将其工作分成若干事务进行处理。当一个事务执行时，它访问数据库并执行一些本地计算。开发人员可以假设每一个事务都会被隔离地执行——没有任何并发动作。因为隔离的概念提供了透明性，这种对事务处理方式的保证有时被称为原子性保证。但是，如果把应用程序中的事务序列作为一个整体来看，则并没有上面所说的那种保证。在一个应用程序执行的两个事务之间，可能会执行另外一个应用程序的事务，而且第二个应用程序的执行可能修改了第一个应用程序中的两个事务（或其中的一个）需要访问的数据项。因此，事务的长度对保证正确性有着重要影响。

尽管将事务切分成较小粒度可以提高执行效率，但会因此破坏执行的正确性。这种性能和正确性之间的矛盾充斥并发控制的整个调优过程。考虑事务的性能我们要考虑到：事务使用的锁的个数（在所有其他条件相同的情况下，使用的锁个数越少，性能越好）、锁的类型（读锁对性能更有利）、事务持有锁的时间长短（持有时间越短，性能越好）。关于锁的调优有以下建议：

（1）使用特殊的系统程序来处理长的读操作。对于一个只读的事务 R 来说，它"看到"的数据库的状态一直是事务 R 开始时的状态。只读查询可以不需要封锁开销，在不造成阻塞和死锁的情况下，只读的查询可以与其他对同一数据进行更新的较小的事务并行地执行。

（2）消除不必要的封锁。只有一个事务执行时，或所有事务都是只读事务时，用户应利用配置选项减少锁的个数，从而减小锁管理模块的内存开销和执行封锁操作的处理时间开销。

（3）根据事务的内容将事务切分成较小的事务。事务所要求的锁越多，它需要等待其他事务释放某个锁的可能就越大。事务 T 执行的时间越长，被 T 阻塞的事务等待的时间可能就越长。因此，在可能发生阻塞的情况下，利用较短的事务较好。

（4）在应用程序允许的情况下，适当降低隔离级别。

（5）选择适当的封锁粒度。页级封锁阻止并发事务访问或修改该页面上的所有记录，表级封锁阻止并发事务访问或修改表内所有的页面；记录级封锁（行级锁）比页级封锁粒度好，页级封锁比表级封锁粒度好。长事务（指要访问表内几乎所有页面的事务）应该尽可能使用表级封锁来防止死锁，而短事务应该使用记录级封锁来提高并发度。

（6）只在数据库很少被访问时才修改有关数据定义的数据（系统目录或元数据）。每个能够编译、添加或删除表，添加或删除索引，改变属性定义的事务都必须访问目录数据。因此，目录很容易成为热点，也因而成为瓶颈。

（7）减少访问热点（大量事务访问和更新的数据）。只有在更新某热点的事务完成之后，其他的事务才能获得这个热点上的锁，因此热点可能成为瓶颈。

（8）死锁检测周期的调优。

以上每个建议都可以独立于其他建议来运用，但是在调优时必须检测是否能体现合适的隔离性保证。

8.5　计算机硬件调优

8.5.1　数据库对象的放置策略

利用数据库分区技术，均匀地把数据分布在系统的磁盘中，平衡 I/O 访问，避免 I/O 瓶颈：

（1）访问分散到不同的磁盘，即使用户数据尽可能跨越多个设备，多个 I/O 运转，避免 I/O 竞争，克服访问瓶颈；分别放置随机访问数据和连续访问数据。

（2）分离系统数据库 I/O 和应用数据库 I/O，把系统审计表和临时库表放在不忙的磁盘上。

（3）把事务日志放在单独的磁盘上，减少磁盘 I/O 开销，这还有利于在障碍后恢复，提高了系统的安全性。

（4）把频繁访问的"活性"表放在不同的磁盘上；把频繁用的表、频繁做连接的表分别放在单独的磁盘上，甚至把频繁访问的表的字段放在不同的磁盘上，把访问分散到不同的磁盘上，避免 I/O 争夺。

8.5.2　使用磁盘硬件优化数据库

RAID（独立磁盘冗余阵列）是由多个磁盘驱动器（一个阵列）组成的磁盘系统。通过将磁盘阵列当作一个磁盘来对待，基于硬件的 RAID 允许用户管理多个磁盘。使用基于硬件的 RAID 与基于操作系统的 RAID 相比较，基于硬件的 RAID 能够提供更佳的性能。如果使用基于操作系统的 RAID，那么它将占据其他系统需求的 CPU 周期。通过使用基于硬件的 RAID，用户在不关闭系统的情况下能够替换发生故障的驱动器。

SQL Server 一般使用 RAID 等级 0、1 和 5。

RAID 0 是传统的磁盘镜像，阵列中每一个磁盘都有一个或多个磁盘拷贝，它主要用来提供最高级的可靠性，使 RAID 0 成倍增加了写操作却可以并行处理多个读操作，从而提高了读操作的性能。RAID 1 是磁盘镜像或磁盘双工，能够为事务日志保证冗余性。RAID 5 是带奇偶的磁盘条带化，即将数据信息和校验信息分散到阵列的所有磁盘中，它可以消除一个校验盘的瓶颈和单点失效问题，RAID 5 也会增加写操作，也可以并行处理一个读操作，还可以成倍地提高读操作的性能。

相比之下，RAID 5 增加的写操作比 RAID 0 增加的要少许多。在实际应用中，用户的读操作请求远远多于写操作请求，而磁盘执行写操作的速度很快，以至于用户几乎感觉不到增加的时间，所以增加的写操作负担不会带来什么问题。在性能较好的服务器中一般都会选择使用 RAID 5 的磁盘阵列卡来实现，对于性能相对差一些的服务器也可利用纯软件的方式来实现 RAID 5。

习题 8

8.1 试述 RDBMS 查询处理过程的各个阶段。

8.2 试述查询速度慢的原因。

8.3 索引的作用是什么？使用索引的原则有哪些？

8.4 试述的在并发操作中对锁进行调优。

8.5 对 SQL 语句进行优化。

8.6 对数据量过大的表进行查询优化的方法有哪些。

8.7 数据库数据放置的策略。

8.8 在第 3 章的教学数据库中：student 表有 10^4 个元组，存放在场地 A；course 表有 10^5 个元组，存放在场地 B；score 表有 10^6 个元组，存放在场地 A。

假设每个元组都是 100 位长度。给出查询语句，找出学习 ENGLISH 课程的男生的学号和姓名。代码如下：

```
Select sno,sname
From student,course,score
Where student.sno=score.sno and course.cno=score.cno
and sex='男' and cname='ENGLISH'
```

假定在数据库中，课程名为 ENGLISH 的课程有 10 个（在 course 表中），男生的学习成绩约有 10^5 个（在 score 表中）。对于通信系统，我们假定数据传输速度是 10^4b/s，存取延迟时间是 1 秒。（计算查询处理的通信时间公式：T=存取延迟时间+传输的数据量/数据传输速度=信息数×1+传输的比特数/10^4）

计算出下列各种处理技术的通信时间：

（1）把 course 传输到 A 地，在 A 地处理查询。

（2）把 score 和 student 传输到 B 地，在 B 地处理查询。

（3）在 A 地先求出男生的学习成绩，执行操作 $\sigma_{sex='男'}(student\infty score)$，然后对结果关系中每个元组的 cno 值检查在 B 地的关系 course 中相应的课程名是否为 ENGLISH。

（4）在 B 地先求出课程名为 ENGLISH 课的元组，对结果关系中每个元组的 cno 值，检查 A 地的关系 student∞score 中，哪些男生选修的课程名是 ENGLISH。

（5）在 A 地执行 $\prod_{sno,cno}(\sigma_{sex='男'}(student\infty score))$，把结果送到 B 地处理查询。

（6）在 B 地执行 $\prod_{sno,cno}(\sigma_{cname='ENGLISH'}(course))$，把结果送到 A 地处理查询。

第 9 章　数据库设计

- ● **了解**：数据库设计的一般步骤
- ● **理解**：各阶段的输入及输出。
- ● **掌握**：各阶段设计过程中所采用的方式方法及处理手段。

9.1　数据库设计概述

数据库设计是针对一个给定的应用环境，设计最优的数据库模式，建立数据库及其应用系统，以便有效地存储数据，实现用户的基本需求。数据库应用系统的开发是一项软件工程，遵循软件工程的一般步骤：前期规划、需求分析、概念结构设计、逻辑结构设计、物理设计、数据库实施、运行维护等几个阶段。各阶段环环相扣，瀑布式的开发没有统一的标准，经常还需要回溯以修正之前的问题。使用软件工程的方法可以提高软件质量和开发效率，降低开发成本。

大型数据库应用系统开发比较庞大且复杂，会涉及多学科的技术。这就要求开发人员除了要了解计算机科学的基础知识和软件工程的原理和方法，掌握程序设计的方法和技巧，具备数据库的基本知识和数据库设计技术外，还应充分了解应用领域的业务知识，这样才能真正设计出满足用户需求的应用系统。

9.1.1　数据库设计的特点

（1）数据库建设是硬件、软件和干件（技术与管理的界面）的结合。

（2）三分技术，七分管理，十二分基础数据。

（3）数据库设计与应用系统设计相结合。

（4）结构设计（数据库框架或数据库结构）和行为设计（设计应用程序、事务处理等）辩证统一，即物理上分离，逻辑上统一。

9.1.2　数据库设计的方法

（1）手工试凑法。

特点：设计质量与设计人员的经验和水平有直接关系；缺乏科学理论和工程方法的支持，工程的质量难以保证；数据库运行一段时间后常常又不同程度地发现各种问题，增加了维护成本。

（2）规范设计法。

基本思想：过程迭代和逐步求精。

典型方法：新奥尔良方法将数据库设计分为 4 个阶段；S.B.Yao 方法将数据库设计分为 5

个步骤；I.R.Palmer 方法把数据库设计当成一步接一步的过程。计算机辅助设计工具：Oracle Designer 和 Sybase PowerDesigner。

9.1.3　数据库设计的过程

数据库设计过程分为 6 个阶段，如图 9.1 所示。

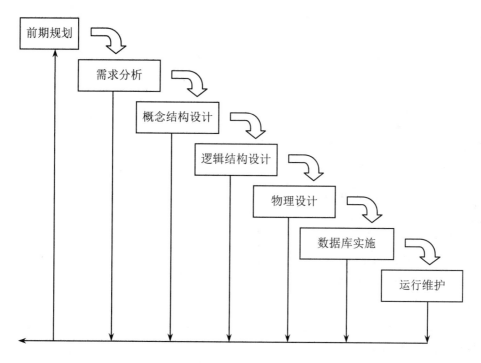

图 9.1　数据库设计过程

9.2　需求分析

需求分析其实就是分析用户的需求。设计人员根据用户所提出的各种需求对应用系统进行全面、详细的调查，依据总纲收集基础数据和数据流程，并且充分考虑今后可能的扩充和改变而确定新系统的功能。这个阶段是个起点，也是最为关键的一步，需求分析做的不好将直接影响到后面各个阶段的设计，甚至可能导致整个系统全盘失败。因此应花费更多的时间、人力和物力去做到更好、更细、更全面。

9.2.1　需求分析的任务

需求分析的任务包括以下几个方面：

（1）信息需求。了解问题域的构成，用户输入、输出数据的形式及内容，含有哪些用户需要从数据库中获得的信息。由信息要求可以导出数据要求，即在数据库中需要存储哪些数据。

（2）处理需求。了解问题域的处理过程，明确用户要完成的处理功能，对处理的响应时间有什么要求，以及处理方式等。

（3）安全性与完整性需求。系统的数据有哪些敏感性，对于敏感的数据如何保护，系统都有哪些用户使用，各自的权限范围是什么，有哪些是问题域独有的约束等。

9.2.2　需求分析的方法

需求分析的重点是调查、收集与分析用户在数据管理中的各种要求，通常采用的方法是调查组织机构情况、调查各部门的业务活动情况、协助用户明确对新系统的各种要求、确定新系统的边界。具体步骤如下：

（1）调查组织机构。了解各部门的组成情况和职责等。

（2）调查业务活动。了解输入数据的来源、输出数据的来源、对数据如何加工处理，输出数据的去向、结果格式等，形成用户业务流程图。

（3）编写文档。将所调查的相关资料汇编成文档供下一步分析使用。

9.2.3　用户需求调查的方法

常用的调查方法如下：

（1）跟班作业。由于缺乏业务知识，设计人员必须亲自深入应用领域参加业务工作来熟悉业务活动,掌握所有流程才能更好地设计系统功能。这个方法能比较准确地理解用户的需要，但比较耗时。

（2）开调查会。通过与各种用户进行座谈来了解业务活动情况及需求，通过现场沟通交流获得更详细的用户需求。

（3）专家介绍。对于特定领域，涉及的知识面太广太复杂，不能在短时间内了解业务，可以请该领域的专家进行培训和指导。

（4）问卷调查。设计相关调查表，由用户填写从而获得所需信息及数据。

（5）查阅记录。查阅相关业务文档资料或旧系统。

做调查是一项复杂的事情，没有公式化的指导方法，往往需要同时采用上述多种方法一起进行，而且需要应用领域用户的积极参与及配合。因此，与用户的良好沟通对需求调查的准确性起着关键性作用。

9.2.4　数据流图

数据流图（Data Flow Diagram，DFD）是业务流程及业务中数据联系的形式描述。按照自顶向下的分析方法，数据流图分为很多层次。底层的数据流图是上层数据流图的分解，数据流图不必过细，只要能够把系统工作过程表示清楚就可以了。因此，一般可分 3 层，即上层、中层及底层。数据流图既是需求分析的工具，也是需求分析的成果之一。数据流图示例如图 9.2 所示。

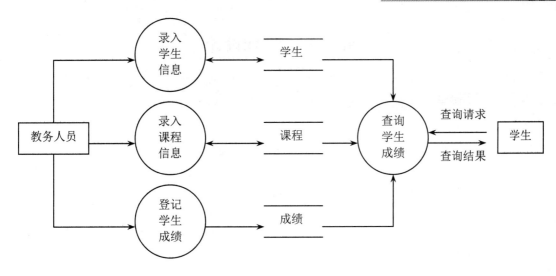

图 9.2　数据流图示例

9.2.5　数据字典

数据字典（Data Dictionary，DD）是各类数据描述的集合。它是关于数据库中数据的描述，即元数据，而不是数据本身。数据字典通常包括数据项、数据结构、数据流、数据存储和处理过程 5 个部分。

（1）数据项描述={数据项名，数据项含义说明，别名，数据类型，长度，
　　　　　　　　　取值范围，取值含义，与其他数据项的逻辑关系}

（2）数据结构描述={数据结构名，含义说明，组成:{数据项或数据结构}}

（3）数据流描述={数据流名，说明，数据流来源，数据流去向，
　　　　　　　　组成:{数据结构}，平均流量，高峰期流量}

（4）数据存储描述={数据存储名，说明，编号，流入的数据流，流出的数据流，
　　　　　　　　　组成:{数据结构}，数据量，存取方式}

（5）处理过程描述={处理过程名，说明，输入:{数据流}，输出:{数据流}，
　　　　　　　　　处理:{简要说明}}

数据字典是进行数据收集和数据分析的主要成果。表 9.1 给出了一个数据存储的例子。

表 9.1　数据字典示例——数据存储描述

数据存储名	学生信息
说明	存放每个学生的基本信息
流入的数据流	教务人员录入学生信息
流出的数据流	查询学生成绩
数据量	由学生人数决定
存储方式	按学号先后顺序

9.3　概念结构设计

9.3.1　数据模型

1. 数据

数据是数据库中存储的基本对象，也是数据模型的基本元素。

（1）数据。

在数据库中描述事物的符号记录称为数据，是存储的基本对象。

计算机是人们解决问题的辅助工具，而解决问题的前提是对问题存在条件及环境参数的正确描述。在现实世界中人们可以直接用自然语言来描述世界，为了把这些描述传达给计算机，就要将其抽象为机器世界所能识别的形式。例如，我们在现实世界中用以下语言来描述一块主板：编号为 0001 的产品为"技嘉主板"，其型号为 GA-8IPE1000-G，前端总线 800MHz。如果将其转换为机器世界中数据的一种形式，则为：0001，技嘉主板，GA-8IPE1000-G，800MHz。因此从现实世界中的数据到机器世界中的符号记录形式的数据，还需要一定的转换工作。

（2）数据描述。

在数据库设计的不同阶段都需要对数据进行不同程度的描述。在从现实世界到计算机世界的转换过程中，经历了概念层描述、逻辑层描述和存储介质层描述 3 个阶段。在数据库的概念设计中，数据描述体现为"实体""实体集""属性"等形式，用来描述数据库的概念层次；在数据库的逻辑设计中，数据描述体现为"字段""记录""文件""关键码"等形式，用来描述数据库的逻辑层次；在数据库的具体物理实现中，数据描述体现为"位""字节""字""块""桶""卷"等形式，用来描述数据库的物理存储介质层次。

2. 数据模型

模型是对现实世界中的事物、对象、过程等客观系统中感兴趣的内容的模拟和抽象表达。例如一座大楼模型、一架飞机模型就是对实际大楼、飞机的模拟和抽象表达，人们从模型可以联想到现实世界中的事物。数据模型也是一种模型，它是对现实世界数据特征的抽象。

数据模型一般应满足三个要求：一是能比较真实地模拟现实世界；二是容易被人们理解；三是便于在计算机上实现。一种数据模型能同时满足这三个方面的要求在目前是比较困难的，所以在数据库系统中可以针对不同的使用对象和应用目的采用不同的数据模型。不同的数据模型实际上是提供给我们模型化数据和信息的工具。根据模型应用的不同目的，可以将这些模型划分为两大类：概念层数据模型和组织层数据模型。

3. 信息的三个世界

各种机器上实现的 DBMS 软件都是基于某种数据模型的，需要以某种数据模型为基础来开发建设，因此需要把现实世界中的具体事物抽象、组织为与各种 DBMS 相对应的数据模型，这是两个世界间的转换，即从现实世界到机器世界。但是这种转换实际操作起来不能直接执行，还需要一个中间过程，这个中间过程就是信息世界，如图 9.3 所示。通常人们首先将现实世界中的客观对象抽象为某种信息结构，这种信息结构既可以不依赖于具体的计算机系统，也不与具体的 DBMS 相关，因为它不是具体的数据模型，而是概念级模型，也就是我们前面所说的概念层数据模型，一般简称为概念模型；然后再把概念模型转换到计算机上具体的 DBMS 支持的数据模型，这就是组织层数据模型，一般简称为数据模型。

图 9.3　信息的三个世界

在这三个世界间的两种转换过程就是数据库设计中的两个设计阶段，从现实世界抽象到信息世界的过程是概念结构设计阶段，这就是本章要介绍的内容。从信息世界抽象到机器世界的过程是数据库的逻辑结构设计阶段，其任务就是把概念结构设计阶段设计好的概念模型转换为与选用的 DBMS 所支持的数据模型相符合的逻辑结构。为一个给定的逻辑数据模型选取一个适合应用要求的物理结构的过程是数据库的物理设计阶段。数据库的逻辑结构设计与物理设计将在 9.4 节和 9.5 节中介绍。

9.3.2　概念模型

概念模型是现实世界到机器世界的一个中间层次，是现实世界的第一个层次抽象，是用户与设计人员之间进行交流的语言。在进行数据库设计时，如果将现实世界中的客观对象直接转换为机器世界中的对象，注意力往往被转移到更多的细节限制方面，就会感到非常不方便，而且也不能集中在最重要的信息的组织结构和处理模式上。因此，通常是将现实世界中的客观对象抽象为不依赖任何具体机器的信息结构，这种信息结构就是概念模型。

在进行数据库设计时，概念设计是非常重要的一步，通常对概念模型有以下要求：

（1）真实、充分地反映现实世界中事物和事物之间的联系，有丰富的语言表达能力，能表达用户的各种需求，包括描述现实世界中各种对象及其复杂的联系、用户对数据对象的处理要求的手段。

（2）简明易懂，能够为非计算机专业的人员所接受。

（3）容易向数据模型转换。易于从概念模式导出与数据库管理系统有关的逻辑模式。

（4）易于修改。当应用环境或应用要求改变时，容易对概念模型进行修改和补充。

1. 基本概念

在概念模型中涉及的主要概念如下：

（1）实体（Entity）：客观存在并可相互区别的事物称为实体。实体可以是具体的人、事、物，例如一名学生、一门课程等；也可以是抽象的概念或联系，例如一次选课、一场竞赛等。

（2）属性（Attribute）：每个实体都有自己的一组特征或性质，这种用来描述实体的特征或性质称为实体的属性。例如，学生实体具有学号、姓名、性别等属性。不同实体的属性是不同的。实体属性的某一组特定的取值（称为属性值）确定了一个特定的实体。例如，学号是0611001、姓名是王冬、性别是女等，这些属性值综合起来就确定了"王冬"这名同学。属性的可能取值范围称为属性域，也称为属性的值域。例如，学号的域为 8 位整数，姓名的域为字符串集合，性别的域为(男,女)。实体的属性值是数据库中存储的主要数据。

根据属性的类别可将属性分为基本属性和复合属性。基本属性（也称为原子属性）是不可再分割的属性。例如，性别就是基本属性，因为它不可以再进一步划分为其他子属性。而某些属性可以划分为多个具有独立意义的子属性，这些可再分解为其他属性的属性就是复合属性

（也称为非原子属性）。例如，地址属性可以划分为邮政编码、省名、市名、区名和街道 5 个子属性，街道可以进一步划分为街道名和门牌号码两个子属性。因此，地址属性与街道都是复合属性。

根据属性的取值可将属性分为单值属性和多值属性。同一个实体只能取一个值的属性称为单值属性。多数属性都是单值属性。例如，同一个人只能具有一个出生日期，所以人的生日属性是一个单值属性。同一实体可以取多个值的属性称为多值属性。例如，一个人的学位是一个多值属性，因为有的人具有一个学位，有的人具有多个学位；再如零件的价格也是多值属性，因为一种零件可能有代销价格、批发价格和零售价格等多种销售价格。

（3）码（Key）：唯一标识实体的属性集称为码。例如学号是学生实体的码。码也称为关键字或简称为键。

（4）实体型（Entity Type）：具有相同属性的实体必然具有共同的特征和性质。用实体名及其属性名集合来抽象和刻画同类实体，称为实体型。例如学生（学号，姓名，性别）就是一个实体型。

（5）实体集（Entity Set）：性质相同的同类实体的集合，称为实体集。例如全体学生就是一个实体集。

由于实体、实体型、实体集的区分在转换成数据模型时才考虑，因此在本章后面的叙述中，在不引起混淆的情况下，将三者统称为实体。

2. 实体间的联系

现实世界中，事物内部以及事物之间不是孤立的，而是有联系的，这些联系反映在信息世界中表现为实体内部的联系和实体之间的联系。我们这里主要讨论实体之间的联系。例如"职工在某部门工作"是实体"职工"和"部门"之间的联系，"学生在某教室听某老师讲的课程"是"学生""教室""老师"和"课程"四个实体之间的联系。

（1）联系的度。

联系的度是指参与联系的实体类型数目。一度联系称为单向联系，也称递归联系，指一个实体集内部实体之间的联系（如图 9.4（a）所示）。二度联系称为两向联系，即两个不同实体集实体之间的联系（如图 9.4（b）所示）。三度联系称为三向联系，即三个不同实体集实体之间的联系（如图 9.4（c）所示）。虽然也存在三度以上的联系，但较少见，在现实信息需求中，两向联系是最常见的联系，下面讲的联系如无特殊情况都是指这种联系。

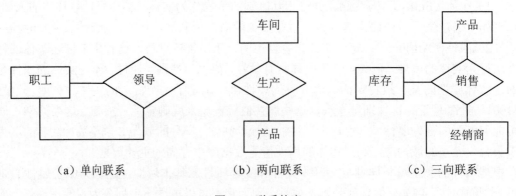

　　（a）单向联系　　　　　　　（b）两向联系　　　　　　　（c）三向联系

图 9.4　联系的度

（2）联系的连通词。

联系的连通词（Connectivity）指的是联系涉及的实体集之间实体对应的方式。例如一个实体集中的某一个实体与另外一个实体集中的一个还是多个实体有联系。两向联系的连通词有3种：一对一、一对多、多对多。

1）一对一联系。如果实体集 A 中的每一个实体在实体集 B 中至多有一个实体与之联系，反之亦然，则称实体集 A 与实体集 B 具有一对一联系，记为1:1。例如，一个学院有一个院长，而一个院长也只能管理这一个学院，学院和院长之间建立起"领导"联系，因此这个联系是一个"一对一"的联系（如图9.5（a）所示）。

2）一对多联系。如果实体集 A 中的每一个实体在实体集 B 中有 n（n≥0）个实体与之联系，而实体集 B 中的每一个实体在实体集 A 中至多有一个实体与之联系，则称实体集 A 与实体集 B 具有一对多联系，记为1:n。例如，一个学院有多名教师，而一名教师只能隶属于某一个特定的学院，则学院与教师之间建立起的这种"所属"联系就是一个"一对多"的联系（如图9.5（b）所示）。

3）多对多联系。如果实体集 A 中的每一个实体在实体集 B 中有 n（n≥0）个实体与之联系，而实体集 B 中的每一个实体在实体集 A 中有 m（m≥0）个实体与之联系，则称实体集 A 与实体集 B 具有多对多联系，记为 m:n。例如，一名教师可以讲授多门课程，同时，一门课程也可以由多名教师讲授，因此课程和教师之间的这种"讲授"联系就是"多对多"的联系（如图9.5（c）所示）。

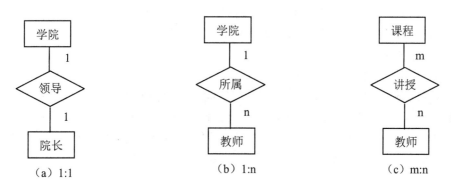

图 9.5 联系

3. 联系的基数

在一对一、一对多和多对多的联系中，把两个实体集中有联系的实体的联系数量分成两种类型："唯一"和"不唯一"。但现实中有时需要更精确的描述，例如：学校规定除毕业班外，对于全校公选课，学生每学期至少选修 1 门课程，最多选修 5 门课程；每门课程最少要有 15 个人选，最多不能超过 150 人。对于这种情况，首先确定学生的基数是(1,5)，课程的基数是(15,150)。这种有联系的实体数目的最小值（min）和最大值（max）称为这个联系的基数，用(min,max)形式表示。

9.3.3 概念结构设计的方法与步骤

数据库的概念结构设计是通过对现实世界中信息实体的收集、分类、聚集和概括等处理，建立数据库概念结构（也称为概念模型）的过程。

1. 概念结构设计的方法与步骤概述

（1）概念结构设计的方法。

概念数据库设计的方法主要有两种：一种是集中式设计方法，另一种是视图综合设计方法。

1）集中式设计方法。集中式设计方法首先合并在需求分析阶段得到的各种应用的需求；其次在此基础上设计一个概念数据库模式，满足所有应用的要求。一般数据库设计都具有多种应用，在这种情况下，需求合并是一项相当复杂和耗费时间的任务。集中式设计方法要求所有概念数据库设计工作都必须由具有较高水平的数据库设计者完成。

2）视图综合设计方法。视图综合设计方法由一个视图设计阶段和一个视图合并阶段组成，不要求应用需求的合并。在视图设计阶段，设计者根据每个应用的需求独立地为每个用户和应用设计一个概念数据库模式，这里每个应用的概念数据库模式都称为视图。视图设计阶段完成后，进入到视图合并阶段，在此阶段设计者把所有视图有机地合并成一个统一的概念数据库模式，这个最终的概念数据库模式支持所有的应用。

这两种方法的不同之处在于应用需求合成的阶段与方式不同。在集中式设计方法中，需求合成由数据库设计者在概念模式设计之前人工地完成，也就是在分析应用需求的同时进行需求合成。数据库设计者必须处理各种应用需求之间的差异和矛盾，这是一项艰巨的任务，而且容易出错。由于这种困难性，视图综合设计方法已经成为目前的重要概念设计方法。在视图综合设计方法中，用户或应用程序员可以根据自己的需求设计自己的局部视图。然后，数据库设计者把这些视图合成为一个全局概念数据库模式。当应用很多时，视图合成可以借助辅助设计工具和设计方法的帮助。

（2）概念结构设计的步骤。

概念结构的设计策略主要有自顶向下、自底向上、自内向外和混合策略 4 种。自顶向下就是先从整体给出概念结构的总体框架再逐步细化；自底向上就是先给出局部概念结构再进行全局集成；自内向外就是先给出核心部分的概念结构再逐步扩充；混合策略是自顶向下方法与自底向上方法的结合。这些方法中最常用的是自底向上方法，下面就介绍基于自底向上方法的概念设计的步骤。

1）设计局部概念模式。先从局部用户需求出发，为每个用户建立一个相应的局部概念结构。在此过程中需要对需求分析的结果进行细化、补充和修改，例如数据项的拆分、数据定义的修改等。

设计概念结构时，常用的数据抽象方法是"聚集"和"概括"。聚集是将若干对象和它们之间的联系组合成一个新的对象；概括是将一组具有某些共同特性的对象合并成更高一层意义上的对象。

2）综合局部概念模式成全局概念模式。这一步骤主要是综合各局部概念结构，得到反映所有用户需求的全局概念结构。在这一过程中，主要处理各局部模式对各种对象定义的不一致等各种冲突问题，同时还要注意解决各局部结构合并时可能产生的冗余问题等，必要时还需要对信息需求再调整、分析与重定义。

3）评审。最后一步是把全局结构提交评审。评审分为用户评审与开发人员评审两部分。用户评审的重点是确认全局概念模式是否准确完整地反映了用户的信息需求，是否符合现实世界事物属性间的固有联系；开发人员评审则侧重于确认全局结构是否完整，各种成分划分是否合理，是否存在不一致性，以及各种文档是否齐全等。

在数据库的建设过程中，从现实需求到实现应用程序的转换过程是以数据为驱动的。从定义需求开始，收集业务对象及其相关对象需要包括的数据，然后设计数据库以支持业务，设计初始过程，最后实现需求。这种数据驱动的方法相对于传统的过程驱动方法更具有灵活性，在设计出包含与业务相关的所有数据的数据库之后，可以轻易地添加进一步的过程，为后期新的及附加的处理要求做好了准备。

2. 采用 E-R 模型方法的概念结构设计

数据库概念结构设计的核心内容是概念模型的表示方法。概念模型的表示方法有很多，其中最常用的是由 Peter Chen 于 1976 年在题为"实体联系模型：将来的数据视图"的论文中提出的实体－联系方法，简称 E-R 模型。该方法用 E-R 模型来表示概念模型。由于 E-R 模型经过多次扩展和修改，出现了许多变种，其表达的方法没有统一的标准。但是，绝大多数 E-R 模型的基本构件相同，只是表示的具体方法有所差别。本书中的符号采用较为常用和流行的表示方法。

（1）E-R 模型的基本元素。

E-R 模型的基本元素包括实体、联系和属性，图 9.6 中显示了它们的图形符号。

图 9.6　E-R 模型基本元素的图形符号

1）实体：在 E-R 图中用矩形表示，并将对实体的命名写在矩形中。
2）属性：在 E-R 图中用椭圆表示（多值属性用双椭圆表示），并将对属性的命名写在其中。
3）联系：用来标识实体之间的关系，在 E-R 图中用菱形表示，联系的名称置于菱形内。需要说明的是，除了实体具有若干属性外，有的联系也具有属性。

在 E-R 图中，除了上述三种基本的图形之外，还有将属性与相应的实体或联系连接起来以及将有关实体连接起来的无向边。另外，在连接两个实体之间的无向边旁还要标注上联系的类型（1:1、1:n 或 m:n）。例如图 9.7 为表示部门和部门主任之间联系的 E-R 图。

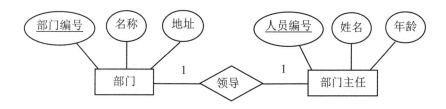

图 9.7　部门和部门主任之间联系的 E-R 图

在 E-R 图中，加下划线的属性（或属性组）表示实体的码，如图 9.7 中，部门编号是部门实体的码，人员编号是部门主任实体的码。

【例 9.1】现有图书管理信息如下：

图书信息包括书号、书名、作者、出版社、所属类别、单价。

出版社信息包括社号、社名、地址、电话。

读者信息包括借书证号、姓名、性别、所属院系。

一个出版社可以出版多种书籍，但每本书只能在一个出版社出版，出版应有出版日期和责任编辑。

一个读者可以借阅多本图书，一本图书可以有多个人借阅。借阅信息包括借书日期、还书日期。

根据以上信息，要求完成以下任务：

1）确定实体及其包含的属性，以及各实体的码。

2）确定各实体之间的联系，并设计图书管理情况的 E-R 图。

解： 1）本例包括图书、出版社、读者三个实体，其中图书实体包含书号、书名、作者、出版社、所属类别、单价 6 个属性，其中书号为码；出版社实体包含社号、社名、地址、电话 4 个属性，其中社号为码；读者实体包含借书证号、姓名、性别、所属院系 4 个属性，其中借书证号为码。

2）出版社与图书两个实体之间为 1:n 联系，联系名为出版，该联系含有出版日期和责任编辑两个属性；读者与图书两个实体之间为 m:n 联系，联系名为借阅，该联系含有借书日期、还书日期 2 个属性。图书管理情况的 E-R 图如图 9.8 所示。

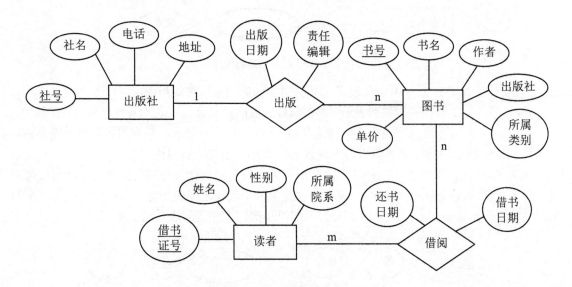

图 9.8　图书管理情况的 E-R 图

（2）E-R 模型的一些变换操作。

用 E-R 模型方法进行数据库概念设计时，有时需要对 E-R 模型作一些变换操作。

1）引入弱实体。所谓弱实体，是指一个实体对于另一个（些）实体具有很强的依赖联系，而且该实体码的部分或全部从其父实体中获得。在 E-R 模型中，弱实体用双线矩形框表示，与弱实体直接相关的联系用双线菱形框表示（如图 9.9 所示）。在图 9.9 中，"教师简历"实体与"教师"实体具有很强的依赖联系，"教师简历"实体是依赖于"教师"实体而存在的，而且教师简历的码从教师中获得。因此"教师简历"是弱实体。

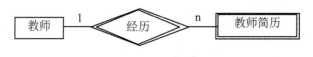

图 9.9　弱实体示例

2）多值属性的变换。对于多值属性，如果在数据库的实施过程中不作任何处理，将会产生大量冗余数据，而且使用时有可能造成数据的不一致。因此要对多值属性进行变换，主要有两种变换方法。第一种变换方法是对多值属性进行分解，即把原来的多值属性分解成几个新的属性，并在原 E-R 图中用分解后的新属性替代原多值属性。例如，对于"教师"实体，除了"姓名""性别""年龄"等单值属性外，还有多值属性"毕业院校"（如图 9.10 所示），变换时可将"毕业院校"分解为"本科毕业院校""硕士毕业院校""博士毕业院校"3 个单值属性，变换后的 E-R 图如图 9.11 所示。

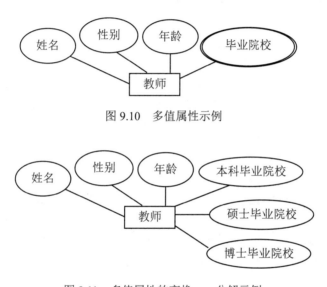

图 9.10　多值属性示例

图 9.11　多值属性的变换——分解示例

如果一个多值属性的值较多，在分解变换时可能会增加数据库的冗余量。针对这种情况还可以采用另外一种方法进行变换：增加一个弱实体，原多值属性的名变为弱实体名，其多个值转变为该弱实体的多个属性，增加的弱实体依赖于原实体而存在，并增加一个联系（如图 9.12 中的"教育经历"），且弱实体与原实体之间是 1:1 联系。变换后的 E-R 图如图 9.12 所示。

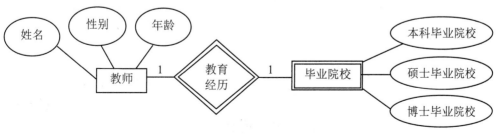

图 9.12　多值属性的变换——增加弱实体示例

3）复合属性的变换。对于复合属性可以用层次结构来表示。例如"地址"作为公司实体的一个属性，它可以进一步分为多层子属性（如图 9.13 所示）。复合属性不仅准确模拟现实世界的复合层次信息结构,而且当用户既需要把复合属性作为一个整体使用也需要单独使用各子属性时，属性的复合结构不仅十分必要，而且十分重要。

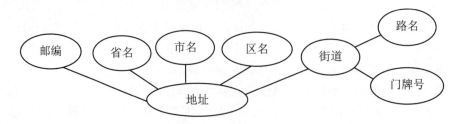

图 9.13　复合属性的变换示例

4）分解变换。如果实体的属性较多，可以对实体进行分解。例如，对于雇员实体，拥有编号、姓名、性别、生日、部门号、职务、工资、奖金等属性，其 E-R 图如图 9.14 所示。可以把雇员的信息分解为两部分：一部分属于雇员的基本信息，一部分归为变动信息。为了区别这两部分信息，此时会衍生出一个新的实体，并且新增加一个联系，分解后的 E-R 图如图 9.15所示。

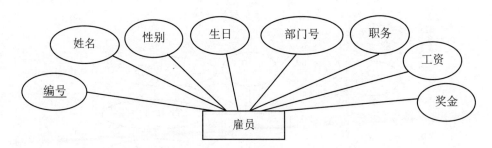

图 9.14　雇员实体 E-R 图

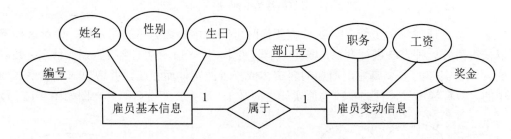

图 9.15　雇员实体分解后的 E-R 图

（3）用 E-R 模型方法进行数据库概念设计。

利用 E-R 模型对数据库进行概念设计，可以分成三步进行：第一步设计局部 E-R 模型，即逐一设计分 E-R 图；第二步把各局部 E-R 模型综合成一个全局 E-R 模型；第三步对全局 E-R 模型进行优化，得到最终的 E-R 模型，即概念模型。

1）设计局部 E-R 模型。局部概念模型设计可以以用户完成为主，也可以以数据库设计者完成为主。如果是以用户完成为主，则局部结构的范围划分就可以依据用户进行自然划分，也就是以企业的各个组织结构来划分,因为不同组织结构的用户对信息内容和处理的要求会有较大的差异，各部分用户信息需求的反映就是局部概念 E-R 模型。如果以数据库设计者完成为主，则可以按照数据库提供的服务来划分局部结构的范围，每一类应用可以对应一类局部 E-R 模型。

　　确定了局部结构范围之后要定义实体和联系。实体定义的任务就是从信息需求和局部范围定义出发，确定每一个实体类型的属性和码，确定用于刻画实体之间关系的联系。局部实体的码必须唯一地确定其他属性，局部实体之间的联系要准确地描述局部应用领域中各对象之间的关系。

　　实体与联系确定下来后，局部结构中的其他语义信息大部分可用属性来描述。确定属性时要遵循两条原则：第一，属性必须是不可分的，不能包含其他属性；第二，虽然实体间可以有联系，但是属性与其他实体不能具有联系。

　　下面举一个设计局部 E-R 模型的例子。

　　【例 9.2】设有运动队和运动会两个方面的实体集。

　　运动队方面：

　　运动队：队编号、队名、教练名。

　　运动员：姓名、性别、项目。

　　其中，一个运动队有多个运动员，一个运动员仅属于一个运动队，一个队一般有一个教练。

　　运动会方面：

　　运动员：编号、姓名、性别。

　　项目：项目名、比赛场地。

　　其中，一个项目可由多个运动员参加，一个运动员可以参加多个项目，一个项目在一个比赛场地进行。

　　要求：分别设计运动队和运动会两个局部 E-R 图。

　　解：运动队局部 E-R 图如图 9.16 所示，运动会局部 E-R 图如图 9.17 所示。

图 9.16　运动队局部 E-R 图

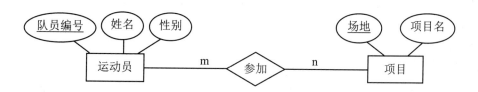

图 9.17　运动会局部 E-R 图

　　2）集成全局 E-R 模型。全局概念结构不仅要支持所有局部 E-R 模型，而且必须合理地表示一个完整、一致的数据库概念结构。经过了第一个步骤，虽然所有局部 E-R 模型都已设计好，但是因为局部概念模式是由不同的设计者独立设计的，而且不同的局部概念模式的应用也不同，所以局部 E-R 模型之间可能存在很多冲突和重复，主要有属性冲突、结构冲突、命名冲突和约束冲突。集成全局 E-R 模型的第一步就是要修改局部 E-R 模型，解决这些冲突。

- 属性冲突。属性冲突又包括属性域冲突和属性取值单位冲突。属性域冲突主要指属性值的类型、取值范围或取值集合不同。例如学号，有的定义为字符型，有的定义为整型。属性取值单位冲突主要指相同属性的度量单位不一致。例如重量，有的用公斤为单位，有的用克为单位。

- 命名冲突。主要指属性名、实体名和联系名之间的冲突。主要有两类：同名异义，即不同意义的对象具有相同的名字；异名同义，即同一意义的对象具有不同的名字，如例 9.2 中的两个局部 E-R 图中项目名这一相同对象具有不同的属性名。

解决以上两种冲突比较容易，只要通过讨论，协商一致即可。

- 结构冲突。结构冲突又包括两种情况。一种是指同一对象在不同应用中具有不同的抽象，即不同的概念表示结构，如在一个概念模式中被表示为实体，而在另一个模式中被表示为属性。在例 9.2 中，项目在运动队概念模式中被表示为属性，而在运动会概念模式中被表示为实体。解决这种冲突的方法通常是把属性变换为实体或把实体转换为属性，如何转换要具体问题具体分析。另一种是指同一实体在不同的局部 E-R 图中所包含的属性个数和属性的排列次序不完全相同，如在例 9.2 中，运动员实体在运动队局部 E-R 图中所包含的属性个数与运动会局部 E-R 图中所包含的属性个数不同。解决这种冲突的方法是让该实体的属性为各局部 E-R 图中的属性的并集。

- 约束冲突。主要指实体之间的联系在不同的局部 E-R 图中呈现不同的类型，如在某一应用中被定义为多对多联系，而在另一应用中被定义为一对多联系。

集成全局 E-R 模型的第二步是确定公共实体类型。在集成为全局 E-R 模型之前，首先要确定各局部结构中的公共实体类型。特别是当系统较大时，可能有很多局部模型，这些局部 E-R 模型是由不同的设计人员确定的，因而对同一现实世界的对象可能给予不同的描述。在一个局部 E-R 模型中作为实体类型，在另一个局部 E-R 模型中就可能被作为联系类型或属性。即使都表示成实体类型，实体类型名和码也可能不同。

在选择时，首先寻找同名实体类型，将其作为公共实体类型的一类候选；其次寻找需要相同键的实体类型，将其作为公共实体类型的另一类候选。

集成全局 E-R 模型的最后一步是合并局部 E-R 模型。合并局部 E-R 模型有多种方法，常用的是二元阶梯合成法，该方法首先进行两两合并，然后合并那些现实世界中联系较为紧密的局部结构，并且合并从公共实体类型开始，最后再加入独立的局部结构。

集成全局 E-R 模型的目标是使各个局部 E-R 模型合并成为能够被全系统中所有用户共同理解和接受的统一的概念模型。

【例 9.3】 将例 9.2 中的局部 E-R 图合并为一个全局 E-R 图。

解： 合并时存在命名冲突和结构冲突。

命名冲突：项目与项目名两个属性同义不同名，解决的方法是将它们统一命名为项目名。

结构冲突：项目在两个局部 E-R 图中，一个作为属性，一个作为实体，解决的方法是消除运动员实体中的项目属性，转化为实体。运动员实体在两个局部 E-R 图中所包含的属性个数不同，键也不同，解决的方法是让该实体的属性为两个局部 E-R 图中的属性的并集，即取 4

个属性，并将队员编号作为键。合并后的 E-R 图如图 9.18 所示。

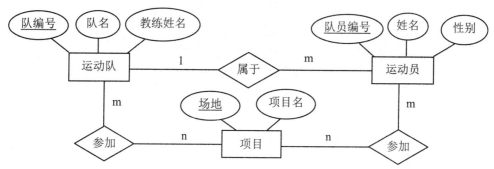

图 9.18　例 9.2 的两个局部 E-R 图合并后的全局 E-R 图

3）优化全局 E-R 模型。优化全局 E-R 模型有助于提高数据库系统的效率，可从以下几个方面进行优化：

第一，合并相关实体，尽可能减少实体个数。

第二，消除冗余。在合并后的 E-R 模型中，可能存在冗余属性与冗余联系。这些冗余属性与冗余联系容易破坏数据库的完整性，增加存储空间和数据库的维护成本，除非因为特殊需要，一般要尽量消除。例如在运动队和运动员实体中均包含队编号属性，可删除运动员实体中的队编号属性。运动队与项目中的联系也可删除（优化后的 E-R 图如图 9.19 所示）。消除冗余主要采用分析方法，以数据字典和数据流图为依据，根据数据字典中关于数据项之间逻辑关系的说明来消除冗余。此外，还可利用规范化理论中函数依赖的概念（详见第 5 章）来消除冗余。

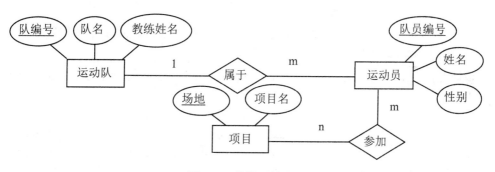

图 9.19　优化后的全局 E-R 图

需要说明的是，并不是所有的冗余属性与冗余联系都必须加以消除，有时为了提高效率，就要以冗余信息作为代价。因此，在设计数据库概念结构时，哪些冗余信息必须消除，哪些冗余信息允许存在，需要根据用户的整体需求来确定。

下面结合一个综合实例来说明利用 E-R 图对数据库进行概念设计的过程。

【例 9.4】假设一学校管理系统具有人员管理、教师任课、教师科研、学生学习 4 个子系统，各子系统涉及的实体如下：

1）人员管理子系统具有以下实体：

院系：属性有院系编号、院系名称、负责人、人数、办公室。

教研室：属性有教研室号、教研室名、主任姓名、人数。

教师：属性有教师号、姓名、性别、年龄、学历、工龄、职称、任职时间。

教师简历：属性有起始时间、终止时间、工作单位、任职。

班级：属性有班级号、专业、教室、班主任。

学生：属性有学号、姓名、性别、年龄、联系电话。

每一院系包含多个教研室，每个教研室只属于一个院系；每一院系包含多个班级，每个班级只属于一个院系；每一教研室包含多个教师，每个教师只属于一个教研室；每一班级包含多个学生，每个学生只属于一个班级；每一教师有多条简历，每条简历只属于一个教师。

2）教师任课子系统具有以下实体：

课程：属性有课程编号、课程名、课程类别、总课时、学分。

教师：属性有教师号、姓名、性别、职称。

每名教师可以教多门课程，每门课程可以由多名教师任教，任教包括课时和班级。每学期同一班级每门课只有一名教师任教。

3）教师科研子系统具有以下实体：

科研项目：属性有项目编号、项目名称、项目来源、项目经费。

教师：属性有教师号、姓名、性别、职称。

科研成果：属性有项目编号、项目名称、完成时间、完成工作。

每名教师可以参加多项科研项目，可以积累多项科研成果；每个项目可以有多名教师参加，教师参加科研项目包括担任工作。

4）学生学习子系统具有以下实体：

课程：属性有课程编号、课程名、课程类别、总课时、学分。

学生：属性有学号、姓名、班级。

每门课可以有多名学生学习，每个学生可以选多门课程，选课包括时间和成绩。

要求：画出系统的 E-R 图。

解： 1）画出各个子系统的 E-R 图，如图 9.20 至图 9.25 所示，其中各局部 E-R 图均省略了实体的属性。

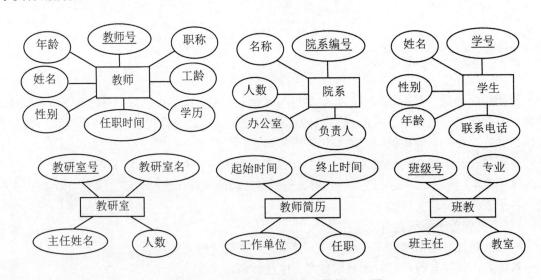

图 9.20　人员管理子系统各实体的 E-R 图

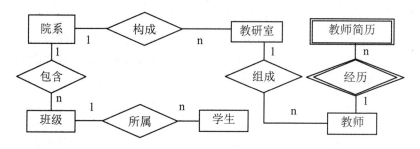

图 9.21　人员管理子系统的局部 E-R 图

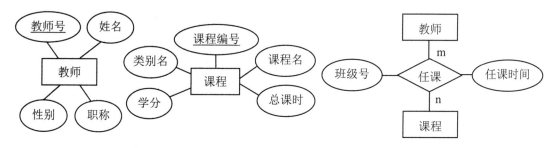

图 9.22　教师任课子系统各实体的 E-R 图及其局部 E-R 图

图 9.23　教师科研子系统各实体的 E-R 图

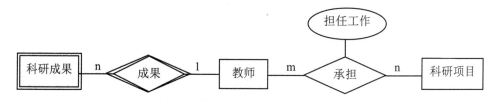

图 9.24　教师科研子系统的局部 E-R 图

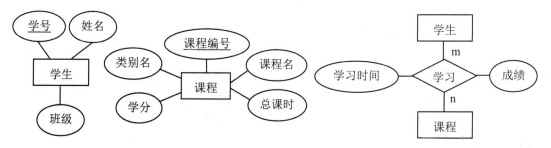

图 9.25　学生学习子系统各实体的 E-R 图及其局部 E-R 图

2）合并局部 E-R 图。首先解决以下几种冲突：

命名冲突：学生学习子系统中"课程"实体中的"总课时"属性、"学习"联系中的"学习时间"属性以及教师任课子系统中的"任课"联系中的"任课时间"同义不同名，解决的方法是将它们统一为"课时"。

结构冲突："班级"在学生学习子系统的局部 E-R 图中作为属性，而在人员管理子系统的局部 E-R 图中作为实体，解决的方法是消除学生学习子系统中"学生"实体中的"班级"属性，转化为实体。"教师"和"学生"实体在不同的局部 E-R 图中所包含的属性个数不同，解决的方法是让该实体的属性为有关局部 E-R 图中的属性的并集。

解决完各种冲突后即可合并局部 E-R 图，合并后的 E-R 图如图 9.26 所示（省略了实体与联系的属性）。

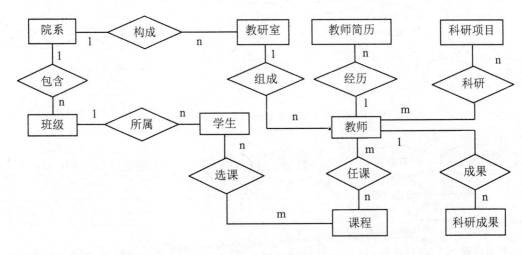

图 9.26　合并后的 E-R 图

3）优化全局 E-R 图。例如学生学习子系统中"学习"联系的"学习时间"是冗余属性，应该消除。

9.4　逻辑结构设计

逻辑结构设计的任务是把在概念结构设计阶段设计好的 E-R 模型转换为具体的数据库管理系统支持的数据模型。本节以关系模型为例，介绍逻辑结构设计的任务，主要包括两个步骤：E-R 模型向关系模型的转换和关系模型的优化。

9.4.1　E-R 模型向关系模型的转换

进行数据库的逻辑设计，首先要将概念设计中所得的 E-R 图转换成等价的关系模式。将 E-R 图转换为关系模型实际上就是将实体、实体的属性和实体之间的联系转化为关系模式。其中实体和联系都可以表示成关系，E-R 图中的属性可以转换成关系的属性。

1. 实体的转换

一个实体转换为一个关系模式，实体的属性就是关系的属性，实体的主键就是关系的主键。例如，图 9.27 中给出了一个教务管理系统的 E-R 图。

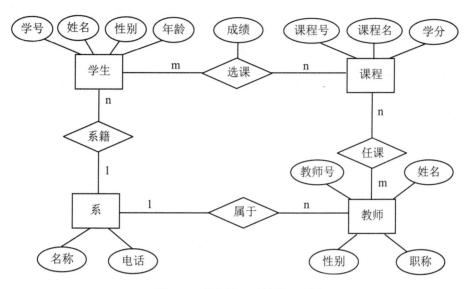

图 9.27　教务管理系统的 E-R 图

图 9.27 所示的 E-R 图中的 4 个实体：学生、课程、教师、系分别转换成以下 4 个关系模式：

学生（学号，姓名，性别，年龄）

课程（课程号，课程名，学分）

教师（教师号，姓名，性别，职称）

系（系名，电话）

2. 联系的转换

（1）一个 1:1 联系可以转换为一个独立的关系模式，也可以与任意一端实体所对应的关系模式合并。如果转换为一个独立的关系模式，则与该联系相连的各实体的主键以及联系本身的属性转换为关系的属性，每个实体的主键均可以作为该关系的主键。如果是与联系的任意一端实体所对应的关系模式合并，则需要在该关系模式的属性中加入另一个实体的主键和联系本身的属性。一般情况下，1:1 联系不转换为一个独立的关系模式。

例如，对于图 9.28 所示的 E-R 图，如果将联系与经理一端所对应的关系模式合并，则转换成以下两个关系模式：

经理（工号，姓名，性别，部门号），其中工号为主键，部门号为引用部门关系的外键。

部门（部门号，部门名），其中部门号为主键。

图 9.28　1:1 联系示例

如果将联系与部门一端所对应的关系模式合并，则转换成以下两个关系模式：

　　经理（工号，姓名，性别），其中工号为主键。

　　部门（部门号，部门名，工号），其中部门号为主键，工号为引用经理关系的外键。

　　如果将联系转换为一个独立的关系模式，则转换成以下 3 个关系模式：

　　经理（工号，姓名，性别），其中工号为主键。

　　部门（部门号，部门名），其中部门号为主键。

　　管理（工号，部门号），其中工号与部门号均可作为主键（这里将工号作为主键），同时也都是外键。

　　（2）一个 1:n 联系可以转换为一个独立的关系模式，也可以与 n 端实体所对应的关系模式合并。如果转换为一个独立的关系模式，则与该联系相连的各实体的主键以及联系本身的属性转换为关系的属性，n 端实体的主键为该关系的主键。一般情况下，1:n 联系也不转换为一个独立的关系模式。

　　例如，对于图 9.27 所示的 E-R 图中的系与学生的 1:n 联系，如果与 n 端实体学生所对应的关系模式合并，则只需将学生关系模式修改为：

　　学生（学号，姓名，性别，年龄，系名），其中学号为主键，系名为引用系的外键。

　　如果将联系转换为一个独立的关系模式，则需要增加以下关系模式：

　　系籍（学号，系名），其中学号为主键，学号与系名均为外键。

　　（3）一个 m:n 联系要转换为一个独立的关系模式，与该联系相连的各实体的主键以及联系本身的属性转换为关系的属性，该关系的主键为各实体主键的组合。

　　例如，对于图 9.27 所示的 E-R 图中的学生与课程的 m:n 联系，需要转换为如下的一个独立的关系模式：

　　选课（学号，课程号，成绩），其中（学号，课程号）为主键，同时也是外键。

　　（4）三个或三个以上的实体间的一个多元联系可以转换为一个关系模式，与该多元联系相连的各实体的主键以及联系本身的属性均转换为该关系的属性，关系的主键为各实体主键的组合。

　　此外，具有相同主键的关系模式可以合并。上述 E-R 图向关系模型的转换原则为一般原则，对于具体问题还要根据其特殊情况进行特殊处理。例如在图 9.8 所给出的图书管理情况的 E-R 图中，读者与图书是 m:n 的联系，按照上述转换原则，借阅联系需要转换为如下的一个独立的关系模式：

　　借阅（借书证号，书号，借阅日期，还书日期），其中（借书证号，书号）为主键。但实际情况是：一个借书证号借阅某一本书，还掉以后还可以再借，这样就会在借阅关系中出现两个或两个以上的具有相同借书证号和书号的元组，由此可以看出，借书证号和书号不能作为该关系的主键，必须增加一个借阅日期属性，即（借书证号，书号，借阅日期）为主键。

　　在 E-R 模型向关系模型的转换中可能涉及命名和属性域的处理、非原子属性的处理、弱实体的处理等问题。

　　（1）命名和属性域的处理。关系模式的命名，可以采用 E-R 图中原来的命名，也可以另行命名。命名应有助于对数据的理解和记忆，同时应尽可能避免重名。DBMS 一般只支持有限的几种数据类型，而 E-R 数据模型是不受这个限制的。如果 DBMS 不支持 E-R 图中某些属性的域，则应进行相应的修改。

　　（2）非原子属性的处理。E-R 数据模型中允许非原子属性，而关系要满足的 4 个条件中的第一条就是关系中的每一列都是不可再分的基本属性。因此，在转换前必须先把非原子属性进行原子化处理。

（3）弱实体的处理。图 9.29 所示是一个弱实体的例子，家属是个弱实体，职工是其所有者实体。弱实体不能独立存在，它必须依附于一个所有者实体。在转换成关系模式时，弱实体所对应的关系中必须包含所有者实体的主键，即职工号。职工号与家属的姓名构成家属的主键。弱实体家属对应的关系模式为：家属（职工号，姓名，性别，与职工关系）。

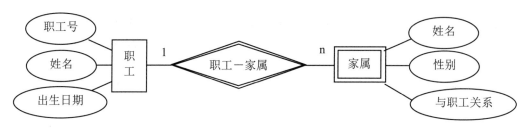

图 9.29　含弱实体的 E-R 图

9.4.2　关系模型的优化

数据库逻辑设计的结果不是唯一的。为了进一步提高数据库应用系统的性能，还应该根据应用的需要对数据模型的结构进行适当的修改和调整，这就是数据模型的优化。关系数据模型的优化通常以规范化理论为指导，下面详细讲述优化的方法。

1. 实施规范化处理

考察关系模式的函数依赖关系，确定范式等级，逐一分析各关系模式，考察是否存在部分函数依赖、传递函数依赖等，确定它们分别属于第几范式。确定范式级别后，逐一考察各个关系模式，根据应用要求，判断它们是否满足规范要求。

2. 模式评价

关系模式的规范化不是目的而是手段，数据库设计的目的是最终满足应用需求。因此，为了进一步提高数据库应用系统的性能，还应该对规范化后产生的关系模式进行评价和改进，经过反复多次的尝试和比较，最后得到优化的关系模式。

模式评价的目的是检查所设计的数据库是否满足用户的功能与效率要求，确定需要加以改进的部分。模式评价包括功能评价和性能评价。

（1）功能评价。功能评价指对照需求分析的结果，检查规范化后的关系模式集合是否支持用户所有的应用要求。关系模式必须包括用户可能访问的所有属性。在涉及多个关系模式的应用中，应确保连接后不丢失信息。如果发现有的应用不被支持或不完全被支持，则应改进关系模式。发生这种问题的原因可能是在逻辑结构设计阶段，也可能是在系统需求分析或概念结构设计阶段。

（2）性能评价。对于目前得到的数据库模式，由于缺乏物理设计所提供的数量测量标准和相应的评价手段，因此性能评价是比较困难的。只能对实际性能进行估计，包括逻辑记录的存取数、传送量以及物理设计算法的模型等。美国密执安大学的 T.Teorey 和 J.Fry 于 1980 年提出的逻辑记录访问（Logical Record Access，LRA）方法是一种常用的模式性能评价方法。LRA 方法对网状模型和层次模型较为实用，对关系模型的查询也能起一定的估算作用。

3. 模式改进

根据模式评价的结果，对已生成的模式进行改进。如果因为系统需求分析、概念结构设计的疏漏导致某些应用不能得到支持，则应该增加新的关系模式或属性。如果因为性能考虑而要求改进，则可采用合并或分解的方法。

（1）合并。如果有若干关系模式具有相同的主码，并且对这些关系模式的处理主要是查询操作，而且经常是多关系的查询，那么可对这些关系模式按照使用频率进行合并。这样可以减少连接操作而提高查询效率。

（2）分解。为了提高数据操作的效率和存储空间的利用率，最常用和最重要的模式优化方法就是分解，根据应用的不同要求，可以对关系模式进行水平分解和垂直分解。

水平分解是把关系的元组分为若干子集合，每个子集合定义为一个子关系模式。对于经常进行大量数据的分类条件查询的关系，可进行水平分解，这样可以减少应用系统每次查询需要访问的记录，从而提高了查询性能。

垂直分解是把关系的属性分解为若干子集合，每个子集合定义为一个子关系模式。垂直分解可以提高某些事务的效率，但也有可能使另一些不利因素不得不执行连接操作，从而降低了效率，因此是否要进行垂直分解要看分解后的所有事务的总效率是否得到了提高。垂直分解要保证分解后的关系具有无损连接性和函数依赖保持性。

经过多次的模式评价和模式改进后，最终的数据库模式得以确定。逻辑设计阶段的结果是全局逻辑数据库结果。对于关系数据库系统来说，就是一组符合一定规范的关系模式组成的关系数据库模型。

9.4.3 设计用户子模式

在将概念模型转换为逻辑模型后，即生成了整个应用系统的模式后，还应该根据局部应用需求，结合具体 DBMS 的特点，设计用户的子模式（也称为外模式）。

目前关系数据库管理系统一般都提供了视图概念，可以利用这一功能设计更符合局部用户需要的用户外模式。定义数据库模式主要是从系统的时间效率、空间效率、易维护等角度出发。由于用户外模式与模式是独立的，因此在定义用户外模式时应该更注重考虑用户的习惯与方便，具体包括：

（1）使用更符合用户习惯的别名。在合并各局部 E-R 图时，曾做了消除命名冲突的工作，以使数据库系统中同一关系和属性具有唯一的名字。这在设计整体结构时是必要的。

（2）针对不同级别的用户定义不同的外模式，以满足系统安全性的要求。

（3）简化用户对系统的使用。如果某些局部应用中经常要使用某些很复杂的查询，为了方便用户，可以将这些复杂查询定义为视图，每次只对定义好的视图进行查询，可使用户使用系统时感到简单、直观、易于理解。

9.5 物理设计

数据库的物理设计以逻辑设计的结果作为输入，结合具体 DBMS 的特点与存储设备的特性进行设计，对于给定的逻辑数据模型，选取一个最适合应用环境的物理结构。

数据库的物理设计分为两个部分：首先是确定数据库的物理结构，在关系数据库中主要指数据的存取方法和存储结构；其次是对所设计的物理结构进行评价，评价的重点是系统的时间和空间效率。如果评价结果满足原设计要求，则可以进入到物理实施阶段，否则需要重新设计或修改物理结构，甚至要返回到逻辑设计阶段修改数据模型。

9.5.1　确定数据库的物理结构

确定数据库的物理结构之前，设计人员必须详细了解给定的 DBMS 的功能和特点，特别是该 DBMS 所提供的物理环境和功能；熟悉应用环境，了解所设计的应用系统中各部分的重要程度、处理频率、对响应时间的要求，并把它们作为物理设计过程中平衡时间和空间效率的依据；了解外存设备的特性，如分块原则、块因子大小的规定、设备的 I/O 特性等。

在对上述问题进行全面了解之后，就可以进行物理结构的设计了。一般来说，物理结构设计的内容包括下述几个方面。

1. 存储记录结构的设计

在物理结构中，数据的基本存取单位是存储记录。有了逻辑记录结构以后，就可以设计存储记录结构，一个存储记录可以和一个或多个逻辑记录相对应。存储记录结构包括记录的组成、数据项的类型和长度、逻辑记录到存储记录的映射。

决定数据的存储结构时需要考虑存取时间、存储空间和维护代价间的平衡。

2. 存取方法的设计

存取方法是快速存取数据库中数据的技术。DBMS 一般提供多种存取方法，这里主要介绍聚簇和索引两种方法。

（1）聚簇。聚簇是为了提高查询速度，把在一个（或一组）属性上具有相同值的元组集中地存放在一个物理块中。如果存放不下，可以存放在相邻的物理块中。这个（或这组）属性称为聚簇码。使用聚簇后，聚簇码相同的元组集中在一起，因而聚簇值不必在每个元组中重复存储，只要在一组中存储一次即可，因此可以节省存储空间。另外，聚簇功能可以大大提高按聚簇码进行查询的效率。

（2）索引。根据应用要求确定对关系的哪些属性列建立索引、哪些属性列建立组合索引、哪些索引要设计为唯一索引等。经常在主关键字上建立唯一索引，这样不但可以提高查询速度，还能避免关系中主键的重复录入，确保了数据的完整性。建立索引的一般原则如下：

- 如果某个（或某些）属性经常作为查询条件，则考虑在这个（或这些）属性上建立索引。
- 如果某个（或某些）属性经常作为表的连接条件，则考虑在这个（或这些）属性上建立索引。
- 如果某个属性经常作为分组的依据列，则考虑在这个属性上建立索引。
- 为经常进行连接操作的表建立索引。

建立多个索引文件可以缩短存取时间，提高查询性能，但会增加存放索引文件所占用的存储空间，增加建立索引与维护索引的开销。此外，索引还会降低数据修改性能。因为在修改数据时，系统要同时对索引进行维护，使索引与数据保持一致。因此在决定是否建立索引以及建立多少个索引时，要权衡数据库的操作，如果查询操作多，并且对查询的性能要求比较高，则可以考虑多建一些索引；如果数据修改操作多，并且对修改的效率要求比较高，则应该考虑少建一些索引。因此，应该根据实际需要综合考虑。

3. 数据存储位置的设计

为了提高系统性能，应该根据应用情况将数据的易变部分、稳定部分、经常存取部分和存取频率较低部分分开存放。对于有多个磁盘的计算机，可以采用以下存放位置的分配方案：

（1）将表和索引分别存放在不同的磁盘上，在查询时，由于两个磁盘驱动器并行工作，可以提高物理读写的速度。

（2）将比较大的表分别放在两个磁盘上，以加快存取速度，在多用户环境下效果更佳。

（3）将备份文件、日志文件与数据库对象（表、索引等）备份等放在不同的磁盘上。

4. 系统配置的设计

DBMS 产品一般都提供系统配置变量、存储分配参数，供设计人员和 DBMS 对数据库进行物理优化。系统为这些变量设定了初始值，但这些值未必适用于各种应用环境，在物理设计阶段，要根据实际情况重新对这些变量赋值，以满足新的要求。

系统配置变量和参数包括同时使用数据库的用户数、同时打开的数据库对象数、内存分配参数、缓冲区分配参数、存储分配参数、数据库的大小、时间片的大小、锁的数目等，这些参数值影响存取时间和存储空间的分配，在物理设计时要根据应用环境确定这些参数值，以改进系统性能。

9.5.2 评价物理结构

由于在物理设计过程中需要考虑的因素很多，包括时间和空间效率、维护代价和用户的要求等，对这些因素进行权衡后，可能会产生多种物理设计方案。这一阶段需要对各种可能的设计方案进行评价，并从多个方案中选出较优的物理结构。如果该结构不符合用户需求，则需要修改设计；如果评价结果满足设计要求，则可进行数据库实施。实际上，往往需要经过反复测试才能优化物理设计。

评价物理结构设计完全依赖于具体的 DBMS，评价的重点是系统的时间和空间效率，具体可分为如下几类：

（1）查询和响应时间。响应时间是从查询开始到开始显示查询结果所经历的时间。一个好的应用程序设计可以减少 CPU 时间和 I/O 时间。

（2）更新事务的开销。主要是修改索引、重写物理块或文件以及写校验等方面的开销。

（3）生成报告的开销。主要包括索引、重组、排序和显示结果的开销。

（4）主存储空间的开销。包括程序和数据所占用的空间。对数据库设计者来说，可以对缓冲区进行适当的控制，包括控制缓冲区个数和大小。

（5）辅助存储空间的开销。辅助存储空间分为数据块和索引块两种，设计者可以控制索引块的大小、索引块的充满度等。

9.6　数据库的实施与维护

数据库的实施，就是根据数据库的逻辑结构设计和物理结构设计的结果，在具体 RDBMS 支持的计算机系统上建立实际的数据库模式、装载数据并进行测试和试运行的过程。

9.6.1 数据库的建立与调整

1. 数据库的建立

数据库的建立包括两部分：数据库模式的建立和数据装载。

（1）数据库模式的建立。该工作由 DBA 负责完成。DBA 利用 RDBMS 提供的工具或 DDL 语言先定义数据库名、申请空间资源、定义磁盘分区等，然后定义关系及其相应属性、主键和完整性约束，再定义索引、聚簇、用户访问权限，最后还要定义视图等。

（2）数据装载。在数据库模式定义后即可装载数据，除了利用 DDL 语言加载数据以外，DBA 也可编制一些数据装载程序来完成数据装载任务，从而完成数据库的建立工作。

由于数据库数据入库工作量很大，一般都采用分批入库的方法，即先输入小批量数据供试运行期间使用，当试运行合格后再逐步将大量数据输入。

2. 数据库的调整

在数据库建立初期和试运行阶段，需要测试数据库是否满足用户需求并达到设计目标，如果不适应用户需求，则必须对其作相应的修改或调整。数据库的修改和调整一般由 DBA 完成，主要包括以下一些内容：

（1）修改或调整关系模式与视图，使之能满足用户的需要。

（2）修改或调整索引与聚簇，使数据库性能与效率更佳。

（3）修改或调整磁盘分区，调整数据库缓冲区大小，调整并发度，使数据库物理性能更好。

3. 应用程序编制与调试

数据库应用程序的设计本质上是应用软件的设计，软件工程的方法完全适用，且其设计工作应该与数据库设计并行。在数据库实施阶段，当建立数据库模式任务完成后，就可以开始编制与调试数据库的应用程序，也就是说，编制与调试应用程序的工作与数据库数据装载工作同步进行。在调试应用程序时，由于数据入库工作尚未完成，可先使用模拟数据。

9.6.2 数据库系统的试运行

应用程序调试完成且有一小部分数据装入数据库后，就可以开始数据应用系统的试运行。数据库系统试运行也称为联合调试，其主要工作包括：

（1）功能测试。实际运行应用程序，执行对数据库的各种操作，测试应用程序的各种功能。

（2）性能测试。测量系统的性能指标，分析是否符合设计目标。

在数据库物理结构设计阶段评价数据库结构、时间效率和空间指标时，都作了许多简化和假设，忽略了许多次要因素，因此其结果必然粗糙。数据库系统试运行则是要实际测量系统的各种性能指标，如果结果不符合设计目标，则需要返回物理结构设计阶段，调整物理结构，修改参数，有时甚至需要返回到逻辑结构设计阶段，调整逻辑结构。

在数据库试运行阶段，由于系统还不稳定，硬软件故障随时可能发生，而系统的操作人员对新系统还不熟悉，误操作也不可避免，因此必须做好数据库的转储和恢复工作，尽量减少对数据库的损坏。

9.6.3　数据库系统的运行和维护

数据库系统投入正式运行，意味着数据库设计与开发阶段的工作基本结束，运行与维护阶段的工作正式开始。数据库系统运行和维护阶段的主要工作包括：

（1）数据库的转储与恢复。

数据库的转储与恢复是系统正式运行后最重要的维护工作之一。DBA 要针对不同的应用要求制定不同的转储计划，定期对数据库和日志文件进行备份，以保证数据库中的数据在遭到破坏后能及时进行恢复。现在的商品化 RDBMS 都为 DBA 提供了数据库转储与恢复的工具或命令。

（2）维持数据库的完整性与安全性。

数据的质量不仅表现在能够及时、准确地反映现实世界的状态，而且要求保持数据的一致性，即满足数据的完整性约束。数据库的安全性也非常重要，DBA 应采取有效措施保护数据不受非法盗用和遭到任何破坏。数据库的安全性控制与管理包括如下内容：

- 通过权限管理、口令、跟踪及审计等 RDBMS 的功能保证数据库的安全。
- 通过行政手段，建立一定规章制度以确保数据库的安全。
- 数据库应备有多个副本并保存在不同的安全地点。
- 应采取有效的措施防止病毒入侵，当出现病毒后应及时杀毒。

（3）监测并改善数据库性能。

在数据库运行过程中，监测系统运行并对监测数据进行分析，找出改进系统性能的方法是 DBA 的又一重要任务。DBA 需要随时观察数据库的动态变化，并在数据库出现错误、故障或产生不适应的情况（如数据库死锁、对数据库的误操作等）时能够随时采取有效措施保护数据库。

（4）数据库的重组和重构。

数据库在经过一定时间运行后，其性能会逐渐下降，下降主要是由于不断的修改、删除与插入所造成的。因为不断的删除会造成磁盘区内碎块的增多，从而影响 I/O 速度。此外，不断的删除与插入会造成聚簇的性能下降，同时也会造成存储空间分配的零散化，使得一个完整关系的存储空间过分零散，从而引起存取效率下降。正因为如此，必须对数据库进行重组，即按照原先的设计要求重新安排数据的存储位置、调整磁盘分区方法和存储空间、整理回收碎块等。

数据库重组涉及大量数据的搬迁，常用的方法是先卸载，再重新加载，即将数据库的数据卸载到其他存储区或存储介质上，然后按照数据模式的定义加载到指定的存储空间。数据库重组是对数据库存储空间的全面调整，比较费时，但重组可以提高数据库性能。因此，合理应用计算机系统的空闲时间对数据库进行重组，选择合理的重组周期是必要的。目前的商品化 RDBMS 一般都为 DBA 提供了数据库重组的实用程序，以完成数据库的重组任务。

数据库的逻辑结构一般是相对稳定的，但是，由于数据库应用环境的变化、新应用或老应用内容的更新，都要求对数据库的逻辑结构进行必要的变动，这就是数据库的重构。数据库的重构不是将原来的设计推倒重来，而主要是在原来设计的基础上进行适当的扩充和修改，如增加新的数据项、改变数据项的类型、改变数据库的容量、增加或删除索引、修改完整性条件等。数据库重构必须在 DBA 的统一策划下进行，新的数据模式要通知用户，对应用程序也要进行必要的维护。商品化 RDBMS 同样为 DBA 提供了数据库重构的命令和工具，以完成数据库的重构任务。

数据库的重组和重构是不一样的，前者不改变数据库原先的逻辑结构和物理结构，而后者会部分修改原数据库的模式或内模式，有时还会引起应用程序的修改。

习题 9

9.1　什么是数据库设计？

9.2　数据库设计人员一般应具备哪些知识？

9.3　简述数据库的设计步骤。

9.4　简述数据库设计的特点。

9.5　数据库规划期应完成哪些工作？

9.6　简述需求分析的步骤。

9.7　简述数据字典的内容和作用。

9.8　为什么在概念结构设计中一般采用 E-R 方法？

9.9　简述概念结构设计的基本方法。

9.10　简述概念结构设计的基本策略。

9.11　简述概念结构设计的主要步骤。

9.12　简述局部 E-R 模型合并过程中冲突的种类与消除方法。

9.13　简述数据库物理结构设计的主要内容。

9.14　什么是数据库的重组和重构？区别是什么？